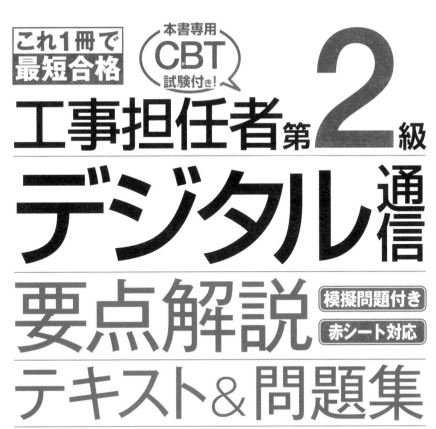

これ1冊で最短合格

本書専用 CBT 試験付き!

工事担任者第2級

デジタル通信

要点解説

模擬問題付き
赤シート対応

テキスト&問題集

総合学習塾まなびや塾長
藤本勇作 著

秀和システム

はじめに

　工事担任者第二級デジタル通信の資格試験を受験される皆様へ、本書の執筆者として心からのエールを送ります。この資格は、デジタル通信技術や関連法規に関する知識と技能を有し、適切な通信設備の設置や保守を行える技術者を認定する国家資格です。資格を取得することで、専門性が認められ、キャリアアップや就職活動に大きなアドバンテージが生まれるでしょう。

　本書は、工事担任者第二級デジタル通信の資格試験に合格するための理論知識と実践的な対策を網羅したものです。各章では、デジタル通信の基本原理や技術、関連法規について詳しく解説しています。また、過去問題や模擬試験を通じて、試験の出題傾向や解答法についても学ぶことができます。

　本書を活用して、試験に向けた効果的な対策を進めていきましょう。学習のポイントですが、まずは基礎知識をしっかりと理解し、定着させることです。次に、過去問題や模擬試験で繰り返し問題演習を行い、実践的な能力を養ってください。最後に、定期的に復習を行い、学んだ内容を忘れないようにしましょう。

　工事担任者第二級デジタル通信の資格試験は、確かな知識と技術を身につけることが求められる難易度の高い試験です。しかし、本書を一歩一歩進め、最善の努力を重ねることで、合格への道が開けるでしょう。最後まで諦めず、自信を持って試験に挑んでください。皆様の成功を心からお祈りしています。

著者しるす

試験について（試験概要）

　工事担任者の資格試験は、電気通信設備の工事や保守に関する知識と技術を有する者を認定するための試験です。第二級デジタル通信（旧称DD第三種。令和3年4月より資格名称変更）の有資格者は、主としてインターネットに接続する端末の接続工事または工事の監督を行うことができます。資格者証は、試験に合格し、登録手続きが完了した者に交付されます。この資格者証は、デジタル通信に関わる工事業務を行う際に必要とされることが多く、業界での信用や就職にも有利に働くことがあります。

試験実施要領

　試験の実施詳細については、一般財団法人日本データ通信協会の一部門である電気通信国家試験センターのホームページにて公示されます。

　また、不明点などは試験センターに問い合わせることも可能です。

一般財団法人日本データ通信協会 電気通信国家試験センター

https://www.dekyo.or.jp/shiken/charge/

住所　：〒170-8585 東京都豊島区巣鴨2丁目11番1号
　　　　ホウライ巣鴨ビル6階

メール：shiken@dekyo.or.jp

電話　：受付時間平日10:00～16:00
　　　　TEL:03-5907-6556　FAX:03-5974-0096
　　　　03-5907-5957（実務経歴担当）

　実施詳細は公示内容を確認していただくとして、例年の実施概要は次のとおりです。令和6年8月1日の試験申請分より試験手数料が改定されます。

試験実施時期	：CBT方式にて通年で実施（年末年始を除く）。
	最短3日後から3か月先までの期間で予約が可能。
	試験申請後、確認票（受験票に相当するもの）の発行日から90日以内に受験すること。
試験実施地	：公示された地区の中から申請時に一つ指定。試験会場の詳細は、個別に郵送される受験票により通知される。
試験手数料 (令和6年8月1日 申請分より)	：9,800円（非課税） ※令和6年7月31日申請分までは8,700円で受験できる。 ※収納代行手数料308円（10％消費税込）が別途発生。 ※団体申請の場合はバウチャー制度あり。
出題形式	：択一方式
試験科目	：「電気通信技術の基礎」「端末設備の接続のための技術及び理論」「端末設備の接続に関する法規」の3科目（科目合格制度あり）。
試験時間	：40分／科目
合格点	：100点満点中60点以上で合格（科目合格制度あり）。
受験資格	：年齢・学歴・性別などに関係なく、誰でも受験することができる。
試験出題範囲	：【電気通信技術の基礎】 電気回路、電子回路、論理回路、伝送理論、伝送技術、などから計22問程度出題。 【端末設備の接続のための技術及び理論】 端末設備の技術、総合デジタル通信の技術、接続工事の技術、トラヒック理論、ネットワークの技術、情報セキュリティの技術、などから計50問程度出題。 【端末設備の接続に関する法規】 電気通信事業法、有線電気通信法、不正アクセス行為の禁止等に関する法律、電子署名及び認証業務に関する法律、などから計25問程度出題。

　身体に障害があるなどの理由でCBT方式による試験を受けられない方は、定期試験（例年春・秋に実施）において従来どおりの筆記方式の試験を受けることができます。事前に一般財団法人日本データ通信協会 電気通信国家試験センターまでお問い合わせください。

試験の傾向と対策について

　過去数年間の合格率は、40%から60%の間で推移しています。試験の難易度や受験者のレベルにより、年度によって若干の変動がありますが、継続的に学習と対策を行うことで、合格の可能性は高まります。

　試験の傾向としては、一貫して過去問からの出題が目立ちます。全体の約9割程度は、過去問およびその類題で構成されています。過去問をしっかりと解けるようになれば、合格点の60点は決して難しい数字ではありません。

　本書では、過去問学習を効率よく行えるよう、基礎・技術・法規の本試験のエッセンスを一冊の書籍に盛り込みました。「これ一冊で最短合格」できるよう、試験に出る情報のみを厳選して掲載しています。

　本書の内容に繰り返し取り組んでいただくことで、過去問の攻略、ひいては本試験の合格を達成することが可能です。

　大多数の方は、CBT方式の試験（以下、CBT試験）を受けることになると思います。CBT試験で実力を発揮するには、パソコンでの回答操作に慣れていることが重要です。CBT試験の受験者専用サイト上では、事前に「CBT体験試験」を行うことができます。

　PC操作に不安のある方は、事前にCBT体験試験を受けておくことを推奨します。実際の試験画面に近いイメージで体験できます。本番の試験での緊張を軽減し、パソコン操作や時間配分に慣れることができます。

CBT試験で覚えておきたいテクニック

ここでは、CBT試験で覚えておきたいテクニックを5点紹介します。

● 1 時間管理

CBT試験では、画面上に試験時間が表示されるため、時間管理がしやすくなります。各問題に割り当てる時間を事前に決めておくことで、焦らず確実に解答を進められます。

● 2 問題のマーク機能

CBT試験のシステムでは、再確認したい問題をマークしておくことができます。マーク機能を活用することで、試験終盤に時間が余った際に、効率的に見直しを行うことができます。

● 3 問題の順番

CBT試験では、問題の順番を自由に選択できます（答えたい設問へすぐに飛べる）。自分にとって易しい問題から解くことで、自信を持って試験に取り組むことができます。また、難しい問題や時間がかかるものを後回しにすることで、全体のペースを保ちやすくなります。

● 4 メモ用紙の追加

CBT試験では、メモ用紙が足りなくなった場合、試験監督員にリクエストすることで追加のメモ用紙をもらうことができます。追加でメモ用紙をもらえることを知らず、1枚に無理やり収めようとすると、字が小さくなり、計算ミスをおかしがちです。メモ用紙は追加でもらえるので、安心して、自分の読みやすい文字サイズでしっかりと計算などを行いましょう。そうすることで、試験に取り組む際のストレスが軽減され、より効率的に問題を解くことができます。

※メモについて、一点補足させていただきます。CBT試験では、問題画面に直接書き込むことができません。そのため、基礎科目で出題されるベン図や論理回路の問題などでは、メモ用紙に問題文の図を書き写して問題に取り組む必要があります。試験会場で提供されたボールペンを使い、配布されたメモ用紙に図を転記する作業が求められます。これを想定し、事前に練習を重ねておくことが重要です。練習を怠ると、予想外に図の書き写しに時間がかかったり、転記ミスが生じたりするリスクが高まります。素早く、そして正確に問題の図を転記できるよう、事前の練習を十分に積むことをお勧めします。

● 5 試験中のトイレによる離席

　これはテクニックとはいえないかもしれませんが、CBT試験では、試験中にも監督員に申し出ることでトイレに行くことができます。ただし、途中でトイレ休憩をとっても試験時間の延長はありません。できるだけトイレ休憩をとらずに済むよう、事前にトイレに行っておくことが望ましいですが、試験は極度の緊張を伴うものです。「トイレに行くことができる」という情報を知っておくだけでも、受験生は落ち着いて試験に臨むことができるでしょう。このような配慮があることを知っておくことで、試験中の不安が軽減され、よりリラックスして試験に集中することができます。

　以上のようなテクニックを活用すれば、CBT試験で自分の力を最大限発揮できるでしょう。事前に練習を重ねて、本番の試験に臨みましょう。

CBTと解説動画の紹介

本書の読者の方の限定特典として、CBTおよび解説動画を設けています。
各サイトへは、下記のQRコードまたはURLからアクセスしていただけます。

CBTはPCなどで回答することで、本試験の形式に慣れておきましょう。合否判定もありますし、間違った問題は復習もできます。また、何度でも無料でご利用いただけます。

解説動画では、各単元のページはパスワード保護されており、パスワードは本書の内容と照らし合わせればわかるように、上記Webサイト上にヒントを記載しています（計算結果の数字や、重要用語などをパスワードにしています）。
このようにして覚えたキーワードや計算問題は強く記憶に残り、試験本番でも役立つことと思います。
仕様上、パスワード入力画面上では入力した文字を表示できないため、パスワード入力の際は、半角英数字の入力モードになっていることを確認してください。セキュリティ保護のため、パスワードは不定期に更新していきます。
更新情報も上記Webサイト上に記載しますので、本書を参照しつつ入力していただけたらと思います。

解説動画やオリジナル資料など、内容を適宜更新し、質の高いものを提供できるよう努めますので、ご活用のうえ、合格への最短ルートを歩んでいただけたらと願っております。

◀解説動画
https://xn--q9js5a0a.jp/genteid2/

CBT ▶
https://digicom2.trycbt.com/

第二級デジタル通信合格への効率学習ロードマップ

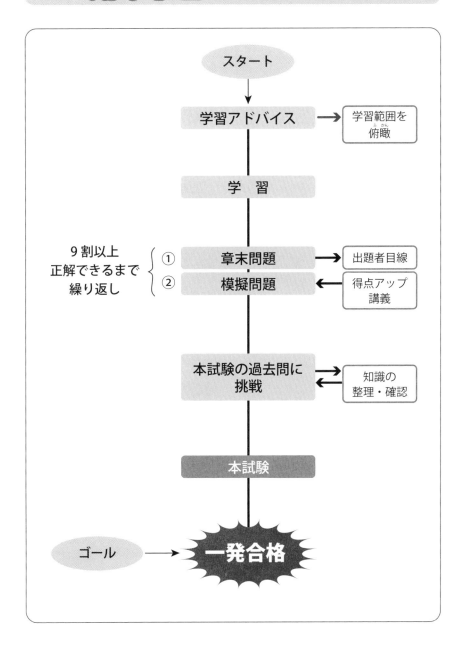

スタート

学習アドバイス → 学習範囲を俯瞰

学 習

9割以上
正解できるまで
繰り返し
① 章末問題 → 出題者目線
② 模擬問題 ← 得点アップ講義

本試験の過去問に挑戦 ← 知識の整理・確認

本試験

ゴール → 一発合格

本書の **7** つの工夫!

本書は、工事担任者試験第二級デジタル通信に最短で合格できるよう、下記のような紙面構成と様々な工夫を盛り込んでいます。これらの特徴を生かし、ぜひ確実に合格の栄誉を勝ち取ってください。

ポイント その **1**

学習のアドバイスで要点が把握できる!

学習内容の概略、学習上の要点です。

ポイント その **6**

得点アップ講義やひっかけ問題の注意などを掲載!

得点アップのためのツボや、引っかけ問題への対策などもアドバイスします。

Theme

2 コンデンサと
静電エネルギー

重要度：★★★ このテーマでは、コンデンサと静電容量、電気量、静電エネルギーの諸公式、合成静電容量、静電誘導について学びます。

● 合成静電容量の公式は、直列回路で学習した合成抵抗の公式と似ています。
● 「合成静電容量の直列回路と合成抵抗の並列回路」、「合成静電容量の直列回路と合成抵抗の直列回路」をセットにして覚えるとよいでしょう。

1 コンデンサと静電容量

■1 静電容量の公式

面積Sの2枚の金属板を間隔dだけ隔てて平行に置き、その間を誘電率 ε (イプシロン) の誘電体で満たして平行板コンデンサとしたとき、コンデンサの静電容量C[F：ファラド] は次式で表されます。

$$C = \varepsilon \frac{S}{d}$$

■2 電気量 (電荷量) の公式

コンデンサに蓄えられる電気量 Q [C：クーロン] は、次式で表されます。

$$Q = C \times V \quad C = \frac{Q}{V} \quad V = \frac{Q}{C}$$

オームの法則と同様に、一つの式から式変形で各式を導くことが可能です。
また、電荷量1クーロンは、「1秒間に1アンペアの電流により運ばれる電気量 (電荷量)」と定義されています。

● 合成抵抗の単元に比べると、出題頻度は少し落ちますが、決して無視できる単元ではありません。むしろ、合成抵抗よりも簡単な計算が多い分、得点源にしやすいところだといえます。
● 単純な公式問題で確実に得点できることが、合格には欠かせません。

23

ポイント その **2**

赤シートにも対応!

重要語句や重要数値などは、赤フィルターを使って学習できます。

ポイント その **3**

出題の意図や傾向がわかる!

出題傾向を分析し、出題者側の観点から問題を解くカギをわかりやすく解説します。

次の各設問について、（　）内に入る

問題を解いてみよう

1回）

内に、それぞれの解答群の中から最も適したものを選び、そ
点）

て、抵抗R_1に加わる電圧が36ボルトのとき、R_1は、（　）
し、電池の内部抵抗は無視するものとする。(5点)

セキュリティ対策のひっかけ問題として、「ウイルスに感染したと思われる兆候が
現れたときの対処として、コンピュータの異常な動作を止めるために直ちに再起動
を行い、その後、ウイルスを駆除する手順が推奨されている」というものがあります。
正しくは、ウイルスに感染した疑いがあるときに、無闇に再起動をしてはいけませ
ん。
ウイルスに感染した疑いがあるときは、直ちにネットワークから物理的に切り離し
ましょう。つまりLANケーブルを引き抜くことが必要です。ネットワークから切り
離したうえでウイルス感染の有無をチェックし、必要に応じてワクチンソフトウェ
アなどによってウイルスを取り除く必要があります。

過去問トレーニング

以下、過去問を参考にA（重要キーワード）の部分を黒太字、B（設問の答え）を下
線付きの赤字で示しています。

☑ コンピュータウイルスのうち、拡張子が「.com」「.exe」などの実行形式のプ
ログラムに感染するウイルスは、一般に、ファイル感染型ウイルスといわれる。
☑ Webページへの来訪者のコンピュータ画面上に、連続的に新しいウィンドウを
開くなど、来訪者のコンピュータに来訪者本人が意図しない動作をさせるWeb
ページは、一般に、ブラウザクラッシャーといわれる。
☑ ネットワークを介してサーバに連続してアクセスし、セキュリティホールを探
す場合などに利用される手法は、一般に、ポートスキャンといわれる。
☑ DNSサーバの脆弱性を利用し、偽りのドメイン管理情報に書き換えることによ
り、特定のドメインに到達できないようにしたり、悪意のあるサイトに誘導し
たりする攻撃手法は、一般に、DNSキャッシュポイズニングといわれる。
☑ 考えられるすべての暗号鍵や文字の組合せを試みることにより、暗号の解読や
パスワードの解析を実行する手法は、一般に、ブルートフォース攻撃といわれる。
☑ 分散された複数のコンピュータから攻撃対象のサーバに対して、一斉に大量
のリクエストを送信し、過剰な負荷をかけて機能不全にする攻撃は、一般に、
DDoS攻撃といわれる。
☑ サーバが提供しているサービスに接続して、その応答メッセージを確認するこ
とにより、サーバが使用しているソフトウェアの種類やバージョンを推測する
方法はバナーチェックといわれ、サーバの脆弱性を検知するための手法として

ポイント その**7**

章末問題と模擬問題で試験前の
総仕上げ！

章末問題を解くことで、学習した知識の定
着を図り、応用力を身につけます。模擬問題
は、本試験と同じ出題形式ですので、事前
の実力試しになります。

て、端子

測定する
これは電
える電圧

電圧計と直列に接続
かる電圧Eが最大指示
点)

ームの電圧計Vに、30
の電圧Eを

ポイント その**5**

過去問で出題傾向を把握！

赤字箇所が重要ポイントですので、暗記しま
しょう。チェックマークを上からなぞって、
進捗を「見える化」できます。

208

■問3　電圧計と内部抵抗　▶解説動画

図に示すように、最大指示電圧が240ボルト、内部抵抗 r が（　）
キロオームの電圧計 V に、30 キロオームの抵抗 R を直列に接続すると、
最大 600 ボルトの電圧 E を測定できる。

① 20　②30　③40

解説

内部抵抗の大きさを$xK\Omega$とすると、$600V \times \dfrac{xk\Omega}{(30k\Omega + xK\Omega)} = 240$

$600 \times x = 240 \times (30 + x)$　∴$x = 20$

正解：①

ポイント その**4**

解説動画でカンタン理解！

視覚と聴覚で理解できます。動画の視聴方法
は、8ページを参照してください。

22

目次

はじめに ……………………………………… 2

試験について（試験概要）……………………… 3

試験の傾向と対策について …………………… 5

コラム　CBT試験で覚えておきたい
　　　　　テクニック ………………………… 6

CBTと解説動画の紹介 ………………………… 8

第二級デジタル通信合格への
　　　　効率学習ロードマップ ……………… 9

本書の7つの工夫！……………………………… 10

第1章　［基礎編］電気回路

Theme 1　直流回路 …………………………………… 16

Theme 2　コンデンサと静電エネルギー …………… 23

Theme 3　交流回路 …………………………………… 26

Theme 4　磁気回路その他 …………………………… 34

問題を解いてみよう …………………………………… 38

答え合わせ ……………………………………………… 43

第2章　［基礎編］電子回路

Theme 1　半導体とダイオード ……………………… 50

Theme 2　トランジスタ ……………………………… 56

問題を解いてみよう …………………………………… 62

答え合わせ ……………………………………………… 66

第3章　［基礎編］論理回路

Theme 1　n進数 ……………………………………… 72

Theme 2　論理回路 …………………………………… 78

Theme 3　ベン図 ……………………………………… 82

Theme 4　ブール代数 ………………………………… 85

問題を解いてみよう …………………………………… 88

答え合わせ ……………………………………………… 92

第4章　［基礎編］伝送理論

Theme 1　伝送理論の計算問題 ……………………… 100

Theme 2　ケーブル …………………………………… 108

問題を解いてみよう …………………………………… 110

答え合わせ ……………………………………………… 115

第5章 ［基礎編］伝送技術

Theme 1 信号の伝送と変調技術 ・・・ 122
Theme 2 光ファイバ伝送と伝送品質評価 ・・・・・・・・・・・・・・・・・・・・・・・・・・・・・・・ 127
問題を解いてみよう ・・ 131
答え合わせ ・・ 135

第6章 ［技術編］端末設備

Theme 1 ADSL、IP電話機 ・・ 142
Theme 2 PoE、無線LAN、その他重要単元 ・・・・・・・・・・・・・・・・・・・・・・・・・・ 149
問題を解いてみよう ・・ 161
答え合わせ ・・ 165

第7章 ［技術編］ネットワーク技術

Theme 1 伝送方式、伝送技術 ・・・ 170
Theme 2 IPネットワーク技術 ・・ 184
問題を解いてみよう ・・ 193
答え合わせ ・・ 197

第8章 ［技術編］情報セキュリティ技術

Theme 1 情報セキュリティ ・・・ 202
問題を解いてみよう ・・ 210
答え合わせ ・・ 213

第9章 ［技術編］接続工事の技術

Theme 1 配線工事と配線工法 ・・・ 216
問題を解いてみよう ・・ 231
答え合わせ ・・ 234

第10章 ［法規編］電気通信事業法

Theme 1 電気通信事業法および施行規則 ・・・・・・・・・・・・・・・・・・・・・・・・・・・・・ 238
問題を解いてみよう ・・ 248
答え合わせ ・・ 252

第11章 ［法規編］工事担任者規則ほか

Theme1　工事担任者規則ほか ・・・ 256

問題を解いてみよう ・・ 267

答え合わせ ・・ 270

第12章 ［法規編］端末設備等規則（Ⅰ）

Theme1　総則 ・・ 274

コラム　法律の第1条の重要性を知ろう ・・・・・・・・・・・・・・・・・・・・・・・・・・・・・・・ 285

問題を解いてみよう ・・ 286

答え合わせ ・・ 290

コラム　自営電気通信設備と事業用電気通信設備の違いを知ろう ・・・・・・・・ 292

第13章 ［法規編］端末設備等規則（Ⅱ）

Theme1　各種端末規則 ・・ 294

問題を解いてみよう ・・ 303

答え合わせ ・・ 307

コラム　移動電話端末とインターネットプロトコル移動電話端末の

　　　　違いを知ろう ・・・ 310

模擬問題（第1回）・・・ 311

模擬問題（基礎-第1回）／模擬問題（技術-第1回）／模擬問題（法規-第1回）

模擬問題解説（基礎-第1回）／模擬問題解説（技術-第1回）／模擬問題解説（法規-第1回）

模擬問題（第2回）・・・ 353

模擬問題（基礎-第2回）／模擬問題（技術-第2回）／模擬問題（法規-第2回）

模擬問題解説（基礎-第2回）／模擬問題解説（技術-第2回）／模擬問題解説（法規-第2回）

●索引 ・・ 395

※本書に掲載されている問題は、第二級デジタル通信およびDD第三種、平成25年第1回から令和5年第1回までの試験問題を出典としています。

第1章

[基礎編]
電気回路

直流回路

このテーマでは、オームの法則、合成抵抗の計算、直流電力について見ていきます。

重要度：★★★

●オームの法則は、電気計算のすべての基礎になるものです。計算問題を"捨て問"にする場合でも、オームの法則だけは絶対に覚えておきましょう。
合成抵抗の計算では、いろいろなパターンに慣れている必要があります。
読んでいるだけではなかなか身につかないので、できる限り実際に手を動かして計算問題に取り組みましょう。

1 オームの法則、直流電力

■1 オームの法則

直流回路において、電圧V、電流I、抵抗Rには、次の関係があり、オームの法則といわれます。

図1-1-1 オームの法則

$$I = \frac{V}{R} \qquad V = IR \qquad R = \frac{V}{I}$$

オームの法則　解法の3ステップ

①オームの法則を
この図のように書く

②求めたいところを手で隠す
（例として、Rを求める）

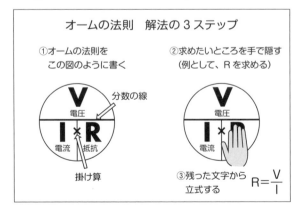

③残った文字から
立式する $R = \dfrac{V}{I}$

■2　直流電力

導体の抵抗をR〔Ω〕、その導体に加える電流をI〔A〕、導体の両端の電圧をV〔V〕としたとき、この抵抗Rで消費される電力P〔W〕は、次式で表されます。

$$P=VI$$

また、オームの法則より、次式で表すこともでき、いずれも重要です。

$$P=I^2R \quad P=\frac{V^2}{R}$$

2　合成抵抗の計算

■1　直列接続の合成抵抗と分圧

複数の抵抗を一列に接続して、各抵抗に同量の電流が流れるようにした接続を、**直列接続**といいます。

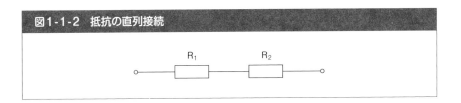

図1-1-2　抵抗の直列接続

直列接続の場合の合成抵抗の値は、それぞれの抵抗値の和となります。
抵抗をそれぞれR_1、R_2とした場合の合成抵抗Rは、次式で表されます。

$R=R_1+R_2$

また、直列接続において、各抵抗にかかる電圧は、各抵抗の大きさに比例して分圧されます。
回路全体を流れる電流をI、全体の電圧をV、各抵抗にかかる電圧（分圧）をV_1、V_2とすると、次式が成り立ちます。

$$V=V_1+V_2$$
$$V_1=IR_1 \quad V_2=IR_2$$

● 合成抵抗の計算は、出題頻度の高い単元ではありますが、電気計算が苦手な方は"捨て問"にしても構いません。合成抵抗の計算問題を落としても、その他の暗記問題をとれれば、合格は可能です。全体で60%の得点をとればよいわけですから、試験までの残り時間を考えて、勉強するかどうかを決めればよいでしょう。

■2 並列接続の合成抵抗と分流

複数の抵抗の両端をそれぞれ接続して、各抵抗に同じ電圧が加わるようにした接続を、**並列接続**といいます。

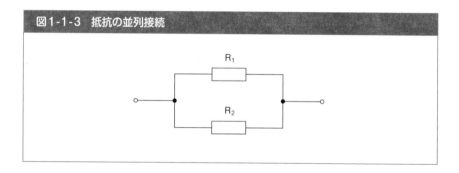

図1-1-3 抵抗の並列接続

並列接続の場合の合成抵抗の値は、「各抵抗の逆数の和の逆数」で求められます。
抵抗をそれぞれR_1、R_2とした場合の合成抵抗Rは、次式で表されます。

$$\frac{1}{R} = \frac{1}{R_1} + \frac{1}{R_2} \quad \text{または} \quad R = \frac{R_1 \times R_2}{R_1 + R_2}$$

また、並列接続では、各抵抗を流れる電流は、各抵抗の大きさに反比例して分流されます。

回路全体の電圧をV、回路全体の電流をI、各抵抗にかかる電流（分流）をI_1、I_2とすると、次式が成り立ちます。

$$I_1 = \frac{V}{R_1} \qquad I_2 = \frac{V}{R_2}$$

3　合成抵抗の過去問を解いてみよう

■問1　複数の並列合成抵抗の計算問題　▶ 解説動画

　図に示す回路において、抵抗 R_4 が（　　）オームであるとき、端子 a-b 間の合成抵抗は 1 オームである。

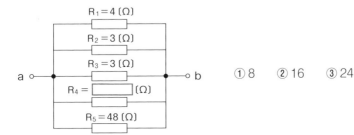

① 8　　② 16　　③ 24

解説

　図の回路の合成抵抗をRとすると、

$$\frac{1}{R} = \frac{1}{R_1} + \frac{1}{R_2} + \frac{1}{R_3} + \frac{1}{R_4} + \frac{1}{R_5}$$

$$\frac{1}{1} = \frac{1}{4} + \frac{1}{3} + \frac{1}{3} + \frac{1}{R_4} + \frac{1}{48}$$

$$\frac{1}{1} = \frac{45}{48} + \frac{1}{R_4}$$

$$\frac{1}{R_4} = \frac{3}{48} = \frac{1}{16}$$

$$\therefore R_4 = 16$$

となる（「∴」は「ゆえに」の意味）。

正解：②

■問2　直・並列回路の合成抵抗の計算問題　▶解説動画

図に示す回路において、抵抗 R_1 に加わる電圧が 10 ボルトのとき、抵抗 R_3 で消費する電力は（　　）ワットである。

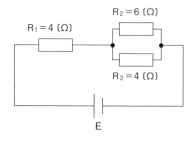

① 9　　② 18　　③ 28

解説

R_2、R_3 の合成抵抗を R_0 とすると、

$$\frac{1}{R_0}=\frac{1}{6}+\frac{1}{4}=\frac{5}{12}$$

$$\therefore R_0=2.4 (Ω)$$

R_1 の両端の電圧を V_1、R_0 の両端の電圧を V_0 とすると、

$V_1 : V_0 = R_1 : R_0$　より
$10 : V_0 = 4 : 2.4$
$\therefore V_0 = 6 (V)$

R_3 で消費する電力を P とすると、

$$P=\frac{V_0^2}{R_3}$$　より

$$P=\frac{36}{4}=9 (W)$$

正解：①

4　分流器　▶解説動画

測定範囲を拡大するため、電流計に並列に接続する抵抗を分流器といいます。

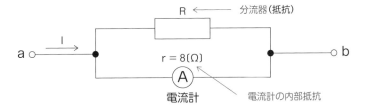

例えば、最大指示値が40ミリアンペアの電流計の場合、そのままでは40ミリアンペアを超える電流は測定できません。

しかし、電流計と並列に分流器 (抵抗) を接続することにより、回路に流れる電流は電流計と分流器に分流するため、最大指示値を超える電流を測定できるようになります。

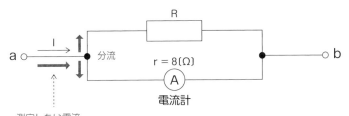

測定したい電流
分流器にも電流が流れるので、電流計の最大指示値を超える電流でも大丈夫

例えば、電流計の最大指示値が40ミリアンペア、測定したい電流が440ミリアンペアであった場合、分流器に流れる電流が400ミリアンペアになるように抵抗の値を調整することにより、測定できるようになります。

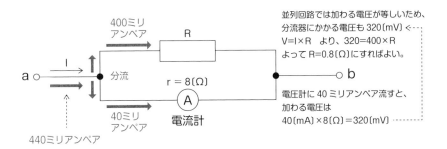

並列回路では加わる電圧が等しいため、分流器にかかる電圧も 320 (mV)
V＝I×R　より、320＝400×R
よって R＝0.8 (Ω)にすればよい。

電圧計に 40 ミリアンペア流すと、加わる電圧は
40 (mA) ×8 (Ω) ＝320 (mV)

5 電圧計と内部抵抗

　電圧計は、電気回路における電圧、つまり2点間の電位差を測定するための装置です。電圧計はその設計により「最大指示電圧」を持ちます。これは電圧計が安全に読み取り、表示できる電圧の最大値を意味します。これを超える電圧を電圧計にかけると、内部のコンポーネントを損傷する可能性があります。

　電圧計の最大指示電圧を超えて測定するためには、抵抗器を電圧計と直列に接続して電圧を分割する方法があります。これにより、電圧計にかかる電圧が最大指示電圧を超えないように調整できます。

　たとえば、最大指示電圧が240Vで内部抵抗が20キロオームの電圧計Vに、30キロオームの抵抗Rを直列に接続します。この回路に600Vの電圧Eをかけると、内部抵抗と抵抗Rによって電圧が分割されます。

　直流回路では、電圧は抵抗値に比例して分圧されますので、この場合電圧計Vにかかる電圧は、$600V \times \dfrac{20k\Omega}{(20k\Omega + 30k\Omega)} = 240V$ となります。つまり、この配置により、電圧計の最大指示電圧を超える600Vの電圧を安全に測定することができます。

　次の問題を通じて、確認してみましょう。

■問3　電圧計と内部抵抗　▶解説動画

　図に示すように、最大指示電圧が240ボルト、内部抵抗 r が（　　　）キロオームの電圧計 V に、30キロオームの抵抗 R を直列に接続すると、最大600ボルトの電圧 E を測定できる。

R=30〔kΩ〕　　内部抵抗 r
a ○——[　　]——○——(V)——○ b

①20　②30　③40

|← E=600〔V〕 →|

解説

　内部抵抗の大きさを $xk\Omega$ とすると、$600V \times \dfrac{xk\Omega}{(30k\Omega + xk\Omega)} = 240V$ より、

$600 \times x = 240 \times (30 + x)$　∴$x = 20$

正解：①

Theme 2 コンデンサと静電エネルギー

重要度：★★★ このテーマでは、コンデンサと静電容量、電気量、静電エネルギーの諸公式、合成静電容量、静電誘導について学びます。

● 合成静電容量の公式は、直列回路で学習した合成抵抗の公式と似ています。
● 「合成静電容量の直列回路と合成抵抗の並列回路」、「合成静電容量の並列回路と合成抵抗の直列回路」をセットにして覚えるとよいでしょう。

1 コンデンサと静電容量

■1 静電容量の公式

　面積Sの2枚の金属板を間隔dだけ隔てて平行に置き、その間を誘電率 ε（イプシロン）の誘電体で満たして平行板コンデンサとしたとき、コンデンサの静電容量C〔F：ファラド〕は次式で表されます。

$$C= \varepsilon \frac{S}{d}$$

■2 電気量（電荷量）の公式

コンデンサに蓄えられる電気量Q〔C：クーロン〕は、次式で表されます。

$$Q=C \times V \qquad C=\frac{Q}{V} \qquad V=\frac{Q}{C}$$

オームの法則と同様に、一つの式から式変形で各式を導くことが可能です。
　また、電荷量1クーロンは、「1秒間に1アンペアの電流により運ばれる電気量（電荷量）」と定義されています。

● 合成抵抗の単元に比べると、出題頻度は少し落ちますが、決して無視できる単元ではありません。むしろ、合成抵抗よりも簡単な計算が多い分、得点源にしやすいところだといえます。
● 単純な公式問題で確実に得点できることが、合格には欠かせません。

23

■3 静電エネルギーの公式

静電容量をC、電位差をVとしたとき、コンデンサに蓄えられる静電エネルギー W〔J：ジュール〕は、次式で表されます。

$$W = \frac{1}{2}CV^2$$

■4 過去の出題文言

本試験では、過去に次の内容の文言が出題されています。同じ問題が繰り返し出る可能性が高いので、赤字箇所を中心に押さえておきましょう。

①コンデンサに蓄えられる電気量とそのコンデンサの端子間の**電圧**との比は、静電容量といわれる。

②コンデンサの静電容量を大きくするには、**電極板間に誘電率の大きな物質を挿入**する方法がある。

③静電容量の単位であるファラドと同一の単位は、**クーロン／ボルト**である。

④電荷量の単位であるクーロンと同じ単位は、**アンペア・秒**である。

2 合成静電容量の計算

■1 直列回路の合成静電容量

直列回路の合成静電容量〔F〕は、次式で表されます。

$$\frac{1}{C} = \frac{1}{C_1} + \frac{1}{C_2}$$

図1-2-1 コンデンサ直列回路

■2　並列回路の合成静電容量

並列回路の合成静電容量〔F〕は、次式で表されます。

$$C = C_1 + C_2$$

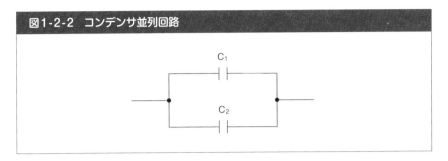

図1-2-2　コンデンサ並列回路

3　静電誘導と誘電分極

電荷を帯びていない導体または絶縁体（誘電体）に対し、帯電体を近づけると、電荷を帯びていない導体等の表面において、帯電体に近い側に負、遠い側に正の電荷が現れます。この現象は、導体では**静電誘導**、絶縁体では**誘電分極**といわれます。

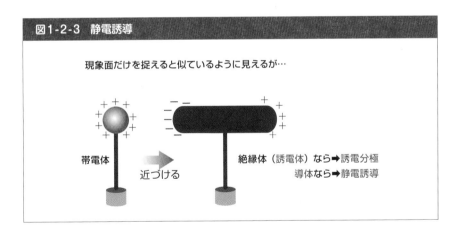

図1-2-3　静電誘導

現象面だけを捉えると似ているように見えるが…

帯電体

近づける

絶縁体（誘電体）なら➡誘電分極
導体なら➡静電誘導

静電誘導に関しては、本試験では、次のような内容で過去に出題されています。

「電荷を帯びていない導体球に帯電体を接触させないように近づけたとき、両者の間には**引き合う力**が働く」

静電誘導により、異種の電荷どうしが近づくため、引き合う力が発生するものと考えられます。

交流回路

このテーマでは、交流波形、電圧と電流の位相、直列および並列交流回路の計算、共振回路について学びます。

●交流波形や位相、共振回路については暗記問題です。

　あまり複雑に考え過ぎず、端的に「出るポイントだけ」を暗記するようにしましょう。

●計算問題に関しては、直列交流回路が頻出です。

1 　交流波形

■ 1 　正弦波交流

　電圧や電流の大きさと方向が、時間の経過とともに変化するものを、交流といいます。

　交流には、**正弦波**交流と**ひずみ波**（非正弦波）交流があります。

　正弦波交流に関しては、次の内容を覚えておく必要があります。

$$実効値＝\underline{最大値×\frac{1}{\sqrt{2}}} \qquad 平均値＝\underline{最大値×\frac{2}{\pi}}$$

●慣れれば得点しやすいところですので、試験までに勉強時間が十分にとれる方は、しっかりと計算の練習をしておきましょう。

●試験まで時間がない場合（試験まで1週間程度しか勉強時間がとれない場合など）は、計算問題は捨てて暗記問題に特化した方がよいでしょう。

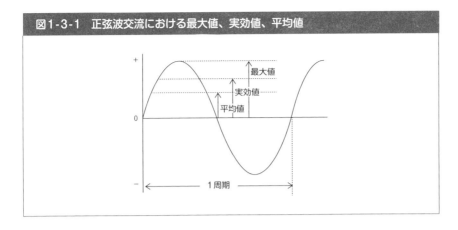

図1-3-1　正弦波交流における最大値、実効値、平均値

■2　ひずみ波交流

正弦波でない交流は、一般にひずみ波交流といわれます。

ひずみ波交流は、周波数の異なるいくつかの正弦波交流に分解することができます。

これらの正弦波交流のうち、基本波 (最も周波数が低い正弦波) 以外は、高調波といいます。

2　交流回路と位相、その他暗記事項

交流回路において、抵抗とコイル、抵抗とコンデンサにより構成される回路では、電圧と電流に位相差が生じます。

■1　R-L直列回路における位相差

抵抗とコイル (インダクタンス) の直列回路に交流電圧を加えたとき、電流の位相は、電圧の位相よりも遅れています。

逆にいえば、電圧の位相は、電流の位相よりも進んでいます。

⇒R-L直列回路、**電流遅れ**、**電圧進み**をセットで覚えましょう。

■2　R-C直列回路における位相差

抵抗とコンデンサの直列回路に交流電圧を加えたとき、電流の位相は、電圧の位相よりも位相が進んでいます。

逆にいえば、電圧の位相は、電流の位相よりも遅れています。

⇒R-C直列回路、**電流進み**、**電圧遅れ**をセットで覚えましょう。

3 その他暗記事項

①容量性リアクタンスと周波数

コンデンサは電気エネルギーを蓄える装置で、電流の流れに対して抵抗を示す特性を持ちます。この抵抗は通常の抵抗とは異なり、「**容量性リアクタンス**」と呼ばれます。このリアクタンスは**交流電流の周波数**に**反比例**します。

電流の周波数が高くなると、つまり電流が急速に変化すると、コンデンサはその変化に追従しやすくなります。これはコンデンサが電荷を蓄積し放出する速度が上がるからです。その結果、コンデンサのリアクタンス（電流に対する"抵抗"）は減少します。つまり、周波数が上がるほど、コンデンサを通る電流は増える傾向にあります。

逆に、電流の周波数が低くなると、コンデンサの蓄電と放電の速度は遅くなり、その結果としてリアクタンスは増えます。つまり、周波数が低いほど、コンデンサを通る電流は少なくなります。

したがって、「コンデンサに交流電流を流したとき、コンデンサの**容量性リアクタンス**の大きさは、流れる電流の**周波数**に**反比例**」します。

②誘導性リアクタンスと周波数

コイルは、電流の変化に対して"抵抗"を示す特性を持つ電気的な装置です。この抵抗は通常の抵抗とは異なり、「**誘導性リアクタンス**」と呼ばれます。このリアクタンスは交流電流の**周波数**に**比例**します。

電流の周波数が高くなると、つまり電流が急速に変化すると、コイルはその変化を妨げようとします。これはコイルが磁場を生成し、その磁場が変化する電流に反抗するためです。その結果、コイルの誘導性リアクタンス（電流に対する"抵抗"）は増大します。つまり、周波数が高くなるほど、コイルを通る電流は減る傾向にあります。

逆に、電流の周波数が低くなると、コイルが生成する磁場の変化は遅くなり、その結果として誘導性リアクタンスは減少します。つまり、周波数が低いほど、コイルを通る電流は増える可能性があります。

したがって、「コイルに交流電流を流したとき、コイルの**誘導性リアクタンス**の大きさは、流れる電流の**周波数**に**比例**」します。

③交流回路における電力の３要素と単位

交流回路では、電力は通常３つの要素（有効電力、無効電力、皮相電力）に分けられます。

有効電力は、実際に電気装置が動作するのに使われる電力で、電気ヒーターやラ

イトのような装置で熱や光に変換されます。単位は**ワット**（**W**）です。

　無効電力は、電力がエネルギーに変換されずに、負荷と交流電源の間を往復しているだけの電力です。単位は**バール**（**var**）です。

　皮相電力は、有効電力と無効電力の「合計」を示す概念で、有効電力と無効電力のそれぞれの2乗の和の平方根に等しいものとして求められます。単位は**ボルトアンペア**（**VA**）です。

　「有効電力と無効電力のそれぞれの2乗の和の平方根に等しい」というのは、皮相電力が有効電力と無効電力の関係をピタゴラスの定理のような形で表現しているという意味です。つまり、皮相電力は有効電力と無効電力の間の「直角三角形」の斜辺のようなものであり、それぞれの2乗の和の平方根に等しいということを示しています。

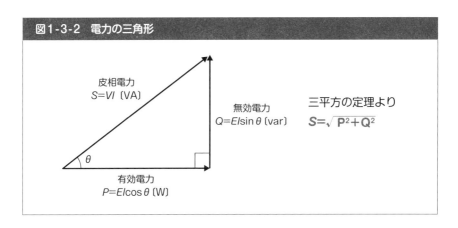

図1-3-2　電力の三角形

皮相電力
$S=VI$〔VA〕

無効電力
$Q=EI\sin\theta$〔var〕

有効電力
$P=EI\cos\theta$〔W〕

θ

三平方の定理より
$S=\sqrt{P^2+Q^2}$

4　直列交流回路の合成インピーダンス

　インピーダンスとは、交流回路における電流の流れにくさを数値化したもので、単位はオーム〔Ω〕です。

　交流回路に加わる電圧を V、流れる電流を I とした場合、インピーダンス Z は

$Z=\dfrac{V}{I}$ の形で表されます。これは直流回路の抵抗と同じく電圧と電流の比を示すも

のですが、交流回路の場合はコイルによる誘導性リアクタンス X_L やコンデンサによる容量性リアクタンス X_C などの要素も考慮に入れる必要があります。

　試験では、抵抗（R）、コイル（L）、コンデンサ（C）の組み合わせにより合成インピーダンスを求める問題が出題されています。試験によく出るものをまとめましたので、

ご確認ください。

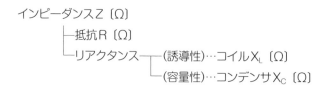

インピーダンス Z 〔Ω〕
├抵抗 R 〔Ω〕
└リアクタンス ┬ (誘導性)…コイル X_L 〔Ω〕
                └ (容量性)…コンデンサ X_C 〔Ω〕

■1　R-L-C直列回路の合成インピーダンス

$$Z=\sqrt{R^2+(X_L-X_C)^2}$$

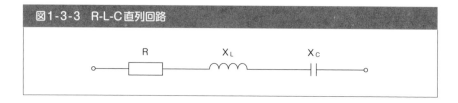

図1-3-3　R-L-C直列回路

R　　X_L　　X_C

■2　R-L直列回路の合成インピーダンス

$$Z=\sqrt{R^2+X_L{}^2}$$

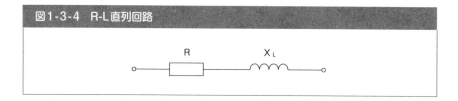

図1-3-4　R-L直列回路

R　　X_L

■3　R-C直列回路の合成インピーダンス

$$Z=\sqrt{R^2+X_C{}^2}$$

図1-3-5　R-C直列回路

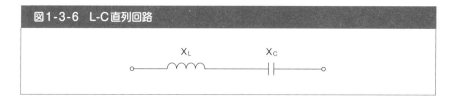

■4　L-C直列回路の合成インピーダンス

$$Z=\sqrt{(X_L-X_C)^2}$$

図1-3-6　L-C直列回路

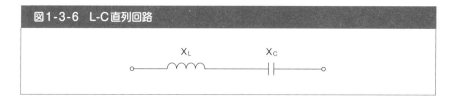

もしくは

$$Z=|X_L-X_C|$$ ←「｜…｜」は絶対値記号。X_LとX_Cのうち大きい方から小さい方を引けばよい。

5　並列交流回路の合成インピーダンス

図1-3-7　RLC並列回路

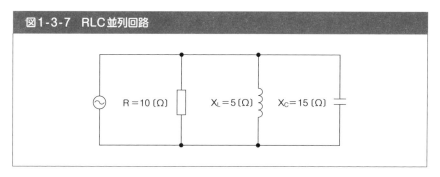

$R=10$〔Ω〕　　$X_L=5$〔Ω〕　　$X_C=15$〔Ω〕

　抵抗（R）、コイル（L）、コンデンサ（C）が並列に組み合わされた図1-3-7のような RLC並列回路において、回路の合成インピーダンスZは、次の式で求められます。

$$\frac{1}{Z}=\sqrt{\left(\frac{1}{R}\right)^2+\left(\frac{1}{X_L}-\frac{1}{X_C}\right)^2}$$

抵抗（R）、コイル（L）、コンデンサ（C）のうち、存在しない要素はその値を「0」として扱います。これにより、RL並列回路、RC並列回路、LC並列回路などでも、全ての要素を含むRLC並列回路と同じ公式を適用することができます。

6　交流回路の計算問題

　それでは、実際の試験問題を解いてみましょう。

■問1　R-L直列回路の計算問題　▶解説動画

　図に示す回路において、端子a-b間に78ボルトの交流電流を加えたとき、回路に流れる電流が6アンペアであった。

　この回路の誘導性リアクタンス X_L は（　　）オームである。

① 12　　② 13　　③ 15

解説

　a-b間の電圧をV、流れる電流をI、合成インピーダンスをZとした場合、

$Z = \dfrac{V}{I}$ 　より

$Z = \dfrac{78}{6} = 13$ 〔Ω〕

$Z = \sqrt{R^2 + X_L^2}$ 　より

$13 = \sqrt{5^2 + X_L^2}$

$13 = \sqrt{25 + X_L^2}$

$X_L^2 = 144$ 　　∴ $X_L = 12$ 〔Ω〕（$X_L > 0$）

正解：①

■問2　L-C直列回路の計算問題　▶解説動画

図に示す回路において、回路に流れる交流電流が6アンペアであるとき、端子a-b間の交流電圧は、（　　）ボルトである。

$$X_L = 7 \ [\Omega] \qquad X_C = 3 \ [\Omega]$$

a ○──────⌒⌒⌒──────┤├──────○ b

① 20　　② 24　　③ 50

解説

a-b間の電圧をV、流れる電流をI、合成インピーダンスをZとした場合、

$Z = |X_L - X_C|$　　より

$Z = |7 - 3| = 4$

$V = I \times Z$　　より

$V = 6 \times 4 = \mathbf{24}[V]$

正解：②

7　共振回路

共振とは、ある周波数の交流電流が回路に流れたとき、誘導性リアクタンスと容量性リアクタンスが互いに打ち消し合って、インピーダンスのリアクタンス成分が0になる現象のことをいいます。

また、このときの周波数を共振周波数といいます。

試験に出るのは次の2点ですので、そこを覚えましょう。

①**直列**共振回路では、共振周波数のとき、インピーダンスは**最小**となる。

②**並列**共振回路では、共振周波数のとき、インピーダンスは**最大**となる。

Theme 4 磁気回路その他

このテーマでは、フレミングの法則、磁気回路、導体の電気抵抗、平行導体に働く力について学びます。

重要度：★★★

学習アドバイス

●フレミングの法則では、実際に左手で同じ指の形を作ってみて覚えるようにしましょう。

●磁気回路は、公式を覚えておきましょう。

●導体の電気抵抗は、公式を覚えたうえで簡単な当てはめができるようになる必要があります。

●平行導体に働く力は、「同方向の電流＝吸引力」、「逆方向の電流＝反発力」と覚えておけばよいでしょう。

---

1 フレミングの法則

　フレミングの法則には左手と右手の二つがありますが、出題頻度から見ると、左手の法則がより重要です。

■ 1 フレミングの左手の法則

　次ページの図のように、左手の中指、人差し指、親指がそれぞれ直角になるようにします。

　中指は「**電流**」、人差し指は「**磁界**」、親指は電磁「**力**」の方向を示しています。

　中指から順にそれぞれの1文字をとって、「電磁力」と覚えるのがよいでしょう。

出題者の目線

●同じところが繰り返し出題されていますが、公式の問題になると正答率が下がる傾向にあり、合格点の奪取には公式の正確な暗記が欠かせません。

●一見難しそうに見えますが、「何に比例して何に反比例するのか」というところを理解してしまえば、選択肢で悩むことも減ってくるでしょう。

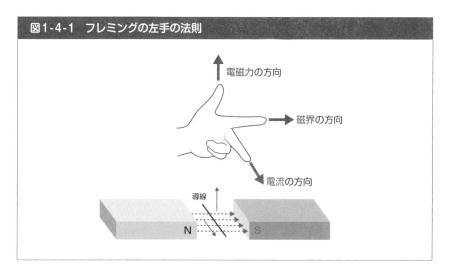

図1-4-1 フレミングの左手の法則

電磁力の方向

磁界の方向

電流の方向

導線

N　　　　S

2 磁気回路

磁気回路において、磁束をϕ（ファイ）、起磁力をF、磁気抵抗をRとすると、次式が成り立ちます。

$$\phi = \frac{F}{R}$$

F＝ϕ・Rの形で出題される可能性もありますので、確認しておきましょう。

次の内容も出題されています。「磁気回路における磁束は、起磁力に比例し、**磁気抵抗**に反比例する」

3 導体の電気抵抗

導体の電気抵抗の公式および温度の上昇と電気抵抗の関係が出題されています。

1 導体の電気抵抗と断面積

導体の電気抵抗をR、導体の長さをℓ（小文字のエル）、導体の断面積をA、導体の抵抗率をρ（ロー）とした場合、次式が成り立ちます。

$$R = \frac{\rho \ell}{A}$$

問題によっては断面積が与えられずに、断面の半径や直径から算出しなければならない場合があります。

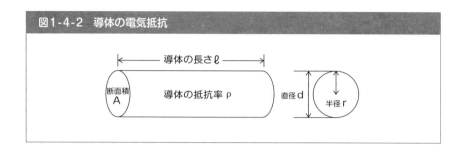

図1-4-2　導体の電気抵抗

導体の長さℓ

断面積 A　導体の抵抗率 ρ

直径 d　半径 r

■2　導体の抵抗値と温度変化

常温付近では金属導体の温度が上昇すると、一般に、その抵抗値は**増加**します。

■3　ジュールの法則

ジュールの法則は、電気エネルギーが熱エネルギーに変換される際の現象を表す物理的な法則です。ジュールの法則によれば、抵抗素子を通過する電流によって生じる熱量は、電流の二乗、抵抗の大きさ、そして通電時間に比例します。

発生する熱量（ジュール）をQ、電流の大きさ（アンペア）をI、抵抗の大きさ（オーム）をR、電流を流した時間（秒）をtとすると、ジュールの法則は次式で表されます。

$Q = I^2 Rt$

4　平行導体に働く力

2本の導線を平行に置いたときに、電流の方向が**同じ場合には吸引力**が働き、電流の方向が**異なる場合には反発力**が働きます。

それぞれの力は電流に比例し、距離に反比例します。

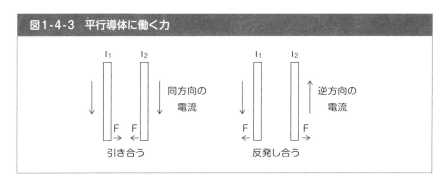

図1-4-3 平行導体に働く力

5 アンペールの右ねじの法則

図に示すように、直線状の導体に下から上へ向かって直流電流Iを流したとき、図中の導体の点Oの周囲には、点Oを中心とした円周に沿って図中の矢印で示す向きに磁界Bが生じます。これは**アンペールの右ねじ**の法則といわれます。

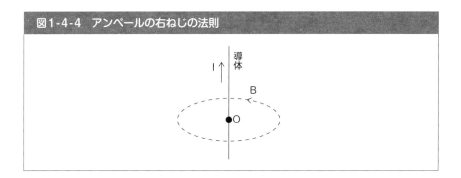

図1-4-4 アンペールの右ねじの法則

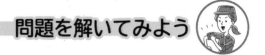

問題を解いてみよう

次の各設問について、（　）内に入る最も適切なものを下の選択肢から選ぼう。

問 1　図に示す回路において、抵抗 R_1 に流れる電流が 8 アンペアのとき、この回路に接続されている電池 E の電圧は、（　　）ボルトである。ただし、電池の内部抵抗は無視するものとする。

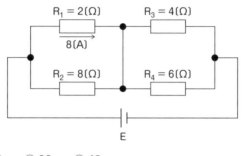

① 32　　② 36　　③ 40

問 2　図に示す回路において、端子 a-b 間の合成抵抗は、（　　）オームである。

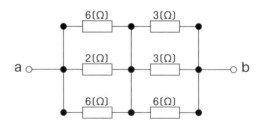

① 1.6　　② 2.0　　③ 2.4

問 3 図に示すように、最大指示値が 30 ミリアンペア、内部抵抗 r が 5 オームの電流計 A に、（　）オームの抵抗 R を並列に接続すると、最大 280 ミリアンペアの電流 I を測定できる。

① 0.6　　② 0.8　　③ 1.0

問 4 図に示す回路において、回路に 2 アンペアの交流電流が流れているとき、端子 a-b 間に現れる電圧は、（　）ボルトである。

① 15　　② 26　　③ 34

問 5 図に示す回路において、端子 a-b 間の合成インピーダンスは、（　）オームである。

① 6　　② 15　　③ 21

問6 図に示す回路において、端子 a-b 間に 60 ボルトの交流電圧を加えたとき、回路に流れる電流が 4 アンペアであった。この回路の誘導性リアクタンス X_L は、（　　）オームである。

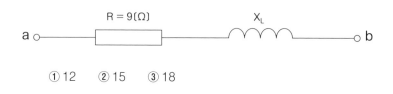

① 12 　② 15 　③ 18

問7 図に示す回路において、端子 a-b 間に 56 ボルトの交流電圧を加えたとき、この回路に流れる電流は、（　　）アンペアである。

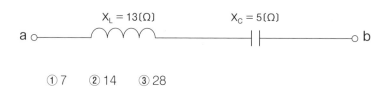

① 7 　② 14 　③ 28

問8 コンデンサに蓄えられる電気量とそのコンデンサの端子間の（　　）との比は、静電容量といわれる。

①電圧　　②静電力　　③電荷

問9 磁気回路における磁束は、起磁力に比例し、（　　）に反比例する。

①磁気ひずみ　②磁気抵抗　③電磁力

問10 導線の抵抗を R、抵抗率を ρ、長さ ℓ を、断面積を A とすると、これらの間には、R =（　　）の関係がある。

① $\dfrac{\ell}{\rho A}$ 　② $\dfrac{A}{\rho \ell}$ 　③ $\dfrac{\rho \ell}{A}$

問 11 R オームの抵抗に I アンペアの電流を t 秒間流したときに発生する熱量は、（　　　）ジュールである。

① IRt　　② IR²t　　③ I²Rt

問 12 常温付近では金属導体の温度が上昇すると、一般に、その抵抗値は（　　　）。

①変わらない　　②減少する　　③増加する

問 13 平行に置かれた 2 本の直線状の電線に、互いに反対向きに直流電流を流したとき、両電線間には（　　　）。

①互いに反発し合う力が働く
②互いに引き合う力が働く
③引き合う力も反発し合う力も働かない

問 14 図に示す回路において、端子 a-b 間に 24 ボルトの交流電圧を加えたとき、回路に流れる全電流は、（　　　　）アンペアである。

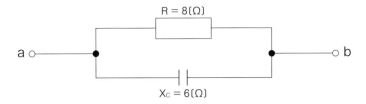

R = 8〔Ω〕

Xc = 6〔Ω〕

a ○　　　　　　　　　　　　　　　○ b

① 3　　② 4　　③ 5

問 15 コンデンサに交流電流を流したとき、コンデンサの容量性リアクタンスの大きさは、流れる電流の周波数に（　　　）。

①無関係である　　②比例する　　③反比例する

問 16 交流回路における皮相電力は、有効電力と無効電力のそれぞれの2乗の和の平方根に等しく、その単位は、（　　　）である。

①ボルトアンペア　　②バール　　③ワット

問1　正解：③

解説

回路を次のように読み替えて考えます。

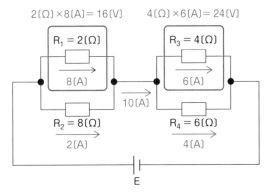

2〔Ω〕×8〔A〕= 16〔V〕　　4〔Ω〕×6〔A〕= 24〔V〕

R₁ = 2〔Ω〕

8〔A〕

R₂ = 8〔Ω〕

2〔A〕

R₃ = 4〔Ω〕

6〔A〕

10〔A〕

R₄ = 6〔Ω〕

4〔A〕

E

回路全体の電圧は、
16〔V〕 + 24〔V〕 = 40〔V〕

R_1 に 8〔A〕の電流が流れることから、R_1 にかかる電圧は 16〔V〕とわかります。
並列回路では加わる電圧は等しいことから、R_2 にかかる電圧も 16〔V〕。

$I = \dfrac{V}{R}$ より、R_2 に流れる電流 I_2 は、$I_2 = \dfrac{16}{8} = 2$〔A〕

8〔A〕 + 2〔A〕 = 10〔A〕より、回路全体を流れる電流は 10〔A〕。
並列回路の各抵抗に流れる電流は、抵抗値の大きさに反比例します。
R_3 に流れる電流を I_3 とすると、

$I_3 = 10$〔A〕$\times \dfrac{R_4}{R_3 + R_4}$〔Ω〕$= 10$〔A〕$\times \dfrac{6}{4+6}$〔Ω〕$= 6$〔A〕

R_3 に 6〔A〕の電流が流れることから、R_3 にかかる電圧は 24〔V〕とわかります。
回路全体の電圧は、16〔V〕 + 24〔V〕 = 40〔V〕

問2　正解：③

解説

回路を次のように読み替えて考えます。

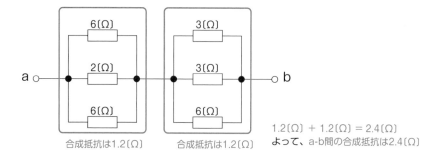

1.2〔Ω〕 + 1.2〔Ω〕 = 2.4〔Ω〕
よって、a-b間の合成抵抗は2.4〔Ω〕

6〔Ω〕、2〔Ω〕、6〔Ω〕の合成抵抗は、

$$\frac{1}{R} = \frac{1}{R_1} + \frac{1}{R_2} + \frac{1}{R_3} \quad より、\quad \frac{1}{R} = \frac{1}{6} + \frac{1}{2} + \frac{1}{6} = \frac{5}{6} \quad \therefore R=1.2 〔Ω〕$$

同様に、3〔Ω〕、3〔Ω〕、6〔Ω〕の合成抵抗は、

$$\frac{1}{R} = \frac{1}{R_1} + \frac{1}{R_2} + \frac{1}{R_3} \quad より、\quad \frac{1}{R} = \frac{1}{3} + \frac{1}{3} + \frac{1}{6} = \frac{5}{6} \quad \therefore R=1.2 〔Ω〕$$

a–b間の合成抵抗は1.2〔Ω〕と1.2〔Ω〕の直列接続とみなせるので、

1.2〔Ω〕 + 1.2〔Ω〕 =2.4〔Ω〕

問3 正解：①

解説

状況を図にすると、次のようにまとめられます。

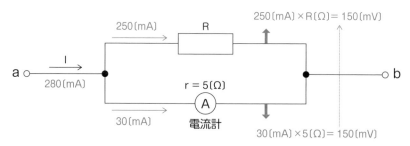

測定したい電流の大きさが280〔mA〕であることから、Iの大きさは280〔mA〕
とわかります。

電流計に流してよい電流の大きさは最大指示値の 30〔mA〕なので、280〔mA〕− 30〔mA〕＝ 250〔mA〕を並列回路の相手側（抵抗側）に流す必要があります。電流計の内部抵抗が 5〔Ω〕であることから、電流計側に加わる電圧は、

30〔mA〕× 5〔Ω〕=150〔mV〕

並列回路ではどちらの回路にも同じ大きさの電圧が加わるので、抵抗 R 側の電圧も 150〔mV〕。したがって、

250〔mA〕× R〔Ω〕=150〔mV〕　∴ R=0.6〔Ω〕

問4　正解：②

解説

まず、回路全体の合成インピーダンス Z を求めます。

$$Z=\sqrt{R^2 + X_C^2} \text{ より、} Z=\sqrt{12^2 + 5^2} \quad \therefore Z=13 〔Ω〕 \quad (Z>0)$$

また、V=I × Z より、V=2 × 13=26〔V〕

問5　正解：①

解説

L-C 直列回路の合成インピーダンスは、$Z=|X_L - X_C|=24 - 18=6$〔Ω〕

問6　正解：①

解説

V=I × Z より、60=4 × Z　∴ Z=15〔Ω〕
R-L 直列回路の合成インピーダンス Z は、

$$Z=\sqrt{R^2 + X_L^2} \text{ より、} 15=\sqrt{9^2 + X_L^2} \quad \therefore X_L=12 〔Ω〕 \quad (X_L>0)$$

問7　正解：①

解説

L-C 直列回路の合成インピーダンスは以下のように求めます。

$Z=|X_L - X_C|=13 - 5=8$〔Ω〕
$V=I × Z$ より、$56=I × 8$　∴$I=7$〔A〕

問8　正解：①

解説

コンデンサに蓄えられる電気量とそのコンデンサの端子間の（**電圧**）との比は、静電容量といわれます。

問9　正解：②

解説

磁気回路における磁束は、起磁力に比例し、（**磁気抵抗**）に反比例します。

問10　正解：③

解説

導線の抵抗を R、抵抗率を ρ、長さを ℓ、断面積を A とすると、

$R=\dfrac{\rho \ell}{A}$ の関係があります。

問11　正解：③

解説

R オームの抵抗に I アンペアの電流を t 秒間流したときに発生する熱量は、I^2Rt ジュールです。

問12 正解：③

解説

常温付近では金属導体の温度が上昇すると、一般に、その抵抗値は（**増加する**）。

問13 正解：①

解説

平行に置かれた2本の直線状の電線に、互いに反対向きに直流電流を流したとき、両電線間には（**互いに反発**）し合う力が働きます。

問14 正解：③

解説

RC並列回路の合成インピーダンス Z を求めます。

公式 $\dfrac{1}{Z}=\sqrt{\left(\dfrac{1}{R}\right)^2+\left(\dfrac{1}{X_L}-\dfrac{1}{X_C}\right)^2}$ において、コイルの要素がないことから、

$\dfrac{1}{X_L}=0$ として扱う。

$$\frac{1}{Z}=\sqrt{\left(\frac{1}{8}\right)^2+\left(0-\frac{1}{6}\right)^2}=\sqrt{\frac{1}{64}+\frac{1}{36}}=\sqrt{\frac{25}{576}}=\sqrt{\frac{5^2}{24^2}}=\frac{5}{24}$$

$I=\dfrac{V}{Z}$、また題意より $V=24$ であるから、

$$I=24\times\frac{5}{24}=5 \text{〔A〕}$$

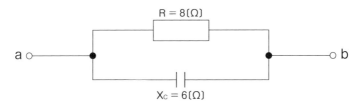

R = 8〔Ω〕
a ○ ——— ● ——— ● ——— ○ b
X_C = 6〔Ω〕

問15 正解：③

解説

　コンデンサが電流の流れに対して抵抗を示す特性は「**容量性リアクタンス**」と呼ばれます。このリアクタンスは**交流電流の周波数**に（**反比例**）するという性質を持ちます。

問16 正解：①

解説

　皮相電力の単位は（**ボルトアンペア**）（VA）、**有効電力**の単位は**ワット**（W）、**無効電力**の単位は**バール**（var）です。

第2章

［基礎編］
電子回路

1 半導体とダイオード

このテーマでは、半導体とその構造、および各種ダイオード（定電圧ダイオード、ホトダイオード等）について学びます。

重要度：★★★

●半導体では、n形半導体とp形半導体の性質の違いについて、しっかりと理解をしておく必要があります。

●いずれも、価電子の過不足に着目することにより、整理することができます。「価電子が余ったものは負の電荷を帯びることから、n形（負：negative）半導体」、「価電子が不足したものは正の電荷を帯びることから、p形（正：positive）半導体」と理解しておきましょう。

1 半導体の構造

■1 原子の電気的性質

原子は全体として電気的に中性を保っています。

何らかの原因により、電子の数が不足した場合は正電荷を帯びたイオンとなり、電子の数が多くなった場合は負電荷を帯びたイオンとなります。

■2 半導体の性質

原子は中央に原子核を持ち、その周りを負の電荷を帯びた電子が回っています。

最も外側を回っている電子を**価電子**と呼びます。

価電子は、熱などのエネルギーを受けると、原子間を自由に移動する**自由電子**となります。

●半導体の構造に関しては、シンプルな内容になっているため、多くの受験生が確実に答えてくるところです。また、ダイオードのクリッパ回路など、初学者が独学で勉強するにはハードルが高い単元も含まれています。実は、出題される波形はほぼ決まっていますので、まずはそれだけを暗記するように心がけることが、最短合格のためには必要です。

この自由電子を持つのが金属などの導体で、「電圧を加えると電流が流れる」という性質を持ちます。

一方、ガラスなどの絶縁体は自由電子を持たず、電流も流れません。

導体と絶縁体の中間的な性質を持つものを**半導体**と呼び、シリコンやゲルマニウムなどの元素があります。シリコン (Si)、ゲルマニウム (Ge) はともに価電子の数が4 (**4価**) で構成されています。

半導体は4価の状態で安定して、共有結合を起こしています (共有結合している電子は、**価電子帯**といわれるエネルギー帯にあります)。

また、半導体の特徴的な性質として、一般的な金属とは異なり、**温度が上昇すると抵抗値が減少する**という負の温度特性を持っています。

■3 真性半導体と不純物半導体

他の元素を含まない純粋な半導体を**真性半導体**と呼びます。

真性半導体に異なる元素を加えたものを**不純物半導体**と呼びます。

不純物半導体には、熱や光などの外部エネルギーを与えると抵抗率が大きく変化する性質があり、ダイオードなどの電子部品の材料として利用されています。

不純物半導体には、次の図のように**n形半導体**と**p形半導体**があります。自由電子と正孔は、半導体中で電荷を運ぶ役目を担うことから、**キャリア**といわれます。

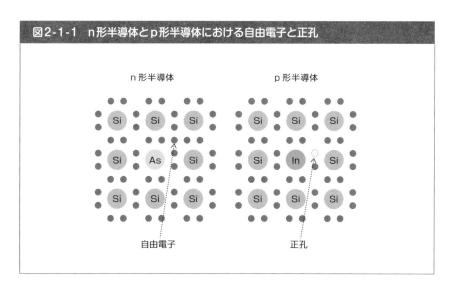

図2-1-1 n形半導体とp形半導体における自由電子と正孔

n形半導体　　　　　　　　　p形半導体

自由電子　　　　　　　　　正孔

純粋な半導体の結晶内に不純物原子が加わると、**共有**結合を行う結晶中の電子に過不足が生ずることによってキャリアが発生し、導電性が高まります。

■4　n形半導体

半導体に不純物としてひ素（As）、リン（P）などの**5価**の元素を加えると、価電子が余り、**n形半導体**となります。

このとき、半導体に自由電子を与える元素を**ドナー**と呼びます。

n形半導体では、**自由電子を多数キャリア**、正孔を少数キャリアと呼びます。

■5　p形半導体

半導体に不純物としてインジウム（In）などの**3価**の元素を加えると、**正孔**ができ（電子が不足し）、**p形半導体**となります。

半導体に正孔を与える元素を**アクセプタ**と呼びます。

p形半導体では、**正孔を多数キャリア**、自由電子を少数キャリアと呼びます。

■6　pn接合

pn接合とは、半導体においてp形とn形が接合した部分のことを指します。p形半導体とは、正孔（ホール）が電荷を運ぶ主要なキャリアである半導体のことで、n形半導体とは自由電子が電荷を運ぶ主要なキャリアである半導体のことを指します。pn接合を利用したものに**ダイオード**があります。

pn接合が形成されると、n形側の自由電子がp形側へ、またp形側の正孔がn形側へ移動します。これは、自由電子と正孔の濃度差によって起こる**拡散**現象で、自由電子と正孔が互いに移動し、濃度差がなくなり均一になるまで続きます。その結果、接合部分には自由電子も正孔も存在せず、電荷がない**空乏層**が形成されます。

電圧が接続されると、空乏層の幅が変化し、電流が流れる方向が決まります。これがダイオードの整流作用（電流を一方向にしか流さない性質）を提供する基本的なメカニズムです。

■7　順方向電圧・逆方向電圧

pn接合に電圧を印加するとき、その方向によって順方向と逆方向という二つの状況があります。

順方向電圧とは、p形半導体側に正の電圧（またはn形側に負の電圧）を印加することを指します。これにより、p形半導体の正孔（ホール）とn形半導体の自由電子

がそれぞれ接合部分へ移動します。(この移動を**ドリフト**と言います)。結果として、接合部に形成されていた空乏層が縮小し、電流が流れやすくなるため、pn接合は導通状態になります。

逆方向電圧とは、n形半導体側に正の電圧 (またはp形側に負の電圧) を印加することを指します。これにより、p形半導体の正孔とn形半導体の自由電子はそれぞれ接合部から遠ざけられ、空乏層が拡大します。そのため、電流はほとんど流れず、pn接合は遮断状態になります。

これらの性質により、pn接合 (ダイオード) は電流を一方向に制限する整流器として利用されます。一般に、順方向電圧下では電流が流れ、逆方向電圧下では電流はほとんど流れません。

ダイオードの種類により、順方向電圧や逆方向電圧が活用される特性が異なる場合があります。次のセクション 「2. ダイオードの種類」 において、順方向、逆方向を明示しているものに関しては、覚えておくことが重要です。

2 ダイオードの種類

■1 LED（発光ダイオード）

LED（発光ダイオード）は、**電気を光に変換**する機能を持ちます。
順方向に電圧を加えると、光を放出します。

■2 ホトダイオード*

ホトダイオードは、**光を電気に変換**する機能を持ちます（**光電効果**）。
逆方向電圧を加えたpn接合面に光を当てると、光の強さに応じて電流を生じます。

■3 アバランシホトダイオード

アバランシホトダイオードは、ホトダイオードの一種で、電子なだれ現象による電流増幅作用を利用した受光素子です。光検出器（光センサー）などに用いられます。

■4 PINホトダイオード

PINホトダイオードは、ホトダイオードの一種で、3層構造の受光素子です。
アバランシホトダイオードと比較して、低い電圧で動作します。

＊ホトダイオード等における 「ホト」 は、試験年度により 「フォト」 と表記されることもあります。

■5　定電圧ダイオード（ツェナーダイオード）

　定電圧ダイオード（ツェナーダイオード）は、**逆方向**に加えた電圧が一定値を超えると、急激に電流が増加する**降伏現象**を生じます。電圧を一定に保つ特性を持ちます。

■6　可変容量ダイオード

　可変容量ダイオードは、**逆方向**電圧の大きさによって、静電容量が変化する素子です。周波数変調回路に含まれる発振回路などに用いられます。

■7　バリスタ

　バリスタは、**電圧-電流特性が非直線的な変化**を示す半導体素子です。
　規定値以上の電圧が加わると、**抵抗値が低下して急激に電流が増加**する特性を持ちます。**電話機の衝撃性雑音の吸収回路**や、雷サージ対策などに用いられます。

■8　サーミスタ

　サーミスタは、温度係数*の絶対値が大きく、わずかな温度変化で抵抗値が著しく変化するため、温度センサなどで用いられています。

3　ダイオードのクリッパ回路

　クリッパ回路とは、ダイオードの特性を利用して、「入力波形の一部を切り取り、残りの部分を取り出す」回路のことをいいます。あるレベル以上または以下の部分を出力信号として取り出す回路を**ベースクリッパ**といい、あるレベル以上または以下の部分を切り取る回路を**ピーククリッパ**といいます。
　各クリッパ回路の構成と、出力信号波形を次図にまとめました。

＊温度係数は1℃の温度変化に対する抵抗値の変化率を示すものです。

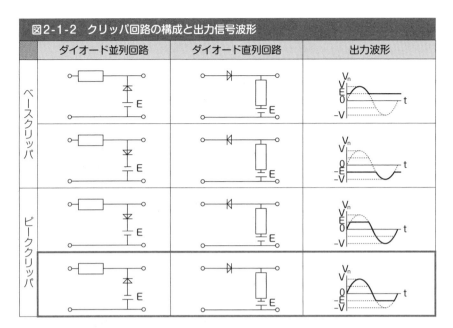

図2-1-2　クリッパ回路の構成と出力信号波形

2

[基礎編] 電子回路

図内赤枠部分は頻出の構成です。優先的に覚えておきましょう。

トランジスタ

このテーマでは、トランジスタの計算式、接地方式、増幅回路、スイッチング回路、帰還増幅回路、電界効果トランジスタ、半導体集積回路について学びます。

学習アドバイス

●トランジスタの学習では、あまり深く考え過ぎないようにしましょう。試験に出るポイントは決まっていて、暗記で対処できるものが大半です。迷ったところで、3〜4択の中から選べばいいので、よい意味で開き直って勉強することが大切です。

1　トランジスタの構造、計算公式

■1　トランジスタの構造

トランジスタは、n形半導体とp形半導体を3層に結合して、各半導体から端子を出したものです。接合形態により、npn形とpnp形とがあります。

いずれも、ベース（B）、エミッタ（E）、コレクタ（C）という三つの電極を持ちます。

■2　トランジスタの計算公式

①電流の公式

エミッタ電流をI_E、ベース電流をI_B、コレクタ電流をI_Cとすると、各電流間には次式が成立します。

$$I_E = I_B + I_C$$

例えば、「コレクタ電流I_Cが2.48ミリアンペア、エミッタ電流I_Eが2.52ミリアンペアのとき、ベース電流I_Bは何ミリアンペアか」という問題が出されます。

出題者の目線

●トランジスタは、基礎の中でも苦手とする受験生が多いところです。頻出パターンを丸ごと覚えてしまうのがよいでしょう。本書に載っていないパターンの問題が本番で出たとしても、それは他の受験生の多くが解けない問題ですので、焦る必要はありません。出題者が正解してほしいと思っている問題（＝頻出パターン問題）にさえ正解できれば、合格点がとれるように、問題は作成されています。

$I_E = I_B + I_C$ より、

$2.52 = I_B + 2.48$

$\therefore I_B = 0.04$〔mA〕

　実際の問題では、多くの場合、ミリアンペアとマイクロアンペアが混在した形で出題されるため、単位を変換しながら計算をする必要があります。

②電流増幅率の計算

1.ベース接地

　ベース接地では、エミッタが入力、コレクタが出力となります。

　この回路における直流電流増幅率 α は、$\underline{\boldsymbol{\alpha} = \dfrac{I_C}{I_E}}$ にて求められます。

2.エミッタ接地

　エミッタ接地では、ベースが入力、コレクタが出力となります。

　この回路における直流電流増幅率 β は、$\underline{\boldsymbol{\beta} = \dfrac{I_C}{I_B}}$ となります。

　出題例としては、次のようなものがあります。

　「ベース接地トランジスタ回路において、エミッタ電流を2ミリアンペア変化させたところ、コレクタ電流が1.98ミリアンペア変化した。この場合の電流増幅率を求めよ」

　ベース接地であることから、

$\alpha = \dfrac{I_C}{I_E}$ 　　より

$\alpha = \dfrac{1.98}{2} = 0.99$

　電流増幅率は0.99と求められます。

2 トランジスタの接地方式

　トランジスタにはベース接地、エミッタ接地、コレクタ接地があり、特徴が異なります。

■1　ベース接地方式

　ベース接地は、ベース端子を入出力の共通線として使用します。

　入力信号はエミッタ、出力信号はコレクタを用います。

　電流増幅率は1以下(ほぼ1)です。

　高周波増幅回路で使用されます。

■2　エミッタ接地方式

　エミッタ接地は、エミッタ端子を入出力の共通線として使用します。

　入力信号はベース、出力信号はコレクタを用います。

　三つの方式の中で、電力利得が最も大きくなります。

　このため、**増幅回路**で使用されます。

■3　コレクタ接地方式

　別名「エミッタフォロワ」ともいわれます。

　コレクタ接地は、コレクタ端子を入出力の共通線として使用します。

　インピーダンス変換回路に使用されます。

■4　各接地方式のまとめ

　各接地方式の特徴を表にまとめると、次のようになります。

接地方式	ベース接地	エミッタ接地	コレクタ接地
用途	高周波増幅回路	増幅回路	インピーダンス変換回路
入力インピーダンス	低	中	高
出力インピーダンス	高	中	低
電流増幅率	ほぼ1	高	高
電圧増幅率	高	中	ほぼ1

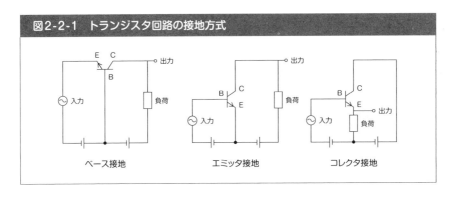

図2-2-1　トランジスタ回路の接地方式

ベース接地　　　　　　エミッタ接地　　　　　コレクタ接地

3　トランジスタによる増幅回路

■1　バイアス回路

　トランジスタによる増幅回路を構成する場合のバイアス回路は、トランジスタの動作点の設定を行うために必要な**直流電流**を供給するために用いられます。

■2　トランジスタによる増幅回路

　トランジスタによる増幅回路では、「何作用か」ということと、「コレクタ電流I_Cとコレクタ-エミッタ間電圧V_{CE}の最大、最小について」が問われます。

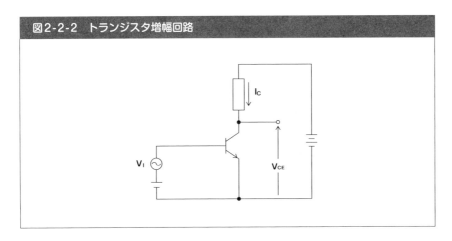

図2-2-2　トランジスタ増幅回路

I_C　　V_I　　V_{CE}

　この図が出てくれば増幅回路です。

　増幅回路において生ずる作用は、**増幅作用**です。

また、コレクタ電流 I_C が**最大**のとき、コレクタ-エミッタ間電圧 V_{CE} **は最小**になります。

■3　CR結合増幅回路

トランジスタ回路において、一般に、「負荷抵抗に生じた出力を、コンデンサを介して次段へ伝えることにより増幅度を上げていく」回路は、**CR結合**増幅回路といわれます。

4　トランジスタスイッチング回路

次のような構成の回路を、トランジスタスイッチング回路といいます。

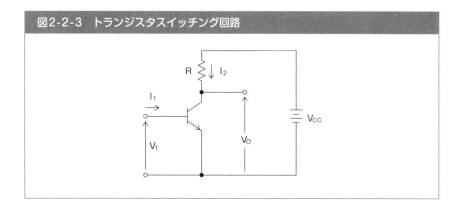

図2-2-3　トランジスタスイッチング回路

この回路で出題されるポイントは2点です。

飽和領域と答えるか、遮断領域と答えるかです。

I_1 **を十分に大きくすると**<u>飽和領域</u>、I_1**をゼロにすると**<u>遮断領域</u>、と覚えるのがよいでしょう。

5　帰還増幅回路

次のような構成の回路を、帰還増幅回路といいます。

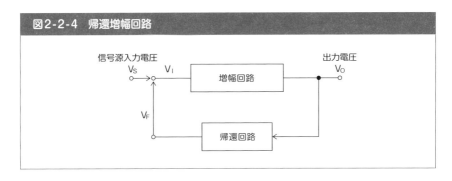

図2-2-4　帰還増幅回路

信号源入力電圧
V_S　　V_I　　増幅回路　　出力電圧
V_O

V_F　　帰還回路

この回路で聞かれるのは、同位相か逆位相か、という点です。

正帰還＝同位相
負帰還＝逆位相

と覚えておきましょう。正帰還か負帰還かは、問題文に書かれています。

6　電界効果トランジスタ

　電界効果トランジスタ（FET）は、「半導体の**多数キャリア**を電界によって制御する」という、電圧制御型のトランジスタに分類される半導体素子です。
　FETはゲート（G）端子、ドレイン（D）端子、ソース（S）端子を持ち、スイッチング素子として用いられます。
　ゲート端子に加える電圧（ゲート電圧）で半導体内部に流れる自由電子が変化し、ドレイン-ソース間の電流を制御します。

7　半導体集積回路（IC）

　半導体の集積回路（IC）は、回路に用いられるトランジスタの動作原理から、バイポーラ型とユニポーラ型に大別されます。
　ユニポーラ型ICの代表的なものに**MOS型**ICがあります。
　MOSは、金属（Metal）、酸化膜（Oxide film）、半導体（Semiconductor）の略称です。

半導体メモリには様々な種類がありますが、試験に出たものとして「ROM」「PROM」「DRAM」は覚えておきましょう。

半導体メモリのうち、「記録されている情報を書き換えることができず、読み出しのみが可能なメモリ」は**ROM**です。

半導体メモリは揮発性メモリと不揮発性メモリに大別され、揮発性メモリの一つに**DRAM**があります。

電源を切っても記憶されている情報が残る不揮発性メモリのうち、データの書き込みをユーザ側で行えるメモリは、一般に、**PROM**といわれます。

Question

問題を解いてみよう

次の各設問について、（　）内に入る最も適切なものを下の選択肢から選ぼう。

問 1 ｎ形半導体において、（　　）を生成するために加えられた 5 価の不純物はドナーといわれる。

①正孔　　②自由電子　　③荷電子

問 2 自由電子と正孔は、半導体中で電荷を運ぶ役目をすることから、（　）といわれる。

①アクセプタ　　②ドナー　　③キャリア

問 3 純粋な半導体の結晶内に不純物原子が加わると、（　　）結合を行う結晶中の電子に過不足が生ずることによりキャリアが発生し、導電性が高まる。

①共有　　②イオン　　③誘導

問4 電子デバイスに使われている半導体には、p 形と n 形がある。p 形半導体で、通電時に電荷を運ぶ主なものは（　　）である。

①正孔　　②自由電子　　③イオン

問5 フォトダイオードは、pn 接合ダイオードに光を照射すると光の強さに応じた電流が流れる現象である（　　）効果を利用して、光信号を電気信号に変換する機能を持つ半導体素子である。

①光電　　②ミラー　　③圧電

問6 ツェナーダイオードは、逆方向電圧がある値を超えると逆方向電流が急激に増大する降伏現象を利用した素子であり、（　　）ダイオードともいわれる。

①定電圧　　②定電流　　③スイッチング

問7 可変容量ダイオードは、コンデンサの働きを持つ半導体素子であり、pn 接合ダイオードに加える（　　）電圧の大きさを変化させることにより、静電容量が変化することを利用している。

①低周波　　②高周波　　③順方向　　④逆方向

問8 電話機の衝撃性雑音の吸収回路などに用いられる（　　）は、加えられた電圧がある値を超えると、その抵抗値が急激に低下して電流が増大する非直線性を持つ素子である。

①バリスタ　　②バリキャップ　　③ PIN ダイオード

問 9 トランジスタ回路において、ベース電流が 30 マイクロアンペア、エミッタ電流が 2.62 ミリアンペアのとき、コレクタ電流は（　　）ミリアンペアである。

① 2.32　　② 2.59　　③ 2.65

問 10 トランジスタ回路において、ベース電流が（　　）マイクロアンペア、コレクタ電流が 2.49 ミリアンペアのとき、エミッタ電流は 2.55 ミリアンペアである。

① 0.06　　② 5.04　　③ 60

問 11 ベース接地のトランジスタ回路において、コレクタ-ベース間の電圧 V_{CB} を一定にして、エミッタ電流を 2 ミリアンペア変化させたところ、コレクタ電流が 1.96 ミリアンペア変化した。このトランジスタ回路の電流増幅率は（　　）である。

① 0.04　　② 0.98　　③ 49

問 12 トランジスタ回路の三つの接地方式のうち、入出力電流がほぼ等しくなるものは、（　　）接地方式である。

①エミッタ　　②ベース　　③コレクタ

問 13 トランジスタ回路において、一般に、負荷抵抗に生じた出力をコンデンサを介して次段へ伝えることにより増幅度を上げていく回路は、（　　）増幅回路といわれる。

①直接結合　　②帰還　　③ CR 結合

問 14 図に示すトランジスタ増幅回路において、正弦波の入力信号電圧 V_I に対する出力電圧 V_{CE} は、この回路の動作点を中心に変化し、コレクタ電流 I_C が（　　）のとき、V_{CE} は最小となる。

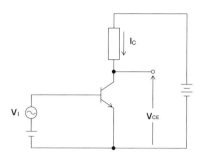

①最小　　②ゼロ　　③最大

問 15 図に示すトランジスタスイッチング回路において、I_B を十分大きくすると、トランジスタの動作は（　　）領域に入り、出力電圧 V_0 は、ほぼゼロとなる。このようなトランジスタの状態は、スイッチがオンの状態と対応させることができる。

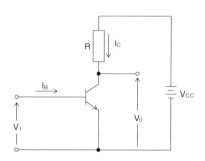

①遮断　　②飽和　　③降伏

問 16 半導体メモリのうち、記録されている情報を書き換えることができず、読み出しのみが可能なメモリは、（　　）である。

① DRAM　　② ROM　　③ SRAM

問17 半導体メモリは揮発性メモリと不揮発性メモリに大別される。揮発性メモリの一種で、記憶内容の保持のために繰り返し再書き込みを行う必要のあるメモリは、（　　　）である。

① DRAM　　② ROM　　③ ASIC

問18 電源を切っても記憶されている情報が残る不揮発性メモリのうち、データの書き込みをユーザ側で行えるメモリは、一般に、（　　　）といわれる。

① RAM　　② PROM　　③マスク ROM

Answer　　　　　　　　▶解説動画 **答え合わせ**

問1　正解：②

解説

　n 形半導体において、（**自由電子**）を生成するために加えられた 5 価の不純物はドナーといわれます。

問2　正解：③

解説

　自由電子と正孔は、半導体中で電荷を運ぶ役目をすることから、（**キャリア**）といわれます。

問3　正解：①

解説

　純粋な半導体の結晶内に不純物原子が加わると、（**共有**）結合を行う結晶中の電子に過不足が生ずることによりキャリアが発生し、導電性が高まります。

問4　正解：①

解説

　電子デバイスに使われている半導体には、p形とn形があります。p形半導体で、通電時に電荷を運ぶ主なものは（**正孔**）です。

問5　正解：①

解説

　フォト（ホト）ダイオードは、pn接合ダイオードに光を照射すると光の強さに応じた電流が流れる現象である（**光電**）効果を利用して、光信号を電気信号に変換する機能を持つ半導体素子です。

問6　正解：①

解説

　ツェナーダイオードは、逆方向電圧がある値を超えると逆方向電流が急激に増大する降伏現象を利用した素子であり、（**定電圧**）ダイオードともいわれます。

問7　正解：④

解説

　可変容量ダイオードは、コンデンサの働きを持つ半導体素子であり、pn接合ダイオードに加える（**逆方向**）電圧の大きさを変化させることにより、静電容量が変化することを利用しています。

問8　正解：①

解説

　電話機の衝撃性雑音の吸収回路などに用いられる（**バリスタ**）は、加えられた電圧がある値を超えると、その抵抗値が急激に低下して電流が増大する非直線性を持つ素子です。

問9　正解：②

解説

　1000 マイクロアンペア＝1 ミリアンペアなので、30 マイクロアンペア＝0.03 ミリアンペアとなります。

　$I_E = I_B + I_C$ より、$2.62 = 0.03 + I_C$　$\therefore I_C = 2.59$〔mA〕

問10　正解：③

解説

　$I_E = I_B + I_C$ より、$2.55 = I_B + 2.49$　$\therefore I_B = 0.06$〔mA〕

　1 ミリアンペア＝1000 マイクロアンペアなので、0.06 ミリアンペア＝**60** マイクロアンペアとなります。

問11　正解：②

解説

　ベース接地における電流増幅率は、電流増幅率＝$\dfrac{I_C}{I_E}$で求められる。

　エミッタ電流＝$I_E = 2$〔mA〕、コレクタ電流＝$I_C = 1.96$〔mA〕より、$\dfrac{1.96}{2} = \underline{\textbf{0.98}}$

問12　正解：②

解説

　トランジスタ回路の三つの接地方式のうち、入出力電流がほぼ等しくなるものは、（**ベース**）接地方式です。

問13　正解：③

解説

　トランジスタ回路において、一般に、負荷抵抗に生じた出力をコンデンサを介して次段へ伝えることにより増幅度を上げていく回路は、（**CR 結合**）増幅回路といわれます。

問14 正解：③

解説

　問題文の図に示すトランジスタ増幅回路において、正弦波の入力信号電圧 V_I に対する出力電圧 V_{CE} は、この回路の動作点を中心に変化し、コレクタ電流 I_C が（**最大**）のとき、V_{CE} は最小となります。

問15 正解：②

解説

　問題文の図に示すトランジスタスイッチング回路において、I_B を十分大きくすると、トランジスタの動作は（**飽和**）領域に入り、出力電圧 V_O は、ほぼゼロとなります。このようなトランジスタの状態は、スイッチがオンの状態と対応させることができます。

問16 正解：②

解説

　半導体メモリのうち、記録されている情報を書き換えることができず、読み出しのみが可能なメモリは、（**ROM**）です。

問17 正解：①

解説

　半導体メモリは、主に揮発性メモリと不揮発性メモリの二つに分類されます。この分類は、電源が切れた際にデータを保持する能力に基づいています。

　揮発性メモリは電源が切れるとデータが消える特性を持っています。その代表的な例が（**DRAM**）です。DRAM はコンピュータの主要なメモリ部分で、高速なデータアクセスが可能ですが、記憶内容を保持するためには電源を供給し続け、定期的にデータの再書き込み（リフレッシュ）を行う必要があります。

　一方、不揮発性メモリは電源が切れてもデータを保持することができます。これにより、電源がない状態でも情報を保存することが可能で、コンピュータの電源を切っても再起動時に同じ情報を読み出せるようになります。例えば、USB メモリや SSD、PROM などがこの不揮発性メモリの例となります。

解説

　不揮発性メモリのうち、データの書き込みをユーザ側で行るメモリは（**PROM**）です。

　PROM は、一度だけデータを書き込むことができるワンタイム PROM と、データを消去して再度書き込むことが可能な EPROM や EEPROM などのタイプに大別されます。さらに、EEPROM を改良し、ブロック単位での書き換えが可能となったものをフラッシュメモリと呼びます。フラッシュメモリの例としては、USB メモリや SSD が挙げられます。

第 3 章

[基礎編]
論理回路

Theme 1

n進数

このテーマでは、n進数の計算について学びます。

重要度：★★★

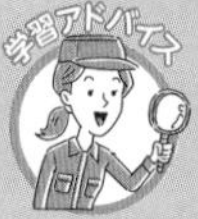

● n進数の問題は、計算間違いさえなければ安定して得点できるところです。苦手意識がある場合は、無理して取り組む必要はありませんが、n進数が解けるようになると、確実に1問が拾えるようになるので、取り組むことをおすすめします。

1 進数と桁上がり

10進数では、0～9の10種類の数字が使えます。9の次は10で、一つ**桁上がり**をします。**2進数**では、0と1の2種類の数字が使えます。1の次は10で、一つ桁上がりをします。

図3-1-1　n進数の桁上がりとその対応表

10進数		2進数		16進数	
	9		1		F
+	1	+	1	+	1
	10		10		10
9の次は桁上がり		1の次は桁上がり		Fの次は桁上がり	

10進数	2進数	16進数
0	0	0
1	1	1
2	10	2
3	11	3
4	100	4
5	101	5
6	110	6
7	111	7
8	1000	8
9	1001	9
10	1010	A
11	1011	B
12	1100	C
13	1101	D
14	1110	E
15	1111	F
16	10000	10

※ グレーになっている箇所で桁上がりが生じています。
※ 16進数の英字のところに注意してください。

　16進数では16個の「数字」が必要となりますが、**0～9までは10進数と同じ数字**、その後は**A、B、C、D、E、F**を使います。Fの次は10で、一つ桁上がりをします。

- ●ほぼ毎回出題され続けている単元です。出題内容も同じパターンが繰り返されているので、出題者からすれば、確実に解けるようになっていただきたいところです。過去問に出た範囲が解けるようになるだけでも十分に力がつきますので、ぜひ取り組んでください。

- ●かつては2回に1回程度の出題でしたが、最近は出題頻度が上がっています。
- ●出題されるとすれば、問題数は1問（5点）の見込みです。
- ●以前は2進数の出題ばかりでしたが、最近は16進数の出題が目立ちます。
- ●解法をマスターすれば確実に解ける問題ですので、ぜひ習得していただきたいと思います。

2　2進数の計算

■1　2進数の加算

　2進数の加算では、**最下位桁の位置を右端に合わせて**、筆算を行います。

図3-1-2　2進数の加算（計算例）

```
    11                    1100     ←‥‥‥ 右端の位置は
 +  10                 + 10101          必ずそろえる
 1←‥‥‥1+1=10なので、     1 1
   101   1繰り上がる     100001
```

　上の計算例では二つの値の加算でしたが、試験では三つの値（X_1～X_3）を加算する問題も出題されています。その場合は、$X_1 + X_2$での筆算を行い、算出された値にX_3を足すことで、計算を進めることができます。

表に示す2進数のX_1〜X_3を用いて、計算式（加算）$X_0 = X_1 + X_2 + X_3$からX_0を求め、2進数で表示し、X_0の先頭から（左から）2番目と3番目と4番目の数字を順に並べると、(**100**)である。

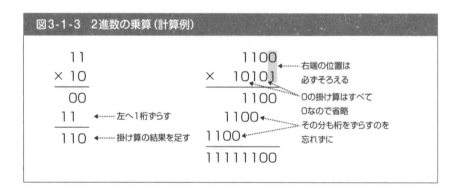

■2　2進数の乗算

2進数の乗算でも、**最下位桁の位置を右端に合わせて**、掛け算の筆算を行います。

図3-1-3　2進数の乗算（計算例）

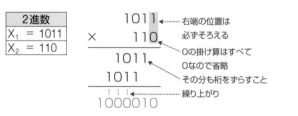

表に示す2進数のX_1、X_2を用いて、計算式（乗算）$X_0 = X_1 \times X_2$からX_0を求め、2進数で表示すると、(**1000010**)である。

3　16進数の計算

1　16進数の加算

16進数の加算では、16進数のF（10進数の15）を超えると繰り上がりが生じます。

図3-1-4　16進数の加算（計算例）

8C+7Eを例に、計算を考えてみます。筆算の形にして、各桁ごとに計算します。

```
   8C
＋ 7E
 1 ←········ 1Aなので
   A     1繰り上がる
```

Cは10進数の12、Eは10進数の14
10進数で12+14=26
26は16と10に分解できるので、
16進数に変換すると1Aと表される。

```
   8C
＋ 7E
 1 ←········ 10なので
 10A    1繰り上がる
```

次に8+7+1を計算する。
10進数の16なので、16進数では10となる。

★**過去問チェック！** ▶解説動画

表に示す16進数のX_1、X_2を用いて、計算式（加算）$X_0＝X_1＋X_2$からX_0を求め、これを16進数で表すと（**D0C**）になる。

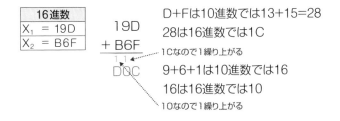

16進数
X_1 = 19D
X_2 = B6F

```
   19D
＋ B6F
   1 1 ←
 D0C
```

D+Fは10進数では13+15=28
28は16進数では1C
1Cなので1繰り上がる
9+6+1は10進数では16
16は16進数では10
10なので1繰り上がる

■2 16進数と2進数の融合問題

2進数から16進数へ変換するときは、2進数を下位4桁ごとに区切って変換を行います。

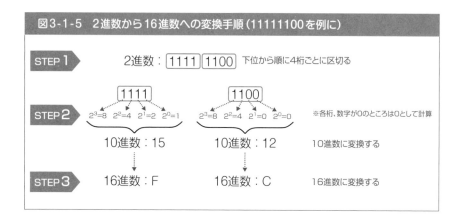

図3-1-5　2進数から16進数への変換手順（11111100を例に）

★**過去問チェック！** ▶解説動画

表に示す2進数のX_1、X_2を用いて、計算式（加算）$X_0 = X_1 + X_2$からX_0を求め、これを16進数で表すと、(**6B**)になる。

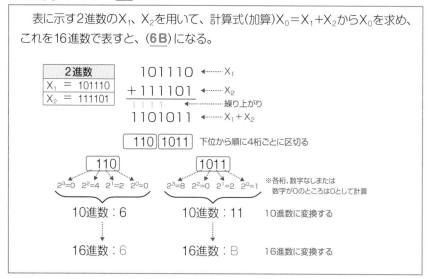

16進数から2進数に変換する問題も出題されています。

　16進数→10進数→2進数の順に変換することもできますが、4つのステップを踏むことで、16進数から2進数に直接変換することができます。

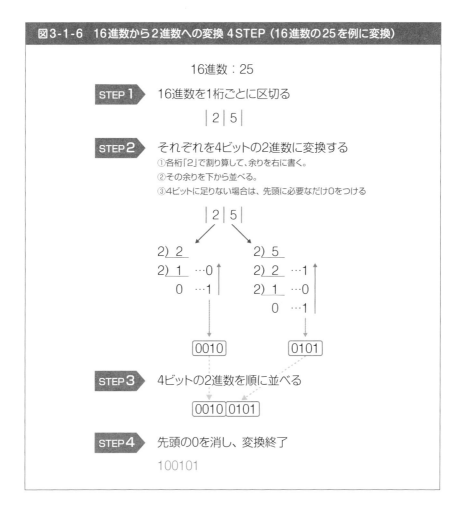

図3-1-6　16進数から2進数への変換 4STEP（16進数の25を例に変換）

16進数：25

STEP 1　16進数を1桁ごとに区切る

| 2 | 5 |

STEP 2　それぞれを4ビットの2進数に変換する
①各桁「2」で割り算して、余りを右に書く。
②その余りを下から並べる。
③4ビットに足りない場合は、先頭に必要なだけ0をつける

| 2 | 5 |

2) 2　　　　　　　2) 5
2) 1　…0↑　　　2) 2　…1↑
　0　…1│　　　2) 1　…0│
　　　　　　　　　0　…1│

0010　　　　　　0101

STEP 3　4ビットの2進数を順に並べる

0010 0101

STEP 4　先頭の0を消し、変換終了

100101

論理回路

このテーマでは、論理記号と論理演算について学びます。

●論理回路の問題は、解けるようになるまでに時間がかかりますが、一度解
き方を理解すれば安定して解けるようになります。紙面と連動した解説動
画もご用意しておりますので、わかりにくい場合はそちらもご参照くださ
い。また解くときは必ず手を動かして紙に書きながら解くようにしましょ
う。頭の中だけで暗算して解くことは上級者以外お勧め致しません。また、
本番のCBT試験も想定して問題文の図を素早く正確に写しとる練習もし
ましょう。

1 論理演算と真理値表

　論理回路では、0と1の組合せにより、演算を行います。0と1の組合せで、様々な
演算を可能にしたのが論理演算と呼ばれるものです。

　工事担任者試験で基本となるのは次の6種類です。

論理演算	論理記号	真理値表			ベン図	論理式
論理積 AND	AND a b ─c	a	b	c	A B	$A \cdot B$
		0	0	0		
		0	1	0		
		1	0	0		
		1	1	1		
論理和 OR	OR a b ─c	a	b	c	A B	$A+B$
		0	0	0		
		0	1	1		
		1	0	1		
		1	1	1		
否定 NOT	NOT a ─c	a		c	A	$\bar{A}$
		0		1		
		1		0		

論理演算	論理記号	真理値表			ベン図	論理式
否定論理積 NAND	NAND a —□o— c b	a	b	c		$\overline{A \cdot B}$
		0	0	1		
		0	1	1		
		1	0	1		
		1	1	0		
否定論理和 NOR	NOR a —□o— c b	a	b	c		$\overline{A + B}$
		0	0	1		
		0	1	0		
		1	0	0		
		1	1	0		
排他的論理和 EX-OR	XOR a —□— c b	a	b	c		$A \cdot \overline{B} + \overline{A} \cdot B$
		0	0	0		
		0	1	1		
		1	0	1		
		1	1	0		

3

[基礎編] 論理回路

出題者の目線

● 論理回路は、毎回出題され続けている単元です。習得してしまえば、安定した得点源になります。"捨て問"にしている受験生もいますが、確実に出題されるので、とれるようにしておきたいところです。

論理回路の問題を攻略するには、何よりも解き慣れることが大切です。はじめのうちは真理値表を見ながらでも構いませんので、実際に答えを導くことができるか、出題例を通じて確認してみましょう。

■問1　Mの論理素子　▶解説動画

　　図1に示す論理回路において、Mの論理素子が（　　）であるとき、入力aおよび入力bと出力cとの関係は、図2で示される。

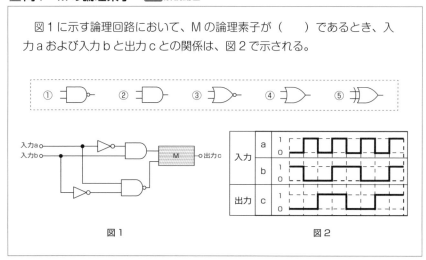

図1　　　　　　　　　　　図2

解説

図2から、入力と出力の関係がわかります。

後はこれを順に確認していき、正解の記号を導きます。

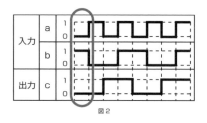

図2

入力a＝0、b＝1のとき、出力c＝0ということがわかります。

実際に数値を入れてみましょう。

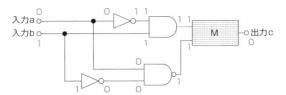

　条件より、Mに1と1を入力するとcに0が出力されることから、選択肢の記号より、②、④が消去されます（②、④だとcに1が出力されてしまう）。

　次に、aに1、bに0を入力した場合を確認してみましょう。

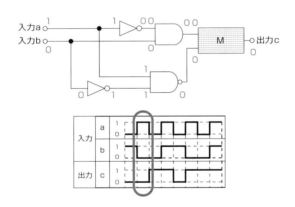

　条件より、Mに0と0を入力するとcに0が出力されることより、選択肢の記号からさらに①、③が消去されます。

　結果、⑤が正解とわかります。

正解：⑤

ベン図

このテーマでは、ベン図とその解法について学びます。

重要度：★★★

●本書では、できるだけ論理式を用いなくても解けるように工夫しています。
"捨て問"にしてしまうのはもったいない単元ですので、ぜひ自身なりの
解法を体得し、得点源にしましょう。

1 ベン図の各要素に名前をつける

ベン図を攻略するにあたって、各集合の要素に名前をつける方法をおすすめします。

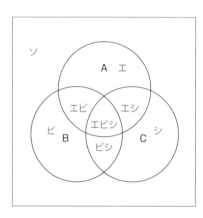

左の図は、試験でよく出る「三つの集合」のパターンにおいて、集合の各要素に名前をつけたものです。全部で8個あります。各要素の対応関係は次のとおりです。

「ソ」：3円の外側
「エ」：Aのみ
「ビ」：Bのみ
「シ」：Cのみ
「エビ」：AとBの共通部分
「エシ」：AとCの共通部分
「ビシ」：BとCの共通部分
「エビシ」：A、B、Cの共通部分

●ベン図は、苦手とする受験生が多い単元です。しかし、解き方がわかってくれば安定した得点源になるので、合格を引き寄せるためには落としたくない単元だといえます。

また、各要素は次のように置けます。下の図を見比べてみてください。

A＝エ、エビ、エシ、エビシ
$\bar{\text{A}}$＝ビ、シ、ビシ、ソ

B＝ビ、エビ、ビシ、エビシ
$\bar{\text{B}}$＝エ、シ、エシ、ソ

C＝シ、エシ、ビシ、エビシ
$\bar{\text{C}}$＝エ、ビ、エビ、ソ

図2-4-1　ベン図の各要素

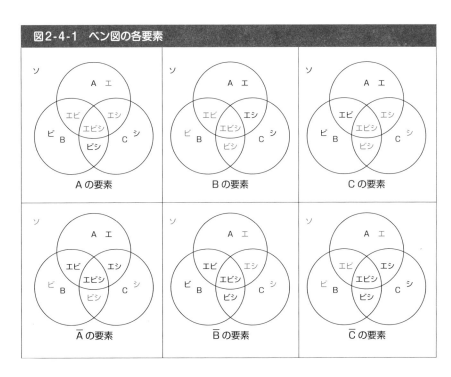

A の要素　　　B の要素　　　C の要素
$\bar{\text{A}}$ の要素　　　$\bar{\text{B}}$ の要素　　　$\bar{\text{C}}$ の要素

図1、図2および図3に示すベン図において、A、BおよびCが、それぞれの円の内部を表すとき、図1、図2および図3の斜線部分を示すそれぞれの論理式の**論理和**は、**(A＋B＋C)・A̅・B̅**と表すことができる。

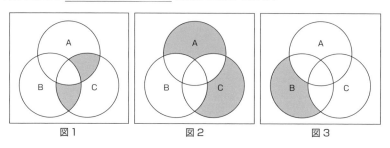

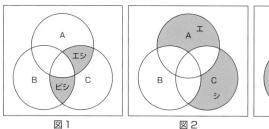

図1の斜線部分に名前をつけると、エシ、ビシとなる。　図2の斜線部分に名前をつけると、エ、シとなる。　図3の斜線部分に名前をつけると、ビとなる。

図1、図2、図3の**論理和**ということは、各要素の**和集合**になるので、

エ、ビ、シ、エシ、ビシ が該当するものとなる。

(A＋B＋C)・A̅・B̅ を、各要素の名前名前を使って書き換えると、次のようになる。

（エ、ビ、シ、エビ、エシ、ビシ、エビシ）・（エ、ビ、シ、エシ、ビシ、ソ）

掛け算は共通部分を表すので、

エ、ビ、シ、エシ、ビシ となり、題意を満たす。

ブール代数

このテーマでは、ブール代数およびその解法に必要な公式（交換則、結合則、分配則、同一則、吸収則、恒等則、相補性、二重否定、ド・モルガンの定理）について学びます。

●大切なのは「計算過程でいかに0や1を作るか」です。不要な記号を消去してスリムにしていくことが、解くためのポイントとなります。

1 ブール代数の基本公式

　ブール代数では、論理法則に従って式変形を行います。ブール代数を使う際の基本公式は次のとおりです。

図2-3-1　ブール代数の基本公式

法則名	論理式	解説（ベン図）
交換則	$A + B = B + A$	足し算と掛け算では、書く順番を変えても結果は変わらない。
	$A \cdot B = B \cdot A$	
結合則	$A + (B + C) = (A + B) + C$	カッコの位置を変えても、結果は変わらない。
	$A \cdot (B \cdot C) = (A \cdot B) \cdot C$	
分配則	$A \cdot (B + C) = A \cdot B + A \cdot C$	カッコを外して展開できる。
同一則	$A + A = A$	$\text{Ⓐ} + \text{Ⓐ} = \text{Ⓐ}$
	$A \cdot A = A$	$\text{Ⓐ} \cdot \text{Ⓐ} = \text{Ⓐ}$

●例年1題出題されています。計算ミス等で思わぬ時間ロスが起こりやすいところですので、試験本番では他の知識問題を解き終えてから取り組むようにしましょう。

吸収則	$A + (A \cdot B) = A$	Ⓐ)B + A)B = A)B
	$A \cdot (A + B) = A$	Ⓐ)B ・ A)B = A)B
恒等則	$A + 0 = A$	0を足しても、要素は増えない。
	$A + 1 = 1$	1は全体を表す。
	$A \cdot 0 = 0$	0は要素なしを表す。
	$A \cdot 1 = A$	掛け算は、共通部分を表す。
相補性	$A + \overline{A} = 1$	Ⓐ + Ⓐ = Ⓐ
	$A \cdot \overline{A} = 0$	Ⓐ ・ Ⓐ = Ⓐ
二重否定	$\overline{\overline{A}} = A$	否定の否定は、否定なし。
ド・モルガン の定理	$\overline{A + B + C} = \overline{A} \cdot \overline{B} \cdot \overline{C}$	「長いバーを分解したら、＋と・が入れ替わる」と理解しておくと、覚えやすい。
	$\overline{A \cdot B \cdot C} = \overline{A} + \overline{B} + \overline{C}$	

ワンポイント

公式はたくさんありますが、そのほとんどは通常の論理法則と変わりなく（交換則や分配則など）、ブール代数用に特別に暗記しなければならないものは意外と多くありません。
「ド・モルガンの定理」など、ブール代数特有のものに絞って覚えていけば大丈夫です。
いずれにせよ、問題演習が必要です。問題を繰り返し解いていく中で、理解が深まっていきます。

★**過去問チェック！** ▶解説動画

次の論理関数Xは、ブール代数の公式等を利用して変形し、簡単にすると(**B·$\overline{\text{C}}$**)になる。

$$X = (\overline{A} + \overline{A} \cdot B + \overline{A} \cdot \overline{C} + B \cdot \overline{C}) \cdot (A + A \cdot B + A \cdot \overline{C} + B \cdot \overline{C})$$

$$X = (\underline{\overline{A} + \overline{A} \cdot B} + \overline{A} \cdot \overline{C} + B \cdot \overline{C}) \cdot (\underline{A + A \cdot B} + A \cdot \overline{C} + B \cdot \overline{C})$$

$\overline{A}$が共通しているのでまとめる　　　Aが共通しているのでまとめる

$$X = \{\overline{A} \cdot (\underline{1 + B}) + \overline{A} \cdot \overline{C} + B \cdot \overline{C}\} \cdot \{A \cdot (\underline{1 + B}) + A \cdot \overline{C} + B \cdot \overline{C}\}$$

恒等則　　　　　　　　　恒等則

$$X = (\underline{\overline{A} \cdot 1} + \overline{A} \cdot \overline{C} + B \cdot \overline{C}) \cdot (\underline{A \cdot 1} + A \cdot \overline{C} + B \cdot \overline{C})$$

恒等則　　　　　　　　恒等則

$$X = (\underline{\overline{A} + \overline{A} \cdot \overline{C}} + B \cdot \overline{C}) \cdot (\underline{A + A \cdot \overline{C}} + B \cdot \overline{C})$$

$\overline{A}$が共通　　　　　　Aが共通

$$X = \{\overline{A} \cdot (\underline{1 + \overline{C}}) + B \cdot \overline{C}\} \cdot \{A \cdot (\underline{1 + \overline{C}}) + B \cdot \overline{C}\}$$

恒等則　　　　　　　　恒等則

$$X = (\underline{\overline{A} \cdot 1} + B \cdot \overline{C}) \cdot (\underline{A \cdot 1} + B \cdot \overline{C})$$

恒等則　　　　恒等則

$$X = (\overline{A} + B \cdot \overline{C}) \cdot (A + B \cdot \overline{C})$$

分配則により、( )を外して展開

$$X = \underline{\overline{A} \cdot A} + \overline{A} \cdot B \cdot \overline{C} + B \cdot \overline{C} \cdot A + \underline{B \cdot \overline{C} \cdot B \cdot \overline{C}}$$

相補性　　　　　　　　　同一則

$$X = 0 + \underline{\overline{A} \cdot B \cdot \overline{C} + A \cdot B \cdot \overline{C} + B \cdot \overline{C}}$$

B·$\overline{C}$が共通しているのでまとめる

$$X = (B \cdot \overline{C}) \cdot (\underline{\overline{A} + A} + 1)$$

相補性

$$X = (B \cdot \overline{C}) \cdot 1$$

$$X = B \cdot \overline{C}$$

問題を解いてみよう

次の各設問について、（　　）内に入る最も適切なものを下の選択肢から選ぼう。

問 1　表に示す 2 進数の X_1、X_2 を用いて、計算式（加算）$X_0 = X_1 + X_2$ から X_0 を求め 2 進数で表記した後、10 進数に変換すると、（　　）になる。

① 479　　② 484　　③ 740

2進数
$X_1 = 110001101$
$X_2 = 101010111$

問 2　16 進数のある数 X が次式で示されるとき、この数を 2 進数で表すと、（　　）になる。

X = 6E

① 1101110　　② 1101111　　③ 1110110

問3 図1に示す論理回路において、Mの論理素子が（　）であるとき、入力a及びbと出力cとの関係は、図2で示される。

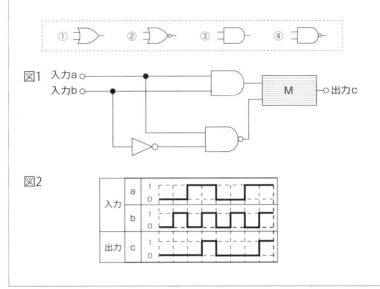

問5 図1、図2及び図3に示すベン図において、A、B及びCがそれぞれの円の内部を表すとき、斜線部分を示す論理式が$A \cdot \overline{B} \cdot \overline{C}$ $+ \overline{A} \cdot B \cdot \overline{C} + \overline{A} \cdot \overline{B} \cdot C$と表すことができるベン図は、(　　　)である。

①図1　　②図2　　③図3

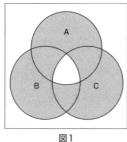 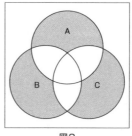 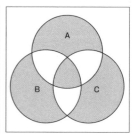

図1　　　　　　　　　図2　　　　　　　　　図3

問6 図1、図2及び図3に示すベン図において、A、B及びCがそれぞれの円の内部を表すとき、図1、図2及び図3の斜線部分を示すそれぞれの論理式の論理和は(　　　)と表すことができる。

① $A \cdot B \cdot \overline{C} + A \cdot \overline{B} \cdot C + \overline{A} \cdot B \cdot C$
② $\overline{A} \cdot B \cdot \overline{C} + \overline{A} \cdot \overline{B} \cdot C$
③ $B + C$

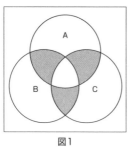 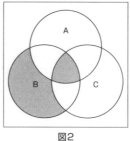 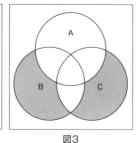

図1　　　　　　　　　図2　　　　　　　　　図3

問 7　次の論理関数 X は、ブール代数の公式等を利用して変形し、簡単
にすると、（　　）になる。

$$X = (A + \overline{B}) + (B + \overline{C}) \cdot (\overline{A} + B) + (\overline{B} + C)$$

① 1　　② A　　③ $A + C + \overline{A} \cdot \overline{C}$

問 8　次の論理関数 X は、ブール代数の公式を利用して変形し、簡単に
すると（　　）になる。

$$X = \overline{(\overline{A} + \overline{B}) \cdot (\overline{A} + C)} + \overline{(A + \overline{B})} + \overline{(A + C)}$$

① $B + \overline{C}$　　② $\overline{B} + C$　　③ $A + B + \overline{C}$

▶解説動画 **答え合わせ**

問1 正解：③

解説

2進数の加算では、繰り上がりに気をつけましょう。

1 + 1 = 10となり、桁が一つ繰り上がります（左の桁に1加える）。

筆算で計算する際は、あらかじめ繰り上がりを書く場所を作ってことをおすすめします。

$$
\begin{array}{r}
X_1 = \quad 1\ 1\ 0\ 0\ 0\ 1\ 1\ 0\ 1 \\
X_2 = \quad 1\ 0\ 1\ 0\ 1\ 0\ 1\ 1\ 1 \\
+ \qquad\qquad
\end{array}
$$

+　　　1　　　　　1　1　1　1　1 ◀┈┈ 繰り上がりを書く

1　0　1　1　1　0　0　1　0　0

↓　↓　↓　↓　↓　↓　↓　↓　↓　↓

2^9　2^8　2^7　2^6　2^5　2^4　2^3　2^2　2^1　2^0

↓　↓　↓　↓　↓　↓　↓　↓　↓　↓

512　0　128　64　32　0　0　4　0　0 ◀┈ 各位を10進数に

512 + 128 + 64 + 32 + 4 = 740 ◀┈ 全部を足す

問2 正解：①

解説

X = ⑥Ｅ （16進数）

↓
2桁目が6 ↓

1桁目がE （10進数に変換）

2桁目の6を10進数に変換すると、6 × 16 = 96

1桁目のEを10進数に変換すると、14

96 + 14 = 110（10進数）

110（10進数）を2進数に変換します。

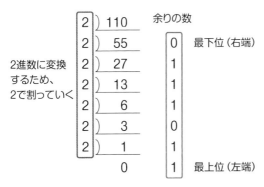

2進数に変換するため、2で割っていきます。

余りの数を下から読み上げていって、1101110 が正解とわかります。

問3　正解：③

解説

図2に示される入出力グラフの左端1行目から順に見ていきます。

（ i ）入力 a = 0、入力 b = 0 のとき、出力 c = 0

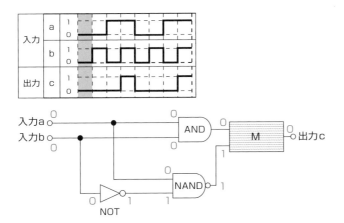

論理素子 M に 0 と 1 を入力すると 0 が出力されることから、選択肢①の OR 回路と④の NAND 回路は不適合により消去されます。

（ⅱ）入力 a＝0、入力 b＝1のとき、出力 c＝0

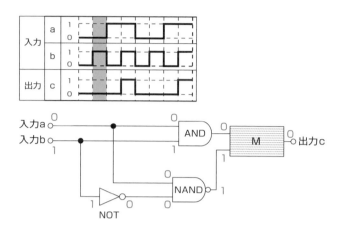

　論理素子 M への入出力の関係は（ⅰ）と同じであり、選択肢を消去できないため、次の条件を確認します。

（ⅲ）入力 a＝1、入力 b＝0のとき、出力 c＝0

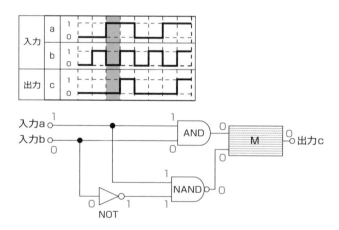

　論理素子 M に0と0を入力すると0が出力されることから、選択肢②の NOR 回路は不適合により消去され、答えが③とわかります。

解説

図2に示される入出力グラフの左端1行目から順に見ていきます。

（ⅰ）入力 a ＝ 0、入力 b ＝ 0 のとき、出力 c ＝ 1

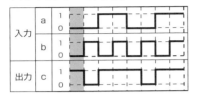

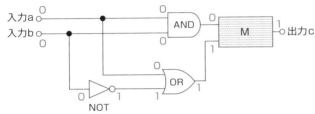

　論理素子 M に0と1を入力すると1が出力されることから、選択肢①の AND 回路と④の NOR 回路は不適合により消去されます。

（ⅱ）入力 a ＝ 0、入力 b ＝ 1 のとき、出力 c ＝ 0

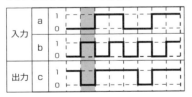

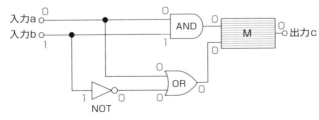

　論理素子 M に0と0を入力すると0が出力されることから、選択肢②の NAND 回路は不適合により消去され、答えが③とわかります。

解説

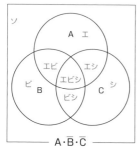
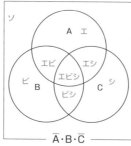
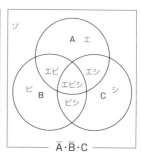

これら3つの論理和なので、エ、ビ、シを表す図2が正解。

解説

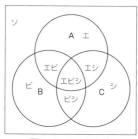

図1、2、3の和集合

図1、2、3の和集合はBの要素とCの要素の和集合に等しいので、③が正解。

解説

$X = (A + \overline{B}) + (B + \overline{C}) \cdot (\overline{A} + B) + (\overline{B} + C)$

$X = (A + \overline{B}) + \overline{A} \cdot B + B + \overline{A} \cdot \overline{C} + B \cdot \overline{C} + (\overline{B} + C)$ ←真ん中の（ ）を展開

ここで式の中にB + $\overline{B}$ が出てきます。

B + $\overline{B}$ = 1となり、他の式もすべて和集合になっている。集合において、1は全体を表しており、1に何を足しても1となるので、正解が①とわかります。

問8　正解：①

解説

$$X = \overline{\overline{(\overline{A} + B)} \cdot \overline{(\overline{A} + C)}} + \overline{(A + \overline{B})} + \overline{(A + C)}$$

　長いバーが登場した場合は、ド・モルガンの定理を使って分解していくのがコツです。

　ド・モルガンの定理では、長いバーを半分に割って、真ん中の計算記号を「＋」から「・」、または「・」から「＋」に変換します。

$$X = \overline{\overline{(\overline{A} + B)}} + \overline{\overline{(\overline{A} + C)}} + \overline{A} \cdot \overline{B} + \overline{A} \cdot \overline{C}$$

　長いバーを分解できるまで分解していきます。また、その過程で二重バーが出てきた場合は、バーなし（二重否定は否定なしと同じ）になります。

$$X = \overline{\overline{A}} \cdot \overline{\overline{B}} + \overline{\overline{A}} \cdot \overline{C} + \overline{A} \cdot B + \overline{A} \cdot \overline{C}$$

$$X = A \cdot B + A \cdot \overline{C} + \overline{A} \cdot B + \overline{A} \cdot \overline{C}$$

$B + \overline{C}$ を共通因数として整理すると、

$$X = (B + \overline{C}) \cdot (A + \overline{A})$$

$A + \overline{A} = 1$ より、

$$X = (B + \overline{C}) \cdot 1$$

$$\therefore X = B + \overline{C}$$

MEMO

第4章

［基礎編］
伝送理論

1 伝送理論の計算問題

このテーマでは、伝送理論で問われる計算問題一般（相対レベルと絶対レベル、伝送量、漏話、SN比、反射係数）について学びます。

重要度：★★★

●計算問題のパターンは限られていますので、計算方法をマスターしましょう。
伝送量の計算では、いずれも対数計算が必要とされますので、logの計算への慣れが必要です。
デシベル計算を行う際は、電圧と電力とで対数計算に用いる係数が異なってくる点にも注意しましょう。

1 伝送量、絶対レベルと相対レベル

■1 伝送量

　電気通信回線や増幅器等で構成される伝送系において、信号の伝送量は送信側の電力（または電圧、電流）と受信側の電力（または電圧、電流）の比をとって、常用対数で表し、単位には〔dB〕（デシベル）が用いられます。

図4-1-1　通信回路網

入力
P_I

回路網

出力
P_O

●伝送量については、伝送損失を計算する問題が出題されています。
この単元をとれるかどうかが、合否の分かれ目になることも多いので、しっかりと取り組んでいきましょう。

　伝送系において、入力側の電力をP_I、出力側の電力をP_Oとすると、伝送量Tは次式で表されます。

$$T = 10 \log_{10} \frac{P_O}{P_I}$$

　伝送量は電圧や電流で表すこともできますが、試験では電力が基準となることが多いため、まずは電力値の式を覚えておけばよいでしょう（なお、電圧や電流で表す際は$10 \log_{10}$が$20 \log_{10}$に変わります）。

■2　相対レベルと絶対レベル

　入力側と出力側の電力を比で表した値を、相対レベルといいます。
　一方、1mWを基準電力として、この基準電力との対数比で表した電力の値を絶対レベルといい、単位には〔dBm〕が用いられます。
　試験では、絶対レベルの計算がよく出題されていますので、次式を覚えておきましょう。

$$絶対レベル = 10 \log_{10} \frac{P (mW)}{1 (mW)}$$

　例えば、次のような設問が出題されています。

■問　絶対レベルの計算　▶解説動画

　　（　　）ミリワットの電力は、絶対レベルでは、10〔dBm〕と表される。

　① 10　　② 100　　③ 1000

解説

$$絶対レベル = 10 \log_{10} \frac{P (mW)}{1 (mW)} \quad より、$$

$$10 \log_{10} \frac{P (mW)}{1 (mW)} = 10$$

$$\log_{10}P=1$$

$$P=10^1$$

$$\therefore P=10\,[\text{mW}]$$

正解：①

2 伝送量の計算

■1 電気通信回線の接続図例

下図は電気通信回線の接続図の例です。

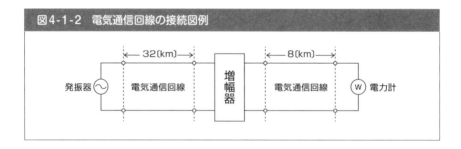

図4-1-2　電気通信回線の接続図例

電気通信回線では、伝送距離に比例してエネルギーが減衰します。

減衰した信号のエネルギーを大きくするために、増幅器を用います。

■2 増幅度と減衰度、デシベル

通信では、増幅・減衰の単位としてデシベルを用います。

伝送量の計算においては、増幅を＋、減衰を－として扱うと計算しやすくなります（例：3dBの増幅は＋3dB、3dBの減衰は－3dBとするなど）。

デシベル計算の際は、logの係数にも注意が必要です。

電力を扱うときは**10 log**、電圧・電流を取り扱うときは**20 log**、と異なる数値を用いています。

ただし、試験では、伝送量を計算させる問題は電力を基準にしたものばかりですので、電力での数値を覚えておけばよいでしょう。

■3　伝送量の計算

　伝送量の計算において、回線全体の伝送量をT〔dB〕、伝送損失をL〔dB〕、利得をG〔dB〕とすると、伝送量Tは次式により求められます。

伝送量 **T＝−L＋G**

　計算を簡単にするため、損失には−符号をつけ、利得には＋符号をつけています。これにより、損失と利得の関係を代数的に処理することができます。

　それでは、実際の問題を通じて学習してみましょう。

■問　電気通信回線の計算　▶解説動画

　図において、電気通信回線への入力電力が150ミリワット、その伝送損失が1キロメートル当たり0.8デシベル、電力計の読みが1.5ミリワットのとき、増幅器の利得は、（　　）デシベルである。

　ただし、入出力各部のインピーダンスは整合しているものとする。

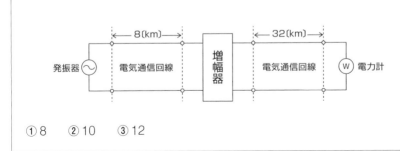

①8　　②10　　③12

解説

　電気通信回線の入力電力が150mW、電力計の読みが1.5mWであることから、伝送量Tは

$$T = 10\log_{10}\frac{P_O}{P_I}　　より、$$

$$T = 10\log_{10}\frac{1.5}{150} = 10\log_{10}\frac{1}{100} = 10\log_{10}10^{-2} = -20\log_{10}10$$

$$= -20〔dB〕$$

4

〔基礎編〕伝送理論

伝送量が−20dBというのは、入力側から出力側までの間で、計20dBの減衰があることを意味しています。

回線の接続図を見ると、電気通信回線が8kmと32kmで計40km。
1キロメートル当たりの伝送損失が0.8デシベルとありますので、

40×0.8＝32〔dB〕

電気通信回線による減衰量のトータルが32dBとわかります。
伝送量の計算において、回線全体の伝送量をT〔dB〕、伝送損失をL〔dB〕、利得をG〔dB〕とすると、伝送量T＝−L＋Gより、

−20＝−32＋G
∴G＝12〔dB〕

よって、増幅器の利得は12dBとわかります。

正解：③

3 漏話減衰量

■1 漏話

漏話とは、「2本の電気通信回線において、一方の電気通信回線の電気信号が他方の回線に現れる」現象をいいます。
誘導回線の信号が被誘導回線に現れる漏話のうち、誘導回線の信号の伝送方向を正の方向とし、その反対方向を負の方向とすると、正の方向に現れるものは**遠端漏話**といわれ、負の方向に現れるものは**近端漏話**といわれます。

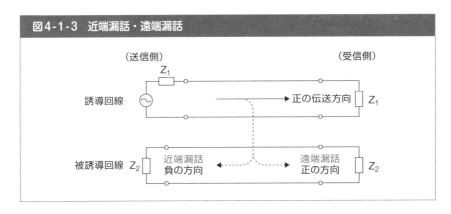

図4-1-3　近端漏話・遠端漏話

■2　漏話減衰量

漏話減衰量とは、電気通信回線の信号源の電力が他方の電気通信回線の端でどれだけ減衰するかを表したものです。

誘導回線の信号電力を P_S ワット、被誘導回線の漏話による電力を P_X ワットとすると、漏話減衰量は、次式を用いて表されます。

$$\text{漏話減衰量}[\text{dB}] = 10\log_{10}\frac{\text{送信電力}}{\text{漏話電力}} = \frac{P_S}{P_X}$$

4　信号対雑音比（SN比）

信号対雑音比（SN比）とは、S（＝信号）とN（＝ノイズ、雑音）との比率を表します。
SN比が高いほど、雑音成分が少なく、良質な信号であることを意味します。
信号電力を P_S、雑音電力を P_N とすると、SN比は次式で表すことができます。

$$\text{SN比} = 10\log_{10}\frac{\text{信号電力}}{\text{雑音電力}} = 10\log_{10}\frac{P_S}{P_N}[\text{dB}]$$

5　特性インピーダンスと反射係数

■1　特性インピーダンス

伝送線路を無限に長く延ばすと、線路上のどの点においても電流と電圧の比Zの値は一定になり、この値を**特性インピーダンス**といいます。

「無限長の一様線路における入力インピーダンスは、その線路の特性インピーダンスと**等しい**」という記述で、出題されています。

次の内容も押さえておきましょう。

・長距離の通信線路を介して信号を伝送する場合、通信線路の特性インピーダンスに対する受端インピーダンスの比の値が**1**のときに、最も効率よく信号が伝送される。

・特性インピーダンスの異なる通信線路を接続して音声周波数帯域の信号を伝送するとき、その接続点における電圧及び電流のどちらにも**反射**現象が生ずる。

■2 電圧反射係数

電気通信回線では、ケーブル等で接続点があった場合に、インピーダンスの不整合により反射が生じます。

反射の度合いを表したものが反射係数で、電圧反射係数と、電流反射係数があります。送信側の特性インピーダンスをZ_1、受信側の特性インピーダンスをZ_2としたとき、接続点における入射電圧V_Fと反射電圧V_Rとの比を電圧反射係数mといいます。

電圧反射係数 $\underline{m = \dfrac{Z_2 - Z_1}{Z_1 + Z_2} = \dfrac{V_R}{V_F}}$

また、この際、電流反射係数は**−m**で表されます。

電流反射係数 $\underline{-m = \dfrac{Z_1 - Z_2}{Z_1 + Z_2} = \dfrac{I_R}{I_F}}$

■3 同位相反射、逆位相反射

特性インピーダンスがZ_0の通信回線に、負荷インピーダンスZ_1を接続する場合において、反射の関係で次の3点が試験で問われています。

①$Z_0 = Z_1$ →反射が**生じない**。
②$Z_1 = \infty$ →**同位相全反射**する。
③$Z_1 = 0$ →**逆位相全反射**する。

6　データ信号速度

データ信号速度は「1秒間に何ビットのデータを伝送するか」を表したものです。
求め方は、1秒を1ビットの伝送にかかる時間で除することにより求められます。

■問　データ信号速度の計算　▶解説動画

データ信号速度は1秒間に何ビットのデータを伝送するかを表しており、
シリアル伝送によるデジタルデータ伝送方式において、図に示す2進符号
によるデータ信号を伝送する場合、データ信号のパルス幅Tが4ミリ秒の
とき、データ信号速度は（　　）ビット／秒である。

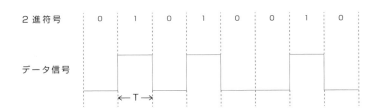

① 250　　② 400　　③ 800

解説

設問から、1ビットの伝送にかかる時間が4ミリ秒とわかります。

1秒＝1000ミリ秒であることから、

$$データ信号速度＝\frac{1000}{4}＝250$$

となり、データ信号速度は250ビット／秒です。答え①

正解：①

Theme

2 ケーブル

このテーマでは、同軸ケーブル、平衡対ケーブル、静電誘導、電磁誘導について学びます。

重要度：★★★

●ケーブルの問題では、問われるポイントがほぼ決まっています。

●試験によく出るポイントは、同軸ケーブルと平衡対ケーブルの漏話に関する特性、そして静電誘導と電磁誘導の違いについてです。

---

1 同軸ケーブルと平衡対ケーブル

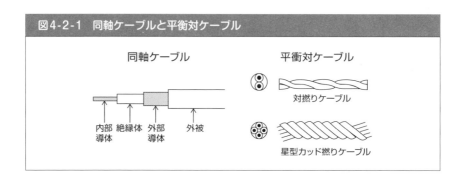

図4-2-1 同軸ケーブルと平衡対ケーブル

同軸ケーブル　　　　　平衡対ケーブル

対撚りケーブル

星型カッド撚りケーブル

内部導体　絶縁体　外部導体　外被

■1 同軸ケーブルの特性

　同軸ケーブルは、信号を伝送する銅線（内部導体）を、管状の絶縁層（絶縁体）で囲み、その周りをさらに管状のシールド（外部導体）で囲んでいる通信ケーブルです。

●同じ内容から繰り返し出題されており、正答率が上がりやすい単元です。過去問の繰り返しという傾向は今後も変わらないと思われますので、ここは1問も落とさない気持ちで臨みましょう。

　同軸ケーブルは、**外部導体**の電磁シールドの役割を果たすため、平衡対ケーブルと比較して、高い周波数において**漏話の影響**や、**誘導などの妨害**を**受けにくい**構造となっています。

　同軸ケーブルでは、一般的に使用される周波数帯において信号の周波数が４倍になると、その伝送損失は約２倍になります。

　同軸ケーブルの漏話は、導電的な結合により生じますが、その大きさは、通常の伝送周波数帯域において伝送される信号の周波数が**低く**なると**大きく**なります（これを表皮効果といいます）。

■2　平衡対ケーブルの特性

　平衡対ケーブルは、軟銅線を導体とし、絶縁被覆した心線を撚り合わせたケーブルです。

　２本の心線を撚り合わせた対撚りケーブルと、４本の心線を対角線上に撚り合わせた星型カッド撚りケーブルがあります。

　平衡対ケーブルでは、一般に、伝送する信号の周波数が**高く**なるほど伝送損失が**増大**します。

　平衡対ケーブルの漏話には、心線間の静電容量によって生ずる静電結合による漏話と、心線間の相互誘導作用によって生ずる電磁結合による漏話があります。

　電磁結合による漏話では、漏話の大きさは、誘導回線の**電流に比例**します。

2　静電誘導電圧と電磁誘導電圧

　電力線から通信線への誘導作用には、電力線の電流によるものと電圧によるものがあります。

　電力線の**電圧に比例して**変化するものを**静電誘導電圧**といい、電力線の**電流に比例して**変化するものを**電磁誘導電圧**といいます。

　試験対策上は、「電圧→静電誘導電圧」、「電流→電磁誘導電圧」と即答できるようにしておきましょう。

Question

問題を解いてみよう

次の各設問について、（　　）内に入る最も適切なものを下の選択肢から選ぼう。

問 1　（　　）ミリワットの信号電力を絶対レベルで表すと、10〔dBm〕である。

① 1　　② 10　　③ 100

問 2　図において、電気通信回線への入力電力が 150 ミリワット、その伝送損失が 1 キロメートル当たり 1.5 デシベル、増幅器の利得が 50 デシベル、電力計の読みが 15 ミリワットのとき、電気通信回線の長さは、（　　）キロメートルである。ただし、入出力各部のインピーダンスは整合しているものとする。

① 20　　② 40　　③ 60

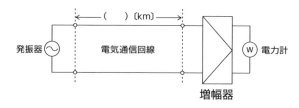

問 3 図において、電気通信回線への入力電力が 25 ミリワット、増幅器の利得が 26 デシベル、電力計の読みが 2.5 ミリワットのとき、電気通信回線の伝送損失は、1 キロメートル当たり（　　）デシベルである。ただし、入出力各部のインピーダンスは整合しているものとする。

① 0.4　　② 0.8　　③ 1.2

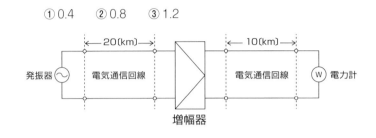

問 4 図において、電気通信回線への入力電力が 65 ミリワット、その伝送損失が 1 キロメートル当たり 1.5 デシベル、増幅器の利得が 50 デシベルのとき、電力計の読みは（　　）ミリワットである。ただし、入出力各部のインピーダンスは整合しているものとする。

① 6.5　　② 65　　③ 650

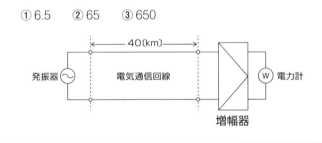

問 5 図において、電気通信回線への入力電力が 35 ミリワット、その伝送損失が 1 キロメートル当たり 1.5 デシベル、電力計の読みが 3.5 ミリワットのとき、増幅器の利得は、（　　）デシベルである。ただし、入出力各部のインピーダンスは整合しているものとする。

① 30　　② 40　　③ 50

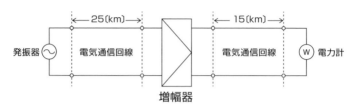

問 6 誘導回線の信号が被誘導回線に現れる漏話のうち、誘導回線の信号の伝送方向を正の方向とし、その反対方向を負の方向とすると、正の方向に現れるものは、（　　）漏話といわれる。

①直接　　②間接　　③近端　　④遠端

問 7 信号電力を P_S ミリワット、雑音電力を P_N ミリワットとすると、信号電力対雑音電力比は、（　　）デシベルである。

① $10 \log_{10} \dfrac{P_N}{P_S}$　② $10 \log_{10} \dfrac{P_S}{P_N}$　③ $20 \log_{10} \dfrac{P_N}{P_S}$　④ $20 \log_{10} \dfrac{P_S}{P_N}$

問 8 信号電力を 10 ミリワット、雑音電力を 0.1 ミリワットとすると、信号電力対雑音電力比は、（　　）デシベルである。

① 10　　② 20　　③ 30

問 9 長距離の通信線路を介して信号を伝送する場合、通信線路の特性インピーダンスに対する受端インピーダンスの比の値が（　　）のときに最も効率よく信号が伝送される。

① $\frac{1}{2}$ 　② 1 　③ 2

問 10 特性インピーダンスの異なる通信線路を接続して信号を伝送したとき、その接続点における電圧反射係数を m とすると、電流反射係数は（　　）で表される。

① 1－m 　　② －m 　　③ m

問 11 特性インピーダンスが Z_0 の通信線路に負荷インピーダンス Z_1 を接続する場合、$Z_1＝\infty$ のとき、接続点での入射電圧波は、（　　）全反射される。

① 同位相で 　　② 逆位相で 　　③ 90 度位相が遅れて

問 12 特性インピーダンスが Z_0 の通信線路に負荷インピーダンス Z_1 を接続する場合、（　　）のとき、接続点での入射電圧波は、同位相で全反射される。

① $Z_1＝Z_0$ 　② $Z_1＝\frac{Z_0}{2}$ 　③ $Z_1＝\infty$

問 13 データ信号速度は1秒間に何ビットのデータを伝送するかを表しており、シリアル伝送によるデジタルデータ伝送方式において、図に示す2進符号によるデータ信号を伝送する場合、データ信号のパルス幅Tが2.5ミリ秒のとき、データ信号速度は（　　）ビット／秒である。

① 125　　② 250　　③ 400

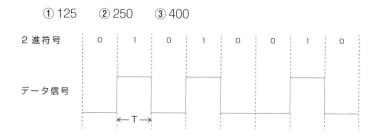

問 14 同軸ケーブルの漏話は、導電的な結合により生ずるが、一般に、その大きさは、通常の伝送周波数帯域において、伝送される信号の周波数が低くなると（　　）。

①ゼロとなる　　②小さくなる　　③大きくなる

問 15 平衡対ケーブルを用いて構成された電気通信回線間の電磁結合による漏話は、心線間の相互誘導作用により生ずるものであり、その大きさは、誘導回線の電流に（　　）。

①比例する　　②反比例する　　③関係しない

問 16 特性インピーダンスの異なる通信線路を接続して音声周波数帯域の信号を伝送するとき、その接続点における電圧及び電流のどちらにも（　　）現象が生ずる。

①放射　　②共振　　③反射

問1 正解：②

解説

$10 \log_{10} \dfrac{P \, \text{(mW)}}{1 \, \text{(mW)}}$ より、P ＝ 10 ミリワット。

問2 正解：②

解説

　電気通信回線への入力電力が 150 ミリワットなのに対し、電力計の読みが 15 ミリワットになっているので、発振器から電力計までの間に電力が 10 デシベル分だけ減衰していることがわかります（つまり−10 デシベル）。

　増幅器の利得が 50 デシベル（つまり＋50 デシベル）とあることから、電気通信回線での損失は−60 デシベルと考えられます。

　電気通信回線の伝送損失が 1 キロメートル当たり 1.5 デシベルとなっているので、

　　−1.5 デシベル×40 キロメートル＝−60 デシベル

より、電気通信回線の長さは **40** キロメートル。

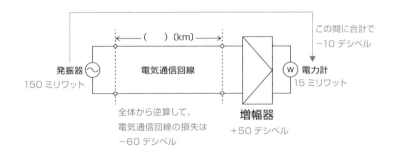

解説

電気通信回線への入力電力が25ミリワットなのに対し、電力計の読みが2.5ミリワットになっているので、発振器から電力計までの間に電力が10デシベル分だけ減衰していることがわかります（つまり−10デシベル）。

増幅器の利得が26デシベル（つまり＋26デシベル）とあることから、電気通信回線での損失は−36デシベルと考えられます。

電気通信回線の長さは合計で30キロメートルなので、

−36デシベル÷30キロメートル＝−1.2デシベル

より、1キロメートル当たりの伝送損失は、**1.2**デシベル。

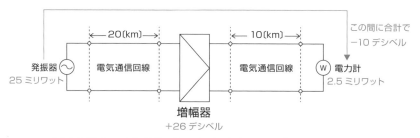

全体から逆算して、電気通信回線30〔km〕の損失は−36デシベル

解説

電気通信回線の伝送損失が1キロメートル当たり1.5デシベルとなっているので、
−1.5デシベル×40キロメートル＝−60デシベル

また、問題文より増幅器の利得は＋50デシベル

−60デシベル＋50デシベル＝−10デシベル

電力における−10デシベルは、$\frac{1}{10}$の大きさを表すので、電力計の読みは**6.5**ミリワット。

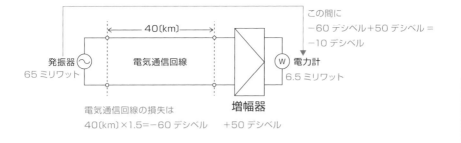

発振器
65 ミリワット

40〔km〕

電気通信回線

電気通信回線の損失は
40〔km〕×1.5=−60 デシベル

増幅器
+50 デシベル

W 電力計
6.5 ミリワット

この間に
−60 デシベル＋50 デシベル＝
−10 デシベル

問5 正解：③

解説

　電気通信回線への入力電力が 35 ミリワットなのに対し、電力計の読みが 3.5 ミリワットになっているので、発振器から電力計までの間に電力が 10 デシベル分だけ減衰していることがわかります（つまり−10 デシベル）。

　電気通信回線の伝送損失が 1 キロメートル当たり 1.5 デシベルとなっており、全体の長さは

25〔km〕＋ 15〔km〕＝ 40〔km〕

よって、電気通信回線による合計損失は、

−1.5 デシベル× 40 キロメートル＝−60 デシベル

最終損失が−10 デシベルであることから、逆算して、増幅器の利得は＋**50** デシベル。

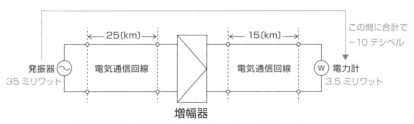

発振器
35 ミリワット

25〔km〕

電気通信回線

増幅器

15〔km〕

電気通信回線

W 電力計
3.5 ミリワット

この間に合計で
−10 デシベル

電気通信回線の合計損失は 40〔km〕×1.5=−60 デシベル
全体から逆算して、増幅器の利得は＋50 デシベル

問6 正解：④

解説

　誘導回線の信号が被誘導回線に現れる漏話のうち、誘導回線の信号の伝送方向を正の方向とし、その反対方向を負の方向とすると、正の方向に現れるものは、（**遠端**）漏話といわれます。

問7 正解：②

解説

　信号電力を P_S ミリワット、雑音電力を P_N ミリワットとすると、信号電力対雑音電力比は、**$10 \log_{10} \dfrac{P_S}{P_N}$** デシベルです。

問8 正解：②

解説

$$10 \log_{10} \frac{P_S}{P_N} = 10 \log_{10} \frac{10}{0.1} = 10 \log_{10} 10^2 = \underline{\textbf{20}} \ \text{〔dB〕}$$

問9 正解：②

解説

　長距離の通信線路を介して信号を伝送する場合、通信線路の特性インピーダンスに対する受端インピーダンスの比の値が（**1**）のときに最も効率よく信号が伝送されます。

問10 正解：②

解説

　特性インピーダンスの異なる通信線路を接続して信号を伝送したとき、その接続点における電圧反射係数を m とすると、電流反射係数は（**−m**）で表されます。

問11 正解：①

解説

　特性インピーダンスが Z_0 の通信線路に負荷インピーダンス Z_1 を接続する場合、$Z_1 = \infty$ のとき、接続点での入射電圧波は、（**同位相で**）全反射されます。

問12 正解：③

解説

　特性インピーダンスが Z_0 の通信線路に負荷インピーダンス Z_1 を接続する場合、（ **$Z_1 = \infty$** ）のとき、接続点での入射電圧波は、同位相で全反射されます。

問13 正解：③

解説

　1秒 ÷ 2.5ミリ秒を計算します。

　1秒 = 1000ミリ秒より、

　1000 ÷ 2.5 = **400**

問14 正解：③

解説

　同軸ケーブルの漏話は、導電的な結合により生ずるが、一般に、その大きさは、通常の伝送周波数帯域において、伝送される信号の周波数が低くなると（**大きくなる**）。

問15 正解：①

解説

　平衡対ケーブルを用いて構成された電気通信回線間の電磁結合による漏話は、心線間の相互誘導作用により生ずるものであり、その大きさは、誘導回線の電流に（**比例する**）。

解説

　信号が伝送路を移動するとき、その道中で何らかの障害物に遭遇すると、一部または全部が元の方向に反射する可能性があります。これが（**反射**）現象です。特性インピーダンスが異なる通信線路を接続した場合、その接続点は信号にとっての「障害物」となり、反射現象を引き起こします。

　音声周波数帯域の信号を伝送するとき、この信号が接続点に達したとき、特性インピーダンスの違いにより、電圧や電流に反射が生じます。これは、信号の一部が元の送信元に戻ってしまうということを意味します。反射が起きると、本来正確に伝送されるべき信号が歪んだり、減衰したりすることにより、音声信号の品質低下やノイズの発生などの問題を引き起こす可能性があります。

　このような問題を避けるためには、特性インピーダンスが異なる通信線路を接続する際には、適切なマッチング（整合）を行うことが重要です。これにより、信号の反射を最小限に抑え、信号の伝送品質を維持することができます。

第5章

［基礎編］
伝送技術

信号の伝送と変調技術

重要度：★★★

このテーマでは、伝送方式、変調方式、PCM、多重伝送方式と多元接続方式について学びます。

学習アドバイス

- この単元は大半が知識問題で構成されています。多くの用語が出てきますので、整理しながら学習を進める必要があります。
- イメージをつかみにくい用語があれば、積極的にインターネットで検索をしてみましょう。
- イメージを伴った記憶は、ただの丸暗記よりもはるかに記憶の定着がよくなります。

1　アナログ伝送方式とデジタル伝送方式

■1　アナログ伝送方式

アナログ信号を用いた伝送方式を、アナログ伝送方式といいます。

通信の品質劣化要因などについて、次の二つを覚えておきましょう。

①2線／4線変換の構成を有するアナログ方式の電話回線においては、端末から送出する信号電力が過大であると、4線構成部分で発振状態となり、ほかの電気通信回線に対する**漏話**、**雑音**などの原因となる。

②アナログ方式の電話回線において、送信側からの通話電流が受信端で反射し、時間的に遅れて送信端に戻ることにより通話に妨害を与える現象は、**エコー**といわれる。

出題者の目線

- 基礎の第5問目という位置のため、受験生たちにとって勉強の着手が後回しになりがちな単元ですが、短期間の学習でも十分に得点力が身につくところです。
- 論理回路などの問題を解くのに時間がかかる方は、試験本番では、第5問まで解き終えてから第3問に戻って着手するようにした方がよいでしょう。

■2　デジタル伝送方式

　アナログ信号を、デジタル信号に変換して伝送する方式です。

　デジタル伝送に用いられる伝送路符号には、伝送路の帯域を変えずに**情報の伝送速度**を上げることを目的とした**多値符号**があります。

　デジタル伝送方式における雑音などについては、次の2点が重要です。

①再生中継を行っているデジタル伝送方式では、中継区間で発生した**雑音や波形ひずみ**は、次の中継区間には**伝達されない**。

②アナログ信号をデジタル信号に変換する過程で生ずる雑音には、**量子化雑音**がある。

■3　デジタル伝送方式の誤り制御

　デジタル伝送方式では、伝送路などで生ずるビット誤りの検出や訂正を行う誤り制御方式が用いられています。

　デジタル信号の伝送において、CRC符号やハミング符号は、伝送路などで生じたビット誤りの検出や訂正のための符号として利用されています。

　なお、CRC符号ではブロックチェック方式が、ハミング符号ではキャラクタチェック方式が採用されています。

2　変調方式

■1　アナログ変調方式

　アナログ変調方式からは、主に振幅変調について出題されています。

　振幅変調によって生じた上側波帯と下側波帯のいずれかを用いて信号を伝送する方法は、**SSB伝送**といわれます。

　上側波帯と下側波帯の両方を用いて信号を伝送するDSB伝送という方法もありますが、SSB伝送の方が所要周波数帯幅が半分で済むなど利点が多いとされています。

■2　デジタル変調方式

　デジタル変調には、デジタル信号の0と1のビットパターンに対応して、正弦搬送波の振幅、周波数、位相を変化させる方式があります。

　振幅を変化させる方式は、**ASK**（Amplitude Shift Keying）

　周波数を変化させる方式は、**FSK**（Frequency Shift Keying）

位相を変化させる方式は、**PSK** (Phase Shift Keying)

■3　パルス変調方式

パルス変調には、入力信号の振幅に対応して、パルス列の振幅、幅、位置を変化させる方式があります。

振幅を変化させる方式は、**PAM** (Pulse Amplitude Modulation)
幅を変化させる方式は、**PWM** (Pulse Width Modulation)
位置を変化させる方式は、**PPM** (Pulse Position Modulation)

また、後述するPCMも、パルス変調の一種です (パルスを符号化したもの)。

3　PCM

PCM (Pulse Code Modulation) は**パルス符号変調方式**ともいい、アナログ信号を、標本化➡量子化➡符号化の順でデジタル信号に変換します。

■1　標本化

アナログ信号の振幅を一定の時間間隔でサンプリングしていくことを**標本化**といいます。

シャノンの標本化定理によれば、サンプリング周波数を、アナログ信号に含まれている**最高周波数の2倍以上**にすると、元のアナログ信号の波形を復元できるとされています。

■2　量子化

標本化で得られた標本値を、一定のステップで区切ることを**量子化**といいます。
このときの区切られたステップ数のことを量子化ステップといいます。
量子化の際に生ずる雑音は、**量子化雑音**と呼ばれます。

■3　符号化

量子化により得られた値を、デジタルパルス列に変換することを**符号化**といいます。
符号化では、次のような計算問題が出題されています。

■問 符号化の計算 ▶解説動画

帯域幅4キロヘルツの音声信号を8キロヘルツで標本化した。

この信号を64キロビット／秒で伝送するためには、1標本当たり、( )ビットで符号化する必要があるか。

① 8　　② 16　　③ 32

解説

まずはじめに「8キロヘルツで標本化した」という点に着目します。

8キロヘルツで標本化するということは、1秒間に8000個の信号パルスが生成されることを意味します。これをnビットで符号化して、64キロビット／秒（＝64000ビット／秒）で伝送するため、

$$64000 = 8000 \times n$$
$$\therefore n = 8$$

よって、1標本当たり8ビットで符号化する必要があるとわかります。

正解：①

4 多重伝送方式

多重伝送とは、1本の伝送路で複数の信号を伝送する技術です。

各方式の頭文字から、内容を把握できるようにしましょう。

FDM（**周波数**分割多重）　**F**=Frequency
TDM（**時**分割多重）　　　**T**=Time

5　多元接続方式

多元接続方式とは、一つの伝送路を多数のユーザで利用するための方式です。

FDMA、**CDMA**、**TDMA**を覚えましょう。

これらに共通しているDMAは「分割多重方式」という意味を持ちます。

後は、頭文字から違いがわかります。

FDMAのFは、周波数（Frequency）を意味します。

CDMAのCはCode（符号）、TDMAのTはTime（時間）の頭文字です。

ほかに、次の内容も押さえておきましょう。

「TDMA方式では、基準信号をもとに**フレーム**同期を確立する必要がある」

2 光ファイバ伝送と伝送品質評価

重要度：★★★　このテーマでは、光ファイバ伝送と伝送品質評価について学びます。

- ●この単元からは、知識問題が出題されます。
- ●覚えることは多いですが、基礎最後の単元ですから、気合いで覚え切ってしまいましょう！

1 光ファイバ伝送

　伝送路に光ファイバを用いるもので、高速・大容量の情報通信に適しています。原理的なモデルは次のようなものです。

光通信

| 電気信号 | ➡ | 発光素子
LD
LED | ➡ | 受光素子
APD
PIN | ➡ | 電気信号 |

※LD＝レーザダイオード　LED＝発光ダイオード　APD＝アバランシホトダイオード
　PIN＝PINホトダイオード

　光ファイバ通信では、光源として主にLD（レーザダイオード）とLED（発光ダイオード）が用いられます。
　LD（レーザダイオード）は、高い出力、狭いスペクトル範囲、周波数の安定性という特徴を持つ光源で、これらの特性から長距離伝送に適しています。

- ●この単元も知識問題で構成されています。
- ●即答できるように、テキストで用語を確認した後は、過去問題や模擬問題に取り組んで実践慣れすることをおすすめします。

一方、LED（発光ダイオード）は、比較的低い出力、広い発光角度、そして広いスペクトル範囲という特性を持ちます。これらの特性は、比較的短い距離での通信に適しています。LEDは一般的に低コストで、製造が容易であるため、短距離の通信やローカルエリアネットワーク（LAN）でよく使用されます。

試験では、「長距離光ファイバ通信用の光源として用いられている（**LD**）は、LEDと比較して、出力光のスペクトル幅が狭いという特徴を有している。」という内容で出題されています。覚えておきましょう。

■1　直接変調方式と外部変調方式

光ファイバ通信の変調方式には、「直接変調方式」と「外部変調方式」があります。

①直接変調方式

直接変調方式は、LEDやLDなどの光源の駆動電流を変化させることにより、電気信号から光信号への変換を行う方式です。

②外部変調方式

外部変調方式は、光変調器を使用し、出力一定の光源に外部から変調を加えるものです。

光を透過する媒体の屈折率や吸収係数などを変化させることにより、光の属性である**強度**、**周波数**、**位相**などを変化させています。

■2　シングルモードとマルチモード

石英系光ファイバは、光ファイバ中を伝搬する光のモード数の違いにより、シングルモード光ファイバとマルチモード光ファイバとに分けられます。

一般に、**シングルモード**光ファイバのコア径はマルチモード光ファイバのコア径と**比較して小さく**なります。

■3　WDM

光ファイバで双方向通信を行う方式として、**WDM**技術を用いて上り方向の信号と下り方向の信号にそれぞれ別の光波長を割り当てることにより、1心の光ファイバで上り方向の信号と下り方向の信号を同時に送受信可能とする方式があります。

■4　光分岐・結合器

　一つの波長の光信号をN本の光ファイバに分配したり、N本の光ファイバからの光信号を1本の光ファイバに収束したりする機能を持つ光デバイスは、**光分岐・結合器**といわれます。特に、Nが大きい場合は、光スターカプラともいわれます。

■5　光アクセス方式

　光アクセスネットワークの形態の一つで、設備センタとユーザとの間に光スプリッタを設け、設備センタと光スプリッタの間の光ファイバ心線を複数のユーザで共用する星型のネットワーク構成は**PDS**といわれ、この構成を適用したものは**PON**システムといわれます。

　また、設備センタとユーザ間を1対1で接続する構成は**SS**といわれます。

■6　分散

　光ファイバ中における光の伝搬速度は伝搬モードや光の波長によって異なることから、受信端での信号の**到達時間に差**が生じます。この現象は**分散**といわれ、光ファイバ内を伝送される信号の**パルス幅が広がる**原因となります。

　分散には、モード分散、材料分散、構造分散があります。

　モード分散は、光を複数の反射角で伝搬させるマルチモード光ファイバで起こります。

　材料分散は、材料の屈折率が光の波長によって異なるために起こります。

　構造分散は、光の一部が光ファイバの外層（クラッド）へ漏れるために起こります。

　また、材料分散と構造分散は、光の波長に依存するため、**波長分散**とも呼ばれます。

波長分散＝材料分散＋構造分散

■7　3R機能

　光中継伝送システムに用いられる再生中継器には、中継区間における信号の減衰、伝送途中で発生する雑音、ひずみなどにより劣化した信号波形を再生中継するため、3R機能と総称される次の三つの機能が必要です。

等価増幅（Reshaping）機能

タイミング抽出（Retiming）機能

識別再生（Regenerating）機能

■8 ジッタ

伝送するパルス列の**遅延時間の揺らぎ**は、**ジッタ**といわれます。光中継システムなどに用いられる再生中継器においては、タイミングパルスの間隔のふらつきや共振回路の同調周波数のずれが一定でないことなどに起因しています。

2 伝送品質評価

伝送品質を評価する基準には、BER、%ES、%SESなどがあります。

■1 BER

測定時間中に伝送された符号 (ビット) の総数に対する、その間に誤って受信された符号 (ビット) の個数の割合を表したものを、**BER**といいます。

平均的な誤り率を示す指標として用いられます。

■2 %ES

稼働時間内において、1秒間に1個以上の符号誤りが存在する秒の延べ時間を、稼働時間に占める百分率で表したものを、**%ES**といいます。

■3 %SES

稼働時間内において、1秒間に1×10^{-3}個以上の符号誤りが存在する秒の延べ時間を、稼働時間に占める百分率で表したものを、**%SES**といいます。

%ESや%SESは、測定時間中のある時間帯にビットエラーが集中的に発生しているか否かを判断するための指標となります。

次の各設問について、（　　　）内に入る最も適切なものを下の選択肢から選ぼう。

問 1　通信の品質劣化要因などについて述べた次の二つの記述は、（　　　）。

A　2線／4線変換の構成を有するアナログ方式の電話回線においては、端末から送出する信号電力が過大であると、4線構成部分で発振状態となり、ほかの電気通信回線に対する漏話、雑音などの原因となる。

B　アナログ方式の電話回線において、送信側からの通話電流が受信端で反射し、時間的に遅れて送信端に戻ることにより通話に妨害を与える現象は、鳴音といわれる。

① A のみ正しい　　　　② B のみ正しい
③ A も B も正しい　　　④ A も B も正しくない

問 2　デジタル伝送方式における雑音などについて述べた次の二つの記述は、（　　　）。

A　再生中継伝送を行っているデジタル伝送方式では、中継区間で発生した雑音や波形ひずみは、一般に、次の中継区間には伝達されない。

B　アナログ信号をデジタル信号に変換する過程で生ずる雑音には、量子化雑音がある。

① A のみ正しい　　　　② B のみ正しい
③ A も B も正しい　　　④ A も B も正しくない

問 3 デジタル伝送における雑音について述べた次の二つの記述は、（　　）。

A　アナログ信号をデジタル信号に変換する過程で生ずる雑音には、量子化雑音がある。

B　PCM 伝送特有の雑音には、白色雑音、ガウス雑音などがある。

① A のみ正しい　　② B のみ正しい
③ A も B も正しい　　④ A も B も正しくない

問 4 デジタル信号の伝送において、BCH 符号や（　　）符号は、伝送路などで生じたビット誤りの検出や訂正のための符号として利用されている。

① ハミング　　② マンチェスタ　　③ B8ZS

問 5 デジタル信号の伝送において、ハミング符号や（　　）符号は、伝送路などで生じたビット誤りの検出や訂正のための符号として利用されている。

① AMI　　② B8ZS　　③ CRC

問 6 振幅変調によって生じた上側波帯と下側波帯のいずれかを用いて信号を伝送する方法は、（　　）伝送といわれる。

① VSB　　② SSB　　③ DSB

問7 デジタル信号の変調において、デジタルパルス信号の1と0に対応して正弦搬送波の周波数を変化させる方式は、一般に、（　　）といわれる。

① FDM　　② FSK　　③ PSK

問8 搬送波として連続する方形パルスを使用し、入力信号の振幅に対応して方形パルスの（　　）を変化させる変調方式は、PWM（Pulse Width Modulation）といわれる。

①位置　　②位相　　③幅

問9 4キロヘルツ帯域幅の音声信号を8キロヘルツで標本化し、1標本当たり8ビットで符号化すれば、（　　）キロビット／秒で伝送できる。

① 16　　② 32　　③ 64

問10 伝送周波数帯域を複数の帯域に分割し、各帯域にそれぞれ別のチャネルを割り当てることにより、複数の利用者が同時に通信を行うことができる多元接続方式は、（　　）といわれる。

① CDMA　　② FDMA　　③ TDMA

問11 ユーザごとに割り当てられたタイムスロットを使用し、同一の伝送路を複数のユーザが時分割して利用する多元接続方式は、（　　）といわれる。

① FDMA　　② SDMA　　③ TDMA

問 12 複数のユーザが同一伝送路を時分割して利用する多元接続方式は TDMA といわれ、この方式では、基準信号を基に（　　）同期を確立する必要がある。

①調歩　　②スタッフ　　③フレーム

問 13 光ファイバ通信で用いられる光変調方式の一つに、LED やレーザダイオードなどの光源の駆動電流を変化させることにより、電気信号から光信号への変換を行う（　　）変調方式がある。

①間接　　②直接　　③角度

問 14 光ファイバ通信における光変調方式の一つである外部変調方式では、光を透過する媒体の屈折率や吸収係数などを変化させることにより、光の属性である（　　）、周波数、位相などを変化させている。

①強度　　②スピンの方向　　③利得

問 15 伝送媒体に光ファイバを用いて双方向通信を行う方式として、（　　）技術を利用して、上り方向の信号と下り方向の信号にそれぞれ別の光波長を割り当てることにより、1 心の光ファイバで上り方向の信号と下り方向の信号を同時に送受信可能とする方式がある。

① PAM　　② PWM　　③ WDM

問 16 光ファイバ中における光の伝搬速度は伝搬モードや光の波長によって異なることから、受信端での信号の到達時間に差が生ずる。この現象は（　　　）といわれ、光ファイバ内を伝送される信号のパルス幅が広がる原因となる。

①散乱　　②分散　　③干渉

問 17 デジタル伝送路などにおける伝送品質の評価尺度の一つに、測定時間中のある時間帯にビットエラーが集中的に発生しているか否かを判断するための指標となる（　　　）がある。

①%ES　　② MOS　　③ BER

問 18 デジタル伝送路などにおける伝送品質の評価尺度の一つである%SES は、1 秒ごとに平均符号誤り率を測定し、平均符号誤り率が（　　　）を超える符号誤りの発生した秒の延べ時間（秒）が、稼働時間（秒）に占める割合を示したものである。

① 1×10^{-3}　　② 1×10^{-4}　　③ 1×10^{-6}

Answer　　▶ 解説動画　**答え合わせ**

問1　正解：①

解説

A　正しい内容です。「4 線構成部分で発振状態となり」は正しい表現です。2 線／4 線変換の構成を持つアナログ電話回線では、信号電力が過大になると、4 線構成部分で発振状態が生じ、他の電気通信回線への漏話や雑音の原因となることがあります。

B　アナログ方式の電話回線において、送信側からの通話電流が受信端で反射し、時間的に遅れて送信端に戻ることにより通話に妨害を与える現象は、**エコー**といわれます。

問2　正解：③

解説

ＡもＢも正しい内容です。

問3　正解：①

解説

A　正しい内容です。頻出事項ですので、覚えておきましょう。

B　PCM 伝送特有の雑音には、量子化雑音、符号誤り雑音、補間雑音などがあります。白色雑音やガウス雑音は、特定の伝送方式に限定されず、様々な伝送方式で生ずる可能性があります。これらの雑音は、自然界や電子回路などから発生する一般的な雑音です。

問4　正解：①

解説

デジタル信号の伝送において、BCH 符号や（**ハミング**）符号は、伝送路などで生じたビット誤りの検出や訂正のための符号として利用されています。

問5　正解：③

解説

デジタル信号の伝送において、ハミング符号や（**CRC**）符号は、伝送路などで生じたビット誤りの検出や訂正のための符号として利用されています。

問6　正解：②

解説

振幅変調によって生じた上側波帯と下側波帯のいずれかを用いて信号を伝送する方法は、（**SSB**）伝送といわれます。

問7　正解：②

解説

　デジタル信号の変調において、デジタルパルス信号の1と0に対応して正弦搬送波の周波数を変化させる方式は、一般に、（**FSK**）といわれます。

問8　正解：③

解説

　搬送波として連続する方形パルスを使用し、入力信号の振幅に対応して方形パルスの（**幅**）を変化させる変調方式は、PWM（Pulse Width Modulation）といわれます。

問9　正解：③

解説

　8キロヘルツで標本化することから、1秒間に8000個の信号パルスが生成されます。これを8ビットで符号化するため、

　　8000 × 8 ＝ 64000ビット／秒＝ **64** キロビット／秒

となります。

問10　正解：②

解説

　伝送周波数帯域を複数の帯域に分割し、各帯域にそれぞれ別のチャネルを割り当てることにより、複数の利用者が同時に通信を行うことができる多元接続方式は、（**FDMA**）といわれます。

問11　正解：③

解説

　ユーザごとに割り当てられたタイムスロットを使用し、同一の伝送路を複数のユーザが時分割して利用する多元接続方式は（**TDMA**）といわれます。

解説

　複数のユーザが同一伝送路を時分割して利用する多元接続方式は TDMA といわれ、この方式では、基準信号を基に（**フレーム**）同期を確立する必要があります。

解説

　光ファイバ通信で用いられる光変調方式の一つに、LED やレーザダイオードなどの光源の駆動電流を変化させることにより、電気信号から光信号への変換を行う（**直接**）変調方式があります。

解説

　光ファイバ通信における光変調方式の一つである外部変調方式では、光を透過する媒体の屈折率や吸収係数などを変化させることにより、光の属性である（**強度**）、周波数、位相などを変化させています。

解説

　伝送媒体に光ファイバを用いて双方向通信を行う方式として、（**WDM**）技術を利用して、上り方向の信号と下り方向の信号にそれぞれ別の光波長を割り当てることにより、1 心の光ファイバで上り方向の信号と下り方向の信号を同時に送受信可能とする方式があります。

解説

　分散とは、光ファイバを通じて送信された信号が受信側で届くまでの時間に差異が生じる現象のことを指します。

　光ファイバ中では、伝搬モードや光の波長によって光の伝搬速度が異なります。

例えば、同時に送信された2つの光パルスでも、それぞれの光パルスが異なる速度で伝搬すると、受信端に到達するタイミングが異なります。これにより、信号のパルス幅（つまり、信号の"長さ"）が広がり、信号の歪みが生じます。これが「分散」です。分散は通信品質に影響を及ぼし、伝送距離が長くなるほどその影響が大きくなります。

問17 正解：①

解説

　デジタル伝送路などにおける伝送品質の評価尺度の一つに、測定時間中のある時間帯にビットエラーが集中的に発生しているか否かを判断するための指標となる（%ES）があります。

問18 正解：①

解説

　デジタル伝送路などにおける伝送品質の評価尺度の一つである%SES は、1秒ごとに平均符号誤り率を測定し、平均符号誤り率が（1×10^{-3}）を超える符号誤りの発生した秒の延べ時間（秒）が、稼働時間（秒）に占める割合を示したものです。

MEMO

第6章

[技術編]
端末設備

ADSL、IP電話機

このテーマでは、ADSLおよびIP電話機について学びます。

● ADSLにおけるLANポートの役割、ADSL信号を分離・合成する機器であるADSLスプリッタ、アナログ電話機とADSLスプリッタの関係、DMT信号の分離・合成、ADSLモデムの役割とその機能について押さえておきましょう。

● IP電話機に関して「100BASE-TX、非シールド撚り対線、RJ-45、8ピンモジュラジャック」はひとまとめにして覚えておきましょう。

1 ADSLモデム

ADSLの伝送において、データ信号を変調・復調する装置として **ADSLモデム** が用いられます。

1 ADSLモデム装置の例

ADSLモデムの前面と背面の例を次ページの図に示します。

● 本テーマのトピックは、試験において主に「技術」科目の大問1で出題されています。かつては出題の中心的な単元でしたが、近年は出題頻度が低下し、例年1問から2問程度の出題にとどまっています。出題頻度が低くなったとはいえ、5〜10点分あるので無視するわけにはいきません。ADSLは終焉間近の技術であるため、新たな問題が出されることは少なくなっています。これは、過去の問題をしっかりと理解し、押さえておくことで得点が見込めるチャンスでもあります。

● このテーマを学習する際は、過去問を中心に復習し、ADSLとIP電話機に関する基本的な知識や仕組みを理解しておくことが重要です。確実にポイントを獲得できるよう、過去問による対策をしっかりと行いましょう。

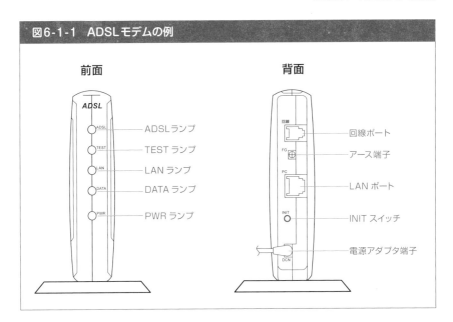

図6-1-1　ADSLモデムの例

前面

背面

ADSL

ADSL ——— ADSLランプ
TEST ——— TEST ランプ
LAN ——— LAN ランプ
DATA ——— DATA ランプ
PWR ——— PWR ランプ

回線 ——— 回線ポート
FG ——— アース端子
PC ——— LAN ポート
INIT ——— INIT スイッチ
——— 電源アダプタ端子
DCN

■2　INITスイッチの機能

INITはinitializeの略で、「**初期化**」を意味します。
主な機能および用途は次の2点です。

①工場出荷後に書き込まれた設定情報を工場出荷時の状態に戻す。
②ADSLモデムを廃棄したり他人に譲渡する際に、ユーザが書き込んだ設定情報を消去する。

■3　DMT変調方式

アナログ電話回線を使用してADSL信号を送受信するための機器であるADSLモデムは、データ信号を変調・復調する機能を持ち、**変調方式**には**DMT**方式が用いられています。

■4　専用型ADSLサービスとIP電話

専用型ADSLサービスでは、アナログ方式の電話サービスを利用することができません。
しかし、ADSLモデム（モデム機能のみの装置）の**LANポート**にVoIP機能付きのルータなどを接続することにより、IP電話サービスを利用できるようになります。

■1 電話共用型のADSLサービスとADSLスプリッタ

電話共用型のADSLサービスでは、ユーザのアナログ電話機をADSLスプリッタに接続し、アナログ電話サービスの提供を受けることができます。

電話共用型のADSLサービスの構成例を次図に示します。

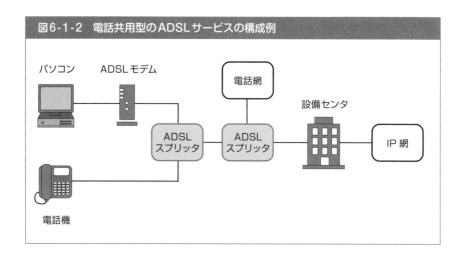

図6-1-2 電話共用型のADSLサービスの構成例

■2 ADSLスプリッタの回路構成

「アナログ電話サービスの音声信号」と「ADSLサービスのDMT信号」を**分離・合成**する機器であるADSLスプリッタは、**受動回路素子**（コイルやコンデンサなど）で構成されています。

3　IP電話機

■1　IP電話機とLANポート

　有線IP電話機は、LANケーブルを用いてIPネットワークに接続できる端末であり、背面または底面にLANポートを備えています。

　IP電話機を**100BASE-TX**のLAN配線に接続するためには、非シールド撚り対線ケーブルの両端に**RJ-45**といわれる**8ピン・モジュラプラグ**を取り付けたコードが用いられます。

■2　IP電話と電話番号

　IP電話には、固定電話と同じ番号構成の0AB〜J番号が付与されるものと、050で始まる番号が付与されるものがあります。

■3　IP電話のプロトコル

　IP電話のプロトルには、一般的に、**SIP**が用いられています。

　SIPは、**呼制御プロトコル**であり、**アプリケーション層**で動作します。

　インターネット層のプロトコルに依存しないため、**IPv4とIPv6の両方で**動作するという特徴があります。

4　アナログ電話機とVoIPゲートウェイ

　アナログ電話機を用いてIPネットワークを使用した音声通信を行うには、アナログ電話機を、一般に、**VoIPゲートウェイ**といわれる装置に接続します。

　VoIPゲートウェイはアナログ電話機からの音声信号（アナログ）をデジタルデータに変換し、IPネットワークを介して送信します。受信側でも同じように、VoIPゲートウェイはIPネットワークから受け取ったデジタルデータを音声信号（アナログ）に変換し、アナログ電話機で再生します。VoIPゲートウェイはアナログ電話機とIPネットワークの間のブリッジ役を果たし、アナログ電話機でもIPネットワークを利用した通話が可能になります。

Aと来たらB！　重要キーワードのまとめ

　イワン・パブロフというロシアの生理学者が行った有名な実験「パブロフの犬」では、犬に餌を与える際に同時に鐘を鳴らすことで、犬は鐘の音だけで唾液を分泌するようになりました。これは、条件反射と呼ばれる学習方法の一例です。

6

[技術編]　端末設備

この条件反射を利用した学習方法は、資格試験の学習にも非常に効果的です。特に、「工事担任者第二級デジタル通信」のような専門的な知識が必要な試験では、キーワードと答えを結び付けて記憶することで、素早く正確な回答ができるようになります。

例えば、「ADSL変調方式」というキーワードが出てきたら、「DMT」などの答えがすぐに頭に浮かぶように、キーワードと答えを繰り返し結び付けて記憶することが重要です。

この方法を使えば、効率的に情報を記憶し、短期間で合格点を目指すことができます。

図6-1-3　AときたらB：試験のキーワードと反射的な答え

「パブロフの犬」
（条件反射）を応用

「キーワード」と「答え」をつなげる

「AときたらB！」と答えられるように練習しよう。

	A	B
☑	ADSL 送受信、変復調	**ADSL モデム**
☑	ADSL 変調方式	**DMT方式**
☑	ADSL 分離・合成	**ADSLスプリッタ**
☑	ADSLスプリッタ	**DMT信号**
☑	IP電話機　コード	**RJ-45　8ピン**
☑	IP電話機　配線	**非シールド撚り対線ケーブル**
☑	IP電話　0AB～J	**050**
☑	IP電話　プロトコル	**SIP**
☑	SIP　プロトコル	**呼制御**
☑	SIP　IP	**IPv4、IPv6両方**
☑	アナログ電話機　IPネットワーク	**VoIPゲートウェイ**

過去問トレーニング

以下、過去問を参考に「AときたらB」の効果を確認していきましょう。A（重要キーワード）の部分を黒太字、B（設問の答え）を下線付きの赤字で示しています。また、チェックボックスを設けてあるので、赤シートで赤字部分を隠して答えられるようになったらチェックをつけていきましょう。

☑ アナログ電話回線を使用して**ADSL**信号を**送受信**するための機器である**ADSLモデム**は、データ信号を**変調・復調**する機能を持ち、変調方式にはDMT方式が用いられている。

☑ アナログ電話回線を使用してADSL信号を送受信するための機器である**ADSLモデム**は、データ信号を変調・復調する機能を持ち、**変調方式**には**DMT**方式が用いられている。

☑ アナログ電話の音声信号と**ADSL**の信号とを**分離・合成**する機器である**ADSLスプリッタ**は、受動回路素子で構成されている。

☑ **ADSLスプリッタ**は受動回路素子で構成されており、アナログ電話の音声信号とADSLの**DMT信号**とを分離・合成する機能を有している。

☑ **IP電話機**を、IEEE 802.3uとして標準化された100BASE-TXのLAN配線に接続するためには、一般に、非シールド撚り対線ケーブルの両端に**RJ-45**といわれる**8ピン**・モジュラプラグを取り付けた**コード**が用いられる。

☑ **IP電話機**を100BASE-TXのLAN**配線**に接続するためには、一般に、**非シールド撚り対線ケーブル**の両端にRJ-45といわれる8ピン・モジュラプラグを取り付けたコードが用いられる。

☑ **IP電話**には、**0AB〜J**番号が付与されるものと、**050**で始まる番号が付与されるものがある。

☑ **IP電話**の**プロトコル**として用いられている**SIP**は、IETFのRFC3261として標準化された呼制御プロトコルであり、IPv4及びIPv6の両方で動作する。

☑ IP電話のプロトコルとして用いられている**SIP**は、IETFのRFC3261として標準化された**呼制御プロトコル**であり、IPv4及びIPv6の両方で動作する。

☑ **IP**電話のプロトコルとして用いられている**SIP**は、IETFのRFC3261として標準化された呼制御プロトコルであり、**IPv4**及び**IPv6**の**両方**で動作する。

過去問によるトレーニングを通してすでにお気づきかもしれませんが、本試験では「同じ文章をもとにして、抜き出すキーワードを変えて出題」されるケースが多く見られます。この傾向を意識して、章末問題や模擬問題に取り組むことが、試験対策にとって非常に有益です。

　そこで、同じ内容に基づく複数の問題に対応できるように、本書の6～9章では「AときたらB」の形式で重要キーワードをまとめたうえで、身についたかどうかの確認用として「過去問トレーニング」も掲載しました。

　ただし、「AときたらB」の表では、過去に出題された重要キーワードに絞ってまとめており、過去問すべての論点を網羅しているわけではありません。

　章末問題や模擬問題の中には、「AときたらB」の表に載っていないものも含まれています。これは、最近の傾向から外れた問題も意図的に取り入れているためです。本試験でも、直前にまとめたキーワード以外からの出題（予想外の出題）があることを考慮し、バラエティ豊かなトレーニングを提供しています。

　いずれの問題に関しても、本書のテキスト部分および解説部分ですべての内容をカバーしていますので、ご安心ください。様々なトレーニングを通じて、本試験での合格を目指していきましょう。

Theme

2

PoE、無線LAN、その他重要単元

重要度：★★★　このテーマでは、PoE、無線LAN、ルータ、スイッチングハブ、フレーム転送方式について学びます。

- 「PoE」は、LANケーブルを利用して電力を供給するシステムです。PoEを用いると、電源アダプタが不要になります。便利で実用性も高いため、よく出題されます。
- 「無線LAN」では、電波が空間を伝播して伝わるため、予期せぬデータの衝突などを制御する方法が問題となります。
- 「ネットワーク構成機器」では、特にレイヤ2とレイヤ3の装置について問われます。レイヤ2はMACアドレスをもとに通信をすること、レイヤ3では異なるネットワークアドレス相互の接続が可能になること、を理解しておけばよいでしょう。
- 「スイッチングハブにおけるフレーム転送方式」では、データの信頼性担保と処理速度の向上といった、相反する関係にあるもののバランスのとり方について、3種類の方式があることを学びます。

- 本テーマで取り上げる内容は、主に大問1、大問3などで出題されています。例年3〜4問程度の出題になっています（15〜20点分）。試験の合格点が60点であることを考慮すると、本テーマの内容は絶対に落とせないといえるでしょう。特に、正誤問題が出題されやすい部分ですので、「過去問トレーニング」を通じてキーワードに対する意識レベルを上げることが重要です。ひっかけ問題に惑わされることのないよう、正確な知識を身につけることが求められます。

PoEは、LANで使用される**非シールド撚り対線（UTP）ケーブル**を使用して接続機器に電源供給を行う方式を指します。

電源をとりにくい場所にも設置できるなど、多くの利点があります。

■ 1 給電構成

PoEで電力を供給する機器を**PSE**、電力を受ける機器を**PD**と呼びます。

給電側機器であるPSEは、給電を開始する前に、接続先の機器がPoE対応機器（PD）か否かを検知して、PoE対応機器（PD）にのみ給電します。

この判定は接続機器ごとに行うため、PoE対応機器と非対応機器の混在が可能です。

■ 2 PoEの規格

PoEの主な規格には以下のようなものがあります

① IEEE 802.3af（PoE）

直流44〜57Vの範囲で、最大15.4ワットの電力供給が可能な規格。IP電話機や一部の監視カメラなどで使用されます。過去試験においてもこの規格についての問題が主に出題されています。**100BASE−TX**のイーサネットで使用するLANケーブルの信号対または予備対（未使用のペア）の**2対**を用いて電力供給を行います。また、この規格は別名「Type 1」とも呼ばれます。

② IEEE 802.3at（PoE＋）

直流50〜57Vの範囲で、最大600mAの電流、そして最大30ワット以上の電力供給が可能な規格です。主にカテゴリ**5e**以上のLANケーブルで使用されます。試験においては、この規格は「PoE Plus」と表記されることがあります。また、この規格は「Type 2」などとも呼ばれます。

③ IEEE 802.3bt（4PPoEまたはPoE＋＋）

最大60ワット（Type3）または100ワット（Type4）の電力供給が可能な規格です。PoE＋＋とも呼ばれ、より大電力のデバイスへの供給が可能です。ただし、ケーブルの抵抗損失等を考慮した結果、実際の運用上では、Type4の最大供給電力は90ワットとされることが多いです。

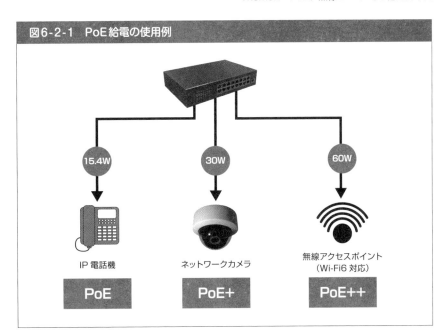

図6-2-1　PoE給電の使用例

15.4W　30W　60W

IP電話機　ネットワークカメラ　無線アクセスポイント
（Wi-Fi6 対応）

PoE　PoE+　PoE++

6
[技術編] 端末設備

■ 3　給電方式

PoEおよびPoE+の給電は、LANケーブルの4対8心のうち、**2対4心**を用いて行われます。

給電方式には、オルタナティブA方式とオルタナティブB方式の2種類があります。

①オルタナティブA方式の給電

信号対として使用している2対（1,2,3,6番線）に電力を重畳して、電源供給を行います。

②オルタナティブB方式の給電

予備対として空きになっている2対（4,5,7,8番線）を使って、電源供給を行います。

なお、**1000BASE-T**のイーサネットでは、4対8心をすべて信号線として使用している（予備対がない）ため、どちらの方式を採用するにせよ、信号に電力を重畳して送ることになります。

PoE++の規格では、これら2つの方式を組み合わせることで、4対8心（すべての線）を用いて給電を行うことが可能です。これにより、より多くの電力を伝送することができます。

2　無線LAN

■1　構成機器

構成機器には、無線LANアダプタや無線LANアクセスポイントなどがあります。

無線LANでは、主に**2.4GHz帯と5GHz帯**の周波数が使用されており、使用する周波数帯に対応したデバイスを用意する必要があります。

両方の周波数帯域で使用できる、デュアルバンド対応のデバイスもあります。

■2　通信形態

無線LANのネットワーク構成は、アクセスポイントとアクセスポイントからの電波の到達範囲にある端末とによってネットワークが形成される**インフラストラクチャモード**があります。このモードでは、端末間の通信はアクセスポイントを介して行われます。

また、アクセスポイントを介さずに無線端末同士が直接通信を行う**アドホック**モードも存在します。アドホックモードを利用する場合、通信を行う各デバイス（ノード）で**SSID**という識別子を設定しておく必要があります。

■3　変調方式と使用周波数帯

変調方式には、スペクトル拡散変調方式やOFDM（直交周波数分割多重）方式があります。

使用周波数帯には、主に2.4GHz帯と5GHz帯があり、2.4GHz帯は特に**ISMバンド**と呼ばれます。

ISMバンドは免許不要の周波数帯域であるため、他の機器との混信や干渉が発生しやすく、**スループットの低下要因**となります。

一方、**5GHz帯**の無線LANでは、周波数帯が十分に離れているため、ISMバンドとの干渉による**スループットの低下はありません**。5GHz帯の無線LANでは、変調方式として主にOFDM方式が用いられています。

■4 アクセス制御方式

　無線LANでは、電波の衝突を防ぐため、他の無線端末が電波を送出していないかどうかを事前に検知するCSMA/CA方式を使用しています。

　CSMA/CA方式では、送信端末は、アクセスポイント (AP) からの**ACK信号**を受信することにより、送信データが正常にAPに送信できたことを確認しています。

■5 隠れ端末問題

　同じアクセスポイントを利用する複数の無線端末が、障害物などで互いに通信できないような場所に配置されている場合、**CSMA/CA方式**を利用してもデータの衝突が生ずることがあります。

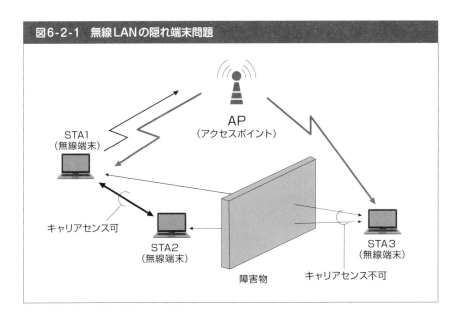

図6-2-1　無線LANの隠れ端末問題

　これは、**隠れ端末問題**と呼ばれています。解決策として、**RTS**信号と**CTS**信号を用いて、衝突を回避する方法をとっています。

　STA1は、データ通信に先立ち、RTS信号を APに送信します。

APは、STA1からのRTS信号を受けると、CTS信号をSTA1とSTA3に送信します。CTS信号を受信したSTA3は、**NAV**期間（衝突を回避するためにAPが指定した期間）だけ送信を待つことにより、衝突を防止する対策がとられています。

■6　その他重要事項

無線LANのチャネル設定やセキュリティについて、試験で出題された内容は次のとおりです。赤字部分を隠して答えられるようになったらチェックをつけていきましょう。

☑ 無線LANの構築においてチャネルを設定する場合、隣接する二つのアクセスポイントに使用するチャネルの組合せとして適切なものは、周波数帯域が**重なり合わない離れた**チャネルである。

☑ 無線LANの構築において、IEEE 802.**11ac**規格の機器を用いると、電子レンジなどISMバンドを使用する機器からの電波干渉を避けることができる。

☑ 無線LANアクセスポイントの設定において、**ANY接続**を拒否する設定にすることにより、アクセスポイントのSSIDを知らない第三者の無線LAN端末から接続される危険性を**低減**できる。

☑ 無線LANアクセスポイントの**MACアドレスフィルタリング**機能を有効に設定することにより、登録されていないMACアドレスを持つ無線LAN端末から接続される危険性を**低減できる**。

また、次の文章には誤りが含まれています。どこが誤りか考えてみましょう。

無線LANアクセスポイントにおいて、SSIDを通知しない設定とし、かつMACアドレスフィルタリング機能を有効に設定することにより、無線LAN区間での傍受による情報漏洩を防止できる。

この文章の誤りは、無線LAN区間での傍受による情報漏洩を完全に防止できると主張している点です。SSIDを通知しない設定とMACアドレスフィルタリング機能を有効にすることで、無線LANへの不正アクセスをある程度制限できますが、情報漏洩を完全に防止できるわけではありません。

　つまり、「情報漏洩を防止できる」や「情報漏洩は生じない」と言い切ったものは言い過ぎであり、原則として誤りと判断できます。こういった場合は、「低減できる」とか「軽減できる」といった表現が適切です。ひっかけで多用されているのでご注意ください。

3　その他の重要単元

■1　MACアドレス

　ネットワークインタフェースカード(NIC)に固有に割り当てられた**物理アドレス**は、**MACアドレス**といわれます。

　MACアドレスは、6バイト長(**48ビット**)で構成されています。

　6バイトのうち、前半3バイトはベンダ(メーカ)の識別番号を示し、後半3バイトは製品固有の識別番号を示しています。

■2　ネットワークの構成とレイヤ1～3の概要

①レイヤ1(物理層)

　レイヤ1は物理層ともいわれ、電気信号の伝送方法などを規定します。

②レイヤ2(データリンク層)

　レイヤ2はデータリンク層ともいわれます。

　通信単位が「**フレーム**」と呼ばれるデータ列になります。

　各端末には識別子(**MACアドレス**)が割り当てられ、フレームには送信元と宛先のアドレスの情報が含まれます。

　レイヤ2では、MACアドレスにより、同一のスイッチ等に接続されている端末どうしの通信が可能になります。このネットワークの範囲を**LAN**といいます。

③レイヤ3(ネットワーク層)

　レイヤ3は、ネットワーク層ともいい、LANどうしの接続を実現します。

　レイヤ3では、データ列を「**パケット**」という単位で扱います。

　レイヤ3の代表的な技術はインターネットプロトコル(**IP**)です。

　IPの通信単位はIPパケット、IPで使われるアドレスはIPアドレスと呼ばれます。

6

〔技術編〕端末設備

■3　ネットワーク構成機器

①レイヤ1で用いられる機器

　レイヤ1（物理層）で動作する装置には、リピータや、ハブ（リピータハブ）、レイヤ1スイッチなどがあります。

　いずれも、信号の増幅、整形および中継を行います。

　LANの伝送距離を延長する場合などに用いられ、接続されたLANは同じアクセス制御方式で使用されます。

　受信したフレームを、全ポートに転送します。

②レイヤ2で用いられる機器

　レイヤ2（データリンク層）で用いられる装置には、レイヤ2スイッチ、ブリッジ、スイッチングハブ、LANスイッチなどがあります。

　いずれも、単一ネットワークアドレスを持つサブネットで用いられます。

　いずれも、**MACアドレス**をもとに通信を行います。

　MACアドレスは、「アドレステーブル」で管理されます。

　レイヤ2スイッチは、受信したフレームの**送信元MACアドレス**を読み取り、**アドレステーブル**に登録されているかどうか検索し、未登録の場合はアドレステーブルに登録します。

③レイヤ3で用いられる機器

　レイヤ3（**ネットワーク層**）で用いられる機器には、**ルータ**やレイヤ3スイッチがあります。

　いずれも**ルーティング機能**を持ち、**異なるLAN相互**の接続を行うことができます。

■4　スイッチングハブのフレーム転送方式

　スイッチングハブのフレーム転送方式には、「ストアアンドフォワード」「カットアンドスルー」「フラグメントフリー」の3種類があります。

　違いは、データ転送にあたり、どこまでデータを読み込むかにあります。

　データを多く読み込むほど信頼性は高くなりますが、転送速度が遅くなるという関係にあります。

①ストアアンドフォワード

　有効フレームの全体、つまり**先頭からFCS**までを受信した後、異常がなければフレームを転送する方式。データの信頼性は高くなりますが、転送速度は遅くなります。この方式では、速度の異なるLAN間の接続も可能です。

②カットアンドスルー

　有効フレームの**先頭から宛先アドレスの6バイト**（宛先MACアドレス）までを受信した後、フレームが入力ポートで完全に受信される前に、フレームを転送する方式。
　転送速度は速くなりますが、コリジョン（衝突）により異常が生じたフレームも転送するおそれがあり、信頼性が低くなります。

③フラグメントフリー

　有効フレームの**先頭から64バイト**までを受信した後、異常がなければフレームの転送を開始する方式。
　先頭の64バイトを見るので、コリジョン（衝突）は避けられます。カットアンドスルーよりは遅くなりますが、ストアアンドフォワードよりは高速に処理できます。
　ただし、速度やフレーム形式の異なったLAN相互の接続はできません。

■5　オートネゴシエーション

　ツイストペアケーブルを使用したイーサネットによるLANを構成する機器において、対向する機器との通信速度、通信モード（全二重／半二重）などについて適切な選択を自動的に行う機能は、一般に、**オートネゴシエーション**といわれます。

	A	B
☑	Type1給電	**PoE**
☑	PoE給電	**2対4心**
☑	PoEイーサネット	**100BASE-TX**
☑	PoE PSE	**対応機器のみ給電**
☑	PoE信号対	**オルタナティブA**
☑	PoE予備対	**オルタナティブB**
☑	無線LAN 802.11n 周波数帯	**2.4GHz帯及び5GHz帯**
☑	無線LAN ISMバンドと同じ	**2.4GHz帯**
☑	無線LAN スループットの低下なし	**5GHz帯**
☑	無線LAN チャネル設定	**重なり合わない離れた**
☑	電波干渉を避ける IEEE 802.	**11ac**
☑	6.9ギガビット/秒 IEEE 802.	**11ac**
☑	ACKフレーム	**CSMA/CA**
☑	CSMA/CA	**ACK信号**
☑	無線LAN セキュリティ	**低減できる**
☑	物理アドレス	**MACアドレス**
☑	MACアドレス	**物理アドレス**
☑	レイヤ2スイッチ	**送信元MACアドレス**
☑	ストアアンドフォワード	**FCS**
☑	カットアンドスルー	**宛先アドレスの6バイト**
☑	フラグメントツリー	**64バイトまで**
☑	ルータ OSI	**ネットワーク層**
☑	ルータ TCP/IP	**インターネット層**
☑	通信モード 自動的	**オートネゴシエーション**
☑	アクセスポイントを介して	**インフラストラクチャモード**
☑	アドホックモード	**SSID**

表6-2-1 AときたらB：試験のキーワードと反射的な答え

過去問トレーニング

以下、過去問を参考にＡ（重要キーワード）の部分を黒太字、Ｂ（設問の答え）を下線付きの赤字で示しています。

☑ IEEE 802.3at **Type1**として標準化された**PoE**機能を利用すると、100BASE-TXのイーサネットで使用しているLAN配線の信号対又は予備対（空き対）の2対4心を使って、**PoE**機能を持つIP電話機に**給電**することができる。

☑ IEEE 802.3at Type1として標準化された**PoE**機能を利用すると、100BASE-TXのイーサネットで使用しているLAN配線の信号対又は予備対（空き対）の**2対4心**を使って、**PoE**機能を持つIP電話機に**給電**することができる。

☑ IEEE 802.3at Type1として標準化された**PoE**機能を利用すると、**100BASE-TX**の**イーサネット**で使用しているLAN配線の信号対又は予備対（空き対）の2対4心を使って、**PoE**機能を持つIP電話機に給電することができる。

☑ IEEE 802.3atとして標準化された**PoE**の機能について、給電側機器である**PSE**は、一般に、受電側機器がPoE対応機器か非対応機器かを検知して、PoE**対応機器にのみ給電**する。

☑ IEEE 802.3atとして標準化された**PoE**の機能について、100BASE-TXのイーサネットで使用しているLAN配線のうち、**信号対**の2対4心を使用する方式は**オルタナティブＡ**といわれる。

☑ IEEE 802.3atとして標準化された**PoE**の機能について、100BASE-TXのイーサネットで使用しているLAN配線のうち、**予備対**の2対4心を使用する方式は**オルタナティブＢ**といわれる。

☑ IEEE **802.11n**として標準化された**無線LAN**は、IEEE 802.11b/a/gとの後方互換性を確保しており、**2.4GHz帯及び5GHz帯**の周波数を用いた方式が定められている。

☑ **無線LAN**の使用周波数帯のうち、医療機器、電子レンジなどが使用する**ISMバンドと同じ**周波数帯であり、電波干渉によるスループット低下のおそれが大きいのは**2.4GHz**帯である。

☑ IEEE 802.11において標準化された無線LANについて、**5GHz帯**の無線LANでは、ISMバンドとの干渉による**スループットの低下がない**。

☑ **無線LAN**の構築において**チャネル**を**設定**する場合、隣接する二つのアクセスポイントに使用するチャネルの組合せとして適切なものは、周波数帯域が**重なり合わ**

［技術編］端末設備

☑ **ない離れた**チャネルである。

☑ 無線LANの構築において、IEEE 802.**11ac**規格の機器を用いると、電子レンジなどISMバンドを使用する機器からの**電波干渉を避ける**ことができる。

☑ 無線LAN規格のうち、5GHz帯を使用し、MIMOのストリーム数の増加などにより理論値としての最大伝送速度が6.9ギガビット／秒とされている規格は**IEEE 802.11ac**である。

☑ IEEE 802.11において標準化された無線LAN方式において、アクセスポイントにデータフレームを送信した無線LAN端末が、アクセスポイントからの**ACKフレーム**を受信した場合、一定時間待ち、他の無線端末から電波が出ていないことを確認してから次のデータフレームを送信する方式は、**CSMA/CA**方式といわれる。

☑ IEEE 802.11において標準化された**CSMA/CA**方式の無線LANでは、送信端末からの送信データが他の無線端末からの送信データと衝突しても、送信端末では衝突を検知することが困難であるため、送信端末は、アクセスポイント(AP)からの**ACK信号**を受信することにより、送信データが正常にAPに送信できたことを確認している。

☑ ネットワークインタフェースカード(NIC)に固有に割り当てられた**物理アドレス**は、一般に、**MACアドレス**といわれ、6バイトで構成される。

☑ ネットワークインタフェースカード(NIC)に固有に割り当てられた**物理アドレス**は、一般に、**MACアドレス**といわれ、6バイトで構成される。

☑ LANを構成する**レイヤ2スイッチ**は、受信したフレームの**送信元MACアドレス**を読み取り、アドレステーブルに登録されているかどうかを検索し、登録されていない場合はアドレステーブルに登録する。

☑ スイッチングハブのフレーム転送方式における**ストアアンドフォワード**方式は、有効フレームの先頭から**FCS**までを受信した後、異常がなければそのフレームを転送する。

☑ スイッチングハブのフレーム転送方式における**カットアンドスルー**方式は、有効フレームの先頭から**宛先アドレスの6バイト**までを受信した後、フレームが入力ポートで完全に受信される前に、フレームの転送を開始する。

☑ スイッチングハブのフレーム転送方式における**フラグメントフリー**方式は、有効フレームの先頭から**64バイトまで**読み取り、異常がなければ、そのフレームを転送する。

☑ **ルータ**は、OSI参照モデル(7階層モデル)における**ネットワーク層**が提供する機能を利用して、異なるLAN相互を接続することができる。

☑ LANを構成する機器である**ルータ**では、TCP/IPのプロトコル階層モデル(4階層

モデル）における**インターネット層**で用いられるルーティングテーブルが使われ、異なるLAN相互を接続することができる。

☑ ツイストペアケーブルを使用したイーサネットによるLANを構成する機器において、対向する機器との通信速度、**通信モード**（全二重／半二重）などについて適切な選択を**自動的**に行う機能は、一般に、**オートネゴシエーション**といわれる。

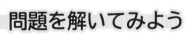

問題を解いてみよう

次の各設問について、（　　）内に入る最も適切なものを下の選択肢から選ぼう。

問 1　電気通信事業者が提供する専用型の ADSL サービス用として契約されているアクセス回線は、ADSL モデム（モデム機能のみの装置）の（　　）にルータなどを接続することにより、IP 電話サービスを利用することができる。

①LAN ポート　　②回線ポート　　③INIT スイッチ

問 2 ADSL スプリッタは受動回路素子で構成されており、アナログ電話サービスの音声信号などと ADSL サービスの（　　）信号とを分離・合成する機能を有している。

① CDM（Code Division Multiplex）
② DMT（Discrete Multi-Tone）
③ TDM（Time Division Multiplex）

問 3 アナログ電話回線を使用して ADSL 信号を送受信するための機器である ADSL モデムは、データ信号を変調・復調する機能を持ち、変調方式には（　　）方式が用いられている。

①スペクトラム拡散
② PSK
③ DMT

問 4 IP 電話のプロトコルとして用いられている SIP は、IETF の RFC3261 において標準化された（　　）プロトコルであり、IPv4 および IPv6 の両方で動作する。

①信号変換　　②呼制御　　③経路選択

問 5 IP 電話機を、IEEE 802.3u において標準化された 100BASE-TX の LAN 配線に接続するためには、一般に、非シールド撚り対線ケーブルの両端に（　　）を取り付けたコードが用いられる。

① RJ-40 といわれる 6 ピン・モジュラプラグ
② RJ-40 といわれる 8 ピン・モジュラプラグ
③ RJ-45 といわれる 6 ピン・モジュラプラグ
④ RJ-45 といわれる 8 ピン・モジュラプラグ

問6 IEEE 802.3at Type1 として標準化された PoE 機能を利用すると、100BASE-TX のイーサネットで使用している LAN 配線の信号対または予備対（空き対）の（　　）対を使って、PoE 機能を持つ IP 電話機に給電することができる。

① 1　　② 2　　③ 3

問7 IEEE 802.3at Type1 規格の PoE 機能を用いて、IP 電話機に給電する場合について述べた次の二つの記述は、（　　）。

A　給電側の機器（PSE）は、給電を開始する前に IP 電話機が IEEE 802.3at Type1 準拠の受電側の機器（PD）であることを検知し、PD でない場合は給電を開始しない。

B　100BASE-TX の LAN 配線の信号対または予備対（空き対）の 2 対を使って、PoE 機能により IP 電話機に給電することができる。

① A のみ正しい　　　② B のみ正しい
③ A も B も正しい　　④ A も B も正しくない

問8 IEEE 802.3at Type1 として標準化された（　　）機能を利用すると、100BASE-TX などのイーサネットで使用している LAN 配線の信号対または予備対（空き対）の 2 対を使って、（　　）機能を持つ IP 電話機に給電することができる。

① PPAP　　② PoE　　③ PPPoE

問9 IEEE 802.11 において標準化された無線 LAN について述べた次の二つの記述は、（　　）。

A　CSMA/CA 方式では、送信端末からの送信データが他の無線端末からの送信データと衝突しても、送信端末では衝突を検知することが困難であるため、送信端末は、アクセスポイント（AP）からの ACK 信号を受信することにより、送信データが正常に AP に送信できたことを確認する。

B　2.4GHz 帯および 5GHz 帯の無線 LAN は、ISM バンドとの干渉によるスループットの低下がない。

① A のみ正しい　　　② B のみ正しい

③ A も B も正しい　　④ A も B も正しくない

問10 LAN を構成するレイヤ2スイッチは、受信したフレームの（　　）を読み取り、アドレステーブルに登録されているかどうかを検索し、登録されていない場合はアドレステーブルに登録する。

①宛先 MAC アドレス

②送信元 IP アドレス

③送信元 MAC アドレス

問1　正解：①

解説

　電気通信事業者が提供する専用型の ADSL サービス用として契約されているアクセス回線は、ADSL モデム（モデム機能のみの装置）の（**LAN ポート**）にルータなどを接続することにより、IP 電話サービスを利用することができます。

問2　正解：②

解説

　ADSL スプリッタは受動回路素子で構成されており、アナログ電話サービスの音声信号などと ADSL サービスの（**DMT**）信号とを分離・合成する機能を有しています。

問3　正解：③

解説

　ADSL モデムは、アナログ電話回線を通じて高速なインターネット接続を実現する装置で、データの送受信を行う際に信号の変調・復調を担当します。ADSL モデムの変調方式として、DMT 方式が主に用いられています。
（**DMT**）方式とは、送信帯域を多数の小さな周波数帯（サブキャリア）に分割し、各サブキャリアで個別にデータを送受信する方式です。ノイズや干渉に対して強く、また各サブキャリアの送信速度を独立して調整することができるため、線路の状況に最適化した伝送が可能になります。これらの特性が、ADSL が電話回線を通じて高速なデータ通信を実現するための重要な要素となっています。

問4　正解：②

解説

　IP 電話のプロトコルとして用いられている SIP は、IETF の RFC3261 において標準化された（**呼制御**）プロトコルであり、IPv4 および IPv6 の両方で動作します。

問5　正解：④

解説

　IP 電話機を、IEEE 802.3u において標準化された 100BASE-TX の LAN 配線に接続するためには、一般に、非シールド撚り対線ケーブルの両端に（**RJ-45 といわれる 8 ピン・モジュラプラグ**）を取り付けたコードが用いられます。

問6　正解：②

解説

　IEEE 802.3at Type1 として標準化された PoE 機能を利用すると、100BASE-TX のイーサネットで使用している LAN 配線の信号対または予備対（空き対）の（**2**）対を使って、PoE 機能を持つ IP 電話機に給電することができます。

問7　正解：③

解説

A：給電側の機器（PSE）は、**給電を開始する前**に IP 電話機が IEEE 802.3at Type1 準拠の受電側の機器**（PD）であることを検知**し、PD でない場合は給電を開始しません。

B：**100BASE-TX** の LAN 配線の信号対または予備対（空き対）の**2 対**を使って、**PoE** 機能により IP 電話機に給電することができます。

問8　正解：②

解説

　IEEE 802.3at Type1 として標準化された（**PoE**）機能を利用すると、100BASE-TX などのイーサネットで使用している LAN 配線の信号対または予備対（空き対）の 2 対を使って、（**PoE**）機能を持つ IP 電話機に給電することができます。

問9　正解：①

解説

A：**CSMA/CA 方式**では、送信端末からの送信データが他の無線端末からの送信データと衝突しても、送信端末では衝突を検知することが困難であるため、送

信端末は、アクセスポイント（AP）からの **ACK 信号**を受信することにより、送信データが正常に AP に送信できたことを確認します。

B：**2.4GHz 帯**の無線 LAN は、**ISM バンド**を使用しているため、ISM バンドを使用した他の機器との干渉によるスループットの低下が懸念されます。

問10 正解：③

解説

LAN を構成するレイヤ 2 スイッチは、受信したフレームの（**送信元 MAC アドレス**）を読み取り、アドレステーブルに登録されているかどうかを検索し、登録されていない場合はアドレステーブルに登録します。

6

［技術編］端末設備

MEMO

第7章

[技術編]
ネットワーク技術

伝送方式、伝送技術

このテーマでは、OSI参照モデル、伝送路符号形式、伝送制御手順、光アクセス網の構成、GE-PONについて学びます。

- 「OSI参照モデル」では、第1層から第7層まで7階層ありますが、試験によく出るのは第1層から第3層までです。試験対策上は、その部分に注力して、他の層は軽く流す程度で済ませておきましょう。

- 「伝送路符号」に関して試験によく出るのは、NRZI、マンチェスタ、MLT-3です。

- 「メタリックアクセス技術」に関しては、xDSLとありますが、主にADSLとVDSLから出題されています。

1　OSI参照モデル

OSI (Open Systems Interconnection) 参照モデルとは、コンピュータなどの通信機器の通信機能を、階層構造に分割したモデルです。

通信プロトコルの体系を七つの層（レイヤ）に分けて標準化しています。

- 本テーマで取り上げる内容は、「技術」科目の大問1や大問2などで出題されており、例年4〜6問（20〜30点分）がこのテーマから出題されています。いうまでもなく、合否を分ける重要な単元です。

- 新傾向の問題が出題されやすい単元ではありますが、過去問からの出題が大半を占めています。そのため、過去問に関しては確実に押さえておく必要があります。伝送方式や伝送技術の分野では、横文字の用語が数多く登場します。これらの用語を効率的に覚えるために、「AときたらB」表を活用し、キーワードのつながりを意識して学習していきましょう。

- 過去問題を十分に練習し、横文字の用語に慣れ親しむことで、試験で高得点を獲得するための土台を築くことができます。

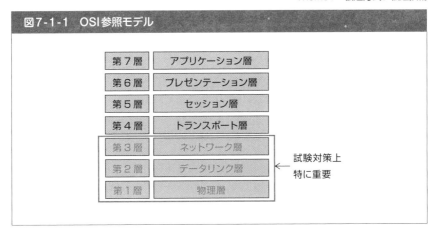

図7-1-1　OSI参照モデル

第7層	アプリケーション層
第6層	プレゼンテーション層
第5層	セッション層
第4層	トランスポート層
第3層	ネットワーク層
第2層	データリンク層
第1層	物理層

試験対策上
特に重要

　7階層のうち試験でよく問われるのは、レイヤ1〜レイヤ3までです。

■1　レイヤ1（第1層）

　伝送媒体上でビット転送を行うためのコネクションを確立し、維持し、解放する機械的、電気的、機能的および手続き的な手段を提供する層。**物理層**ともいわれます。

　電気的条件、**機械的条件**を規定するところ、と覚えておきましょう。

■2　レイヤ2（第2層）

　ネットワークエンティティ間で、一般に**隣接ノード間**のデータを転送するためのサービスを提供する層。**データリンク層**ともいわれます。

　フレームの構成や、同一ネットワーク間での**データ伝送**の実現について規定するところ、と理解しておきましょう。

　また、一つのフレームで送信可能なデータの最大長のことを**MTU**（Maximum Transmission Unit）といいます。イーサネットフレームの**MTU**の標準は1,500バイトになっています。

■3　レイヤ3（第3層）

　通信相手にデータを届けるための**経路選択**および交換を行うことによって、データのブロックを転送するための手段を提供する層。**ネットワーク層**ともいわれます。

　異なるネットワーク上にある端末どうしでも通信できるように、端末のアドレス付けや中継装置も含めた端末相互間の経路選択などを行うところ、と覚えておきましょう。

データ信号を伝送するために、伝送路の特性に合わせた形に変換する必要があり、これを符号化といいます。代表的なものは次の五つです。

図7-1-2　符号化方式と波形

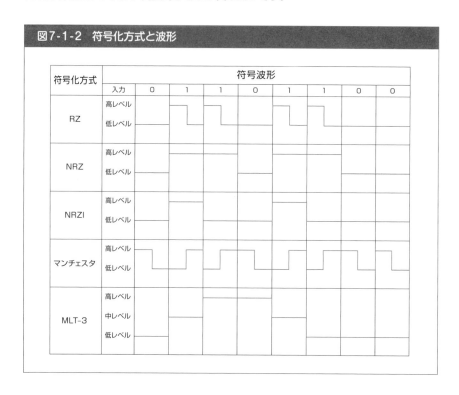

■1　RZ方式

符号化方式	符号波形								
	入力	0	1	1	0	1	1	0	0
RZ	高レベル 低レベル								

RZ（Return to Zero）は、変化の中で電位が必ずゼロ点に戻る方式です。

必ずゼロ点に戻るため、タイミングがとりやすいという利点があります。

ただし、高調波成分が多く、伝送帯域幅が広くなるデメリットがあります。

試験に出題される可能性は低いと思いますが、RZ方式を理解しておくと、他の方式（NRZなど）がわかりやすくなります。

■2　NRZ方式

符号化方式		符号波形							
	入力	0	1	1	0	1	1	0	0
NRZ	高レベル								
	低レベル								

　NRZ (Non-Return to Zero) は、先ほどのRZとは異なり、変化の中で電位がゼロ点には戻りません。

　NRZ方式では、データが1のときに高レベル、0のときに低レベルとなります。

■3　NRZI方式

符号化方式		符号波形							
	入力	0	1	1	0	1	1	0	0
NRZI	高レベル								
	低レベル								

　NRZI (Non-Return to Zero Inversion) は、次のデータが1のとき、信号が高レベルと低レベル間で反転します。

　入力が0のときは変化しません（直前のレベルを維持します）。

■4　マンチェスタ (Manchester) 符号

符号化方式		符号波形							
	入力	0	1	1	0	1	1	0	0
マンチェスタ	高レベル								
	低レベル								

　マンチェスタ (Manchester) 符号は、信号の変化が各ビットの中央で起こります。

　データ入力が1のときはビット中央で低レベルから高レベルに変化し、データ入力が0のときは高レベルから低レベルに変化します。

　英語表記 (Manchester) で聞かれることもあるので、注意しておきましょう。

符号化方式	符号波形								
	入力	0	1	1	0	1	1	0	0
MLT-3	高レベル								
	中レベル								
	低レベル								

　MLT-3 (Multi Level Trasmit-3 Levels) 符号は、三つのレベル値を変化させる方式です。単純に、「三つのレベル値が出てきたらMLT-3」と覚えておきましょう。

3　伝送制御手順

　データ伝送を行うための一連の手続きを伝送制御手順といいます。
　試験では、**HDLC**というプロトコルがよく出題されています。

■1　HDLCの概要

　HDLC (High level Data Link Control) では、文字だけでなく画像やプログラムなどの任意のビットパターンの伝送が可能です。
　HDLCでは、情報は**フレーム**単位で転送されます。
　また、誤り検出に**CRC** (Cyclic Redundancy Check) 方式を用いており、信頼性が高いものになっています。

■2　HDLC手順とフラグシーケンス

　HDLC手順については、次の2点が頻出事項となっています。

❶HDLC手順では、フレーム同期をとりながら**データの透過性**を確保するために、受信側において、開始フラグシーケンスを受信後に<u>5</u>個連続したビットが1のとき、その直後のビットの0は無条件に除去される。

❷信号の受信側においてフレームの開始位置を判断するための開始フラグシーケンスは、**01111110**のビットパターンである。

4　ブロードバンドアクセス技術

■1　メタリックアクセス技術

導体として銅などの金属を用いているものを、メタリックケーブルといいます。

このメタリックケーブルを使用してデータ伝送を行うものを総称して、メタリックアクセスといいます。

ADSLやVDSLなどいくつかの規格があり、これらを総称してxDSLと呼びます。

試験対策として、次の内容を覚えておきましょう。

❶アナログ電話用の平衡対メタリックケーブルを使用してデータ信号を伝送するブロードバンドサービスのADSLは、電気通信事業者側に設置された**DSLAM**装置などとユーザ側に設置された**ADSLモデム**を用いてサービスを提供している。

❷メタリックケーブルを用いたアクセス回線において、幹線ケーブルの心線と分岐ケーブルの心線がマルチ接続され、幹線ケーブルの心線が下部側に延長されている箇所は、**ブリッジタップ**といわれ、電話共用型ADSLサービスにおいては、伝送品質を低下させる要因となる。

❸ADSL伝送方式において、メタリックケーブル上に**ブリッジタップ**がある場合、伝送速度の低下要因になることがある。

❹ユーザ宅内のテレビやPCモニタなどから発生する**雑音信号**は、屋内配線ケーブルを通るxDSL信号に悪影響を与え、伝送速度の低下要因になることがある。

■2　光アクセス技術

①FTTH

光ファイバを利用するアクセス方式を総称して、FTTxといいます。

「x」の部分で、どこまで光ファイバが敷設されているかを表します。

ビルまで敷設する「FTTB」や、電柱まで敷設する「FTTC」がありますが、代表的なものはユーザ宅まで敷設する「**FTTH**(Fiber To The Home)」です。

7

［技術編］ネットワーク技術

175

②光アクセスネットワークの方式

光アクセスネットワーク構成において、電気通信事業者側の装置は、光回線終端盤 (**OSU**) または**光回線終端装置** (**OLT**) と呼ばれます。複数のOSU (Optical Subscriber Unit) をまとめて一つの装置に収容したものがOLT (Optical Line Terminal)です。ここでは、電気信号から光信号への変換、信号の多重化などを行います。

また、ユーザ側に設置する装置を光回線網装置 (**ONU**) と呼び、光ファイバとLANとの相互変換を行います。

OSUまたはOLTとONUとの間の接続には、1対1で接続する**SS**(Single Star)方式と、1対nで接続する**DS**(Double Star)方式があります。

SS方式は、電気通信事業者側の設備とユーザ側の設備の間において1心の光ファイバを1ユーザが専有する構成を採る方式です。ユーザ側には、光信号を電気信号に、電気信号を光信号に変換する**メディアコンバータ**などが設置されます (図7-1-3中の「MC」はメディアコンバータの略称です)。

DS方式は、回線の分岐の仕方でさらにADSとPDSに分かれます。

試験では、**PDS** (Passive Double Star) 方式を覚えておきましょう。

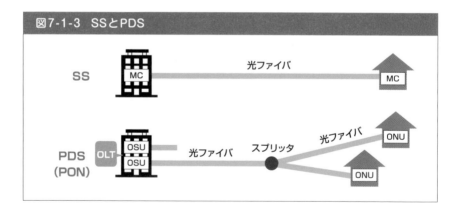

図7-1-3　SSとPDS

③PDSの構成とPON

光アクセスネットワークの設備構成のうち、電気通信事業者から配線された光ファイバの1心を**光スプリッタ**で分岐し、個々のユーザにドロップ光ファイバケーブルで配線する方式は、PDSといわれます。

PDS方式は、一般に**PON** (Passive Optical Network) と呼ばれます。

PONの技術にもいくつか種類がありますが、試験対策上重要なのはGE-PONです。

■3　GE-PON

　ギガビットイーサネットにおけるイーサネットフレームで転送を行う方式を**GE-PON**(Gigabit Ethernet-Passive Optical Network)といいます。

❶GE-PONによるインターネット接続は、1心の光ファイバを分岐することにより、ユーザ側の複数の光加入者網装置(ONU)を、電気通信事業者側の1台の**光信号終端装置(OLT)**に収容してサービスが提供されている。

❷GE-PONシステムは、電気通信事業者からの1心の光ファイバを分岐してユーザ宅に配線する構成をとっており、光ファイバをユーザ宅まで引き込む**FTTH**を実現している。

❸GE-PONシステムでは、上り／下りともに最速で**毎秒1ギガビット**の双方向通信が可能である。

❹GE-PONは、OLTとONU間において光／電気変換を行わず、**受動素子**である光スプリッタを用いて光信号を複数に分岐することにより、光ファイバ1心を複数ユーザで共有する方式である。

❺OLTは、ONUがネットワークに接続されるとそのONUを自動的に発見し、通信リンクを**自動で確立**する機能を有している。この機能をP2MPディスカバリという。

❻OLTからの下り信号は、放送形式で配下の全ONUに到達する。下り信号の**プリアンブル(PA)**部には、送信相手の識別子(LLID)が埋め込まれている。各ONUは、受信したフレームが自分宛であるかどうかを識別子から判断し、取捨選択を行う。

❼ONUからの上り信号は、他のONUからの上り信号と衝突しないように、OLTがあらかじめ各ONUに対して、異なる時間を割り当てている(上り帯域制御)。

■4　PONとVDSL技術との併用

　電気通信事業者のビルから集合住宅のMDF室などまでの区間には光ファイバケーブルを使用し、MDF室などから各戸までの区間には**VDSL**方式を適用して既設の電話用配線を利用する方法があります(ここでMDFとは、ビル全体の配線を収容する主配線パネルのこと)。

■5　CATVインターネット技術

CATVとは、俗にいう「ケーブルテレビ」のことを指します。

「CATVセンタとユーザ宅間の映像配信用ネットワークの一部に同軸伝送路を使用しているネットワーク」を利用したインターネット接続サービスにおいて、ネットワークに接続するための機器として、ユーザ宅内には一般に**ケーブルモデム**が設置されます。

CATVのネットワーク形態のうち、**ヘッドエンド設備**からユーザ宅までの伝送路の構成として「光ファイバケーブルと**同軸ケーブル**を組み合わせた形態」をとる方式は、**HFC**といわれます。

■6　ホームゲートウェイ

ホームゲートウェイとは、家庭内のインターネット接続を担うデバイスで、通常はインターネットサービスプロバイダ (ISP) から提供されます。ホームゲートウェイは、インターネットと家庭内のデバイス(パソコン、スマートフォン、タブレットなど)を接続する役割を果たし、インターネット接続を共有することができます。

ホームゲートウェイには、ルータ機能が内蔵されており、ネットワーク上でデータパケットの送受信を行います。ただし、ルータとホームゲートウェイには、いくつかの違いがあります。ルータは、主にデータパケットの転送を行うデバイスであり、異なるネットワーク間で通信を可能にします。一方、ホームゲートウェイは、ルータ機能に加えて、ファイアウォールや無線LANアクセスポイントなどの機能も備えているのが一般的です。また、光電話サービスを利用する際にも、ホームゲートウェイが重要な役割を果たします。光電話は、インターネット回線を使って音声通話を行うサービスです。ホームゲートウェイは、電話機とインターネット回線を接続し、音声データをIPパケットに変換して送受信することで、光電話サービスを実現します。

以上のように、ホームゲートウェイは、家庭内のインターネット接続や光電話サービスの実現において、重要な役割を果たしています。本テーマ末尾の「過去問トレーニング」でも取り上げているので、確認しておきましょう。

5　IoT、無線PANなど

　IoT (Internet of Things) は、様々なデバイスがインターネットに接続され、データの収集や交換、処理を行い、効率的でスマートなシステムを実現する概念です。これに対して、無線PAN (Personal Area Network) は、個人の周囲の限定された範囲内 (通常、数メートルから数十メートルの範囲) でデバイス間の通信を行う無線通信ネットワークです。

　IoTと無線PANの関連性は、「無線通信技術を使ってIoTデバイスを接続・制御する」ことにあります。無線PANの技術にはBluetoothやZigBee、Z-Waveなどがあり、これらの技術はIoTデバイスの通信にも活用されています。

　例えば、スマートホーム対応の照明やエアコンなどの家電製品をIoTデバイスとして使用する場合、無線PAN技術を用いてデバイス間の通信が行われます。これにより、遠隔操作や自動制御が可能になります。

　無線PAN技術を適切に設計・実装することで、IoTシステムの安定性や効率性を向上させることができます。また、セキュリティやプライバシーの対策も重要な課題となるため、IoTデバイスが使用する無線PAN技術について理解しておくことが重要です。「過去問トレーニング」でも取り上げているので、確認しておきましょう。

7

[技術編] ネットワーク技術

	A	B
表7-1-1　AときたらB：試験のキーワードと反射的な答え		
	A	B
☑	物理層	電気的条件、機械的条件
☑	電気的条件、機械的条件	物理層
☑	レイヤ2　データの最大長	MTU
☑	OSI　ネットワーク層	端末相互間の経路選択
☑	HDLC　フレーム同期	データの透過性を確保
☑	HDLC　○個連続したビットが1	5個
☑	5個連続したビットが1	直後のビット0は除去
☑	開始フラグシーケンス	1111110
☑	ブロードバンド　DSLAM	ADSLモデム
☑	ブロードバンド　ADSLモデム	DSLAM
☑	ADSL　低下	ブリッジタップ
☑	光ファイバ　ユーザ宅に設置	ONU
☑	1心　専有	SS
☑	光スプリッタ　分岐	PDS
☑	GE-PON　ユーザ宅まで	FTTH
☑	GE-PON　最大伝送速度	毎秒1ギガビット
☑	GE-PON　光スプリッタ	受動素子
☑	GE-PON　受動素子	光スプリッタ
☑	OLT　ONU	自動で確立
☑	OLT　下り方向　フレーム	プリアンブル
☑	OLT　下り信号　放送形式	全ONUに到達
☑	光アクセスネットワーク　MDFから各戸	VDSL
☑	CATV　ユーザ宅内	ケーブルモデム
☑	CATV　光ファイバと同軸	HFC
☑	光アクセス　ユーザ宅内　変換機	ホームゲートウェイ
☑	IoT　ZigBee　Bluetooth	無線PAN
☑	無線PAN　ISMバンド	Bluetooth

※伝送路符号形式はキーワードではなく波形で読み解くため、この表では割愛しています。

過去問トレーニング

　以下、過去問を参考にＡ（重要キーワード）の部分を黒太字、Ｂ（設問の答え）を下線付きの赤字で示しています。

☑ OSI参照モデル（7階層モデル）の第1層である**物理層**は、端末が送受信する信号レベルなどの**電気的条件**、コネクタ形状などの**機械的条件**を規定している。

☑ OSI参照モデル（7階層モデル）において、端末が送受信する信号レベルなどの**電気的条件**、コネクタ形状などの**機械的条件**を規定しているのは<u>物理層</u>といわれる。

☑ OSI参照モデル（7階層モデル）の**レイヤ2**において、一つのフレームで送信可能な**データの最大長**は<u>MTU</u>といわれ、イーサネットフレームの標準は、1,500バイトである。

☑ OSI参照モデル（7階層モデル）の第3層である**ネットワーク層**は、異なる通信媒体上にある端末どうしでも通信できるように、端末のアドレス付けや中継装置も含めた**端末相互間の経路選択**などの機能を規定している。

☑ **HDLC**手順では、**フレーム同期**をとりながら**データの透過性を確保**するために、受信側において、開始フラグシーケンスを受信後に、5個連続したビットが1のとき、その直後のビットの0は無条件に除去される。

☑ **HDLC**手順では、フレーム同期をとりながらデータの透過性を確保するために、受信側において、開始フラグシーケンスを受信後に、**5個連続したビットが1の**とき、その直後のビットの0は無条件に除去される。

☑ HDLC手順では、フレーム同期をとりながらデータの透過性を確保するために、受信側において、開始フラグシーケンスを受信後に、**5個連続したビットが1のとき**、その**直後のビットの0**は無条件に除去される。

☑ HDLC手順におけるフレーム同期では、受信側において、フレームの開始位置を判断するための**開始フラグシーケンス**は、<u>01111110</u>のビットパターンである。

☑ アクセス回線としてアナログ電話用の平衡対メタリックケーブルを使用して、数百キロビット／秒から数十メガビット／秒のデータ信号を伝送する**ブロードバンド**サービスは、電気通信事業者側に設置された**DSLAM**（Digital Subscriber Line Access Multiplexer）装置とユーザ側に設置された**ADSLモデム**を用いてサービスを提供している。

☑ アクセス回線としてアナログ電話用の平衡対メタリックケーブルを使用して、数百キロビット／秒から数十メガビット／秒のデータ信号を伝送する**ブロードバンド**サービスは、電気通信事業者側に設置された<u>DSLAM</u>装置とユーザ側に設置された**ADSLモデム**を用いてサービスを提供している。

☑ メタリックケーブルを用いたアクセス回線において、幹線ケーブルの心線から分岐して分岐先に何も接続されていない開放状態となっている**ブリッジタップ**があると、ADSL信号のひずみと減衰が大きくなり、リンクが確立しなかったりスループットが**低下**したりすることがある。

☑ アクセス回線に光ファイバを用いたブロードバンドサービスでは、ユーザ宅側に設置される<u>ONU</u>と電気通信事業者側の光加入者線終端装置などを用いてサービスが提供されている。

☑ 光アクセスネットワークの設備形態のうち、電気通信事業者側の設備とユーザ側に設置されたメディアコンバータなどとの間で、**1心**の光ファイバを1ユーザが**専有**する形態をとる方式は、**SS**方式といわれる。

☑ 光アクセスネットワークの設備構成のうち、電気通信事業者のビルから配線された光ファイバの1心を**光スプリッタ**を用いて**分岐**し、個々のユーザにドロップ光ファイバケーブルで配線する構成をとる方式は、<u>PDS</u>方式といわれる。

☑ GE-PONシステムは、電気通信事業者からの1心の光ファイバを分岐してユーザ宅に配線するアクセスネットワークの構成をとっており、光ファイバを**ユーザ宅まで**引き込む形態である<u>FTTH</u> (Fiber To The Home) を実現している。

☑ GE-PONでは、光ファイバ回線を光スプリッタで分岐し、OLT～ONU相互間を上り／下りともに**最大の伝送速度**として**毎秒1ギガビット**で双方向通信を行うことが可能である。

☑ GE-PONシステムは、OLTとONUの間において、光信号を光信号のまま分岐する**受動素子**で構成される**光スプリッタ**を用いて、光ファイバの1心を複数のユーザで共用する。

☑ GE-PONシステムは、OLTとONUの間において、光信号を光信号のまま分岐する**受動素子**で構成される**光スプリッタ**を用いて、光ファイバの1心を複数のユーザで共用する。

☑ **OLT**は、**ONU**がネットワークに接続されるとそのONUを自動的に発見し、通信リンクを**自動で確立する**機能を有している。

☑ GE-PONにおいて、**OLT**からの**下り方向**の通信では、OLTは、どのONUに送信する**フレーム**かを判別し、送信するフレームの**プリアンブル**に送信先のONU用の識別子を埋め込んだものをネットワークに送出する。

☑ GE-PONにおいて、**OLT**からの**下り信号**は、**放送形式**で配下の**全ONUに到達**するため、各ONUは受信したフレームが自分宛であるかどうかを判断し、取捨選択を行う。

☑ **光アクセスネットワーク**には、電気通信事業者のビルから集合住宅のMDF室までの区間には光ファイバケーブルを使用し、**MDF**室から**各戸**までの区間には**VDSL**方式を適用して既設の電話用配線を利用する方法がある。

☑ **CATV**センタとユーザ宅間の映像配信用ネットワークの一部に同軸伝送路を使用しているネットワークを利用したインターネット接続サービスにおいて、ネットワークに接続するための機器として**ユーザ宅内**には、一般に、**ケーブルモデム**が設置される。

☑ **CATV**のネットワーク形態のうち、ヘッドエンド設備からユーザ宅までの伝送路の構成として、**光ファイバ**ケーブルと**同軸**ケーブルを組み合わせた形態をとる方式は、**HFC**といわれる。

☑ 電気通信事業者の**光アクセス**ネットワークとそれに接続されるユーザのLANとの間において、**ユーザ宅内**に設置され、宅内機器のアドレス**変換**、ルーティング、プロトコル変換などの**機能**を有する装置は、一般に、**ホームゲートウェイ**といわれる。

☑ **IoT**を実現するデバイスなどとの通信に使用される**ZigBee**、**Bluetooth**などの無線通信技術は、一般に、総称して**無線PAN**といわれ、IEEE 802.15シリーズとして標準化された規格に基づいている。

☑ パーソナルコンピュータ本体とワイヤレスマウスとの間、ゲーム機本体とリモコンとの間などに使用される**無線PAN**の規格であり、**ISM**バンドを使用し、無線伝送距離が10メートル程度である規格は、一般に、**Bluetooth**といわれる。

● 「OSI参照モデルの7階層」を覚えるためのゴロ合わせとして、各レイヤの頭文字をとり「アプセトネデブ」と暗記する方法があります（アプリケーション層、プレゼンテーション層、セッション層、トランスポート層、ネットワーク層、データリンク層、物理層）。

● ゴロ自体に特に意味はありませんが、口に出して復唱すると、頭に残りやすくなります。

● その他、よくあるひっかけ問題として、「GE-PON」において「毎秒10ギガビット」という記述が出されますが、正しくは「毎秒1ギガビット」です。

IPネットワーク技術

このテーマでは、TCP/IP、NAPT、DHCP、IPv6、ICMPv6、および Windowsの各コマンドについて学びます。

重要度：★★★

● 先ほどのテーマではOSI参照モデルを学びましたが、ここではTCP/IPの プロトコル階層モデルについて学びます。

● 試験では、これら二つのモデルの対応が出題されます。掲載した図表などで 両者の関係を把握し、確実に覚えておきましょう。

● その他、IPv6絡みでは、あまり細部には立ち入らず、試験に出た範囲だ けを覚えるようにしましょう。

1　TCP/IPのプロトコル階層モデル

IPネットワークで使用されているTCP/IPのプロトコル階層モデルは、4層（**アプリケーション層**、**トランスポート層**、**インターネット層**、**ネットワークインタフェース層**）から構成されています。

● このテーマは主に大問2〜4で出題され、例年2〜4問（10〜20点分）が出 題されることが多いです。出題のバラツキはあるものの、重要な単元であるこ とは間違いありません。

● OSI参照モデルとTCP/IPモデルの対応は、苦手な受験生が多いですが、しっ かりと理解して覚えてしまえば、試験で大きな力となります。本書で取り上げ た範囲内でよいので、対応関係を反射的に答えられるよう（まさに"パブロフ化" された状態になるよう）トレーニングしましょう。

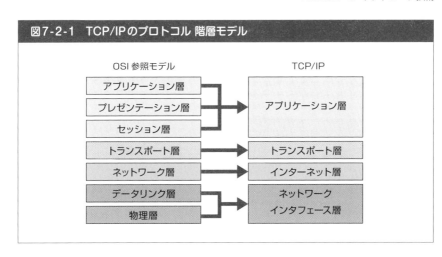

図7-2-1　TCP/IPのプロトコル 階層モデル

　TCP/IPモデルについて、OSI参照モデルとの対応も含めて試験での頻出単元になっています。

　階層構造を覚えたうえで、対応関係、対応機器などについても出題されています。

　丸暗記が大変なところですから、ゴロ合わせなど"あの手この手"で、覚えられる工夫をしていきたいと思います。

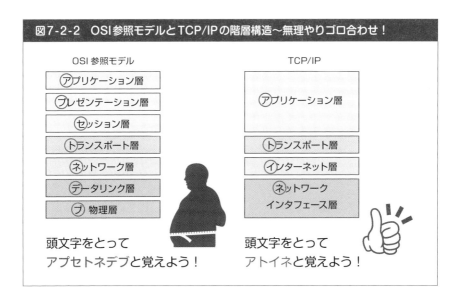

図7-2-2　OSI参照モデルとTCP/IPの階層構造～無理やりゴロ合わせ！

次に、各階層の対応関係を覚えます。ぶっちゃけ、アプリケーション層とトランスポート層はほとんど同じですし、試験ではあまり出ません。問題はネットワーク層以下のところです。似た名称が並ぶので混乱しがちです。ここも無理やりゴロ合わせの力技で乗り切りたいと思います。

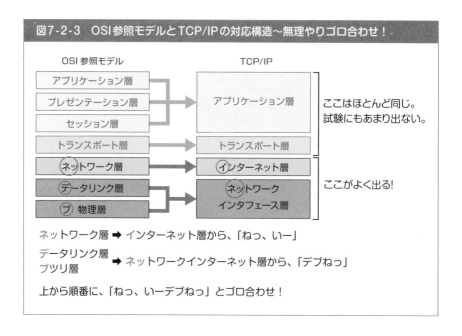

図7-2-3　OSI参照モデルとTCP/IPの対応構造〜無理やりゴロ合わせ！

ネットワーク層 ➡ インターネット層から、「ねっ、いー」
データリンク層
ブツリ層 ➡ ネットワークインターネット層から、「デブねっ」

上から順番に、「ねっ、いーデブねっ」とゴロ合わせ！

　ここまで覚えて余力があれば、対応機器、プロトコルについても確認しておきましょう。

表7-2-1　各階層構造と対応機器、プロトコル

OSI参照モデル	TCP/IP	接続機器例	プロトコル例
アプリケーション層	アプリケーション層	ゲートウェイ	HTTP、SMTP
プレゼンテーション層			
セッション層			
トランスポート層	トランスポート層		TCP、UDP
ネットワーク層	インターネット層	ルータ	IP
データリンク層	ネットワークインタフェース層	ブリッジ	Ethernet、PPP
物理層		リピータ	

　試験対策上は「ルータ」が重要ですので暗記しましょう。左から順に「ネイル」とゴロ合わせするのもOKです。他の部分は、それ自体が試験に直接出るわけではありませんが、全体の理解に役立つところですので確認しておきましょう。

　記憶の定着には、「繰り返し思い出す」トレーニングが効果的です。それぞれの層（レイヤ）について、次のQ＆Aエクササイズにチャレンジしてみてください。

■1　レッツ、レイヤ、エクササイズ！

Q1：OSIの物理層、TCP/IPでは何？➡**ネットワークインタフェース**層

Q2：OSIのデータリンク層、TCP/IPでは何？➡**ネットワークインタフェース**層

Q3：OSIのネットワーク層、TCP/IPでは何？➡**インターネット**層

Q4：TCP/IPにて、ネットワークインタフェース層の直近上位は何？➡**インターネット**層

Q5：TCP/IPにて、インターネット層の直近上位は何？➡**トランスポート**層

Q6：ルータはOSIでは何層で使う？➡**ネットワーク**層

Q7：ルータはTCP/IPでは何層で使う？➡**インターネット**層

2　IPv6

　IPアドレスには、IPv4とIPv6があります。

　もともとインターネットはIPv4で運用されていましたが、IPアドレスの数が枯渇したため、桁違いに多くのアドレスが使えるIPv6が誕生しました。IPv6に移行すればアドレス枯渇の問題は解決するため、普及が待たれますが、コスト面の問題などから普及に時間がかかっています。

■1　IPv6アドレスの表記

　IPv6アドレスの表記では、**128ビット**を**16ビットごとに8ブロック**に分け、各ブロックを**16進数**で表示し、各ブロックは**コロン（：）**で区切ります。

■2　マルチキャストアドレスなど

IPv6のマルチキャストアドレスは、対グループの通信で使われるアドレスです。グループ内のすべての端末が受信します。

マルチキャストアドレスは、128ビット列のうちの上位8ビットを2進数で表示したとき、**11111111**となるアドレスです。

ほかにも、1対1の通信を行うためのユニキャストアドレス、複数の端末からなるグループの中で最も近い端末だけに着信させるエニーキャストアドレスなどがあります。

■3　ICMPv6

ICMPv6 (Internet Control Message Protocol for IPv6) は、IPv6で使用されるICMPプロトコルのことです。IPv6に不可欠なプロトコルとして、すべてのIPv6ノードに**完全に実装**されなければならないとされています。

ICMPv6のICMPv6メッセージには、大きく分けて**エラーメッセージ**と**情報メッセージ**の2種類があります。

ICMPv6メッセージのうち、**エラーメッセージ**に分類されるものに**パケット過大**メッセージがあります。また、**情報メッセージ**に分類されるものに**近隣探索**メッセージがあります。

3　その他の重要単元（IP関連技術）

■1　NAPT（IPマスカレード）とNAT

プライベートIPアドレスをグローバルIPアドレスに変換する際に、ポート番号も変換することにより、一つのグローバルIPアドレスに対して複数のプライベートIPアドレスを割り当てる機能は、一般に、**NAPT** (Network Address Port Translation) または**IPマスカレード**といわれます。

なお、ポート番号を用いずに、IPアドレスだけを用いる方法は、**NAT** (Network Address Translation) といわれます。

■2　DHCP

IPアドレスを管理し、端末起動時にIPアドレスを自動的に割り当てるプロトコルをDHCP (Dynamic Host Configuration Protocol) といいます。

また、この機能を持つサーバをDHCPサーバといいます。

ADSL回線を利用してインターネットに接続されるPCなどの端末は、**ADSLモデム**などの**DHCPサーバ**機能が有効な場合は、起動時にDHCPサーバ機能にアクセスして**IPアドレス**を取得するため、端末個々にIPアドレスを設定しなくてもよいとされています。

■3　IPv4のアドレス指定方法

先ほどIPv6のマルチキャストアドレスなどに触れましたが、IPv4にもアドレス指定方法としてユニキャスト、マルチキャスト、ブロードキャストなどがあります。これらのアドレス指定方法は、データ送信先を特定する方法であり、試験においても重要なポイントです。

ユニキャストのユニ (uni) は「単一」を意味し、**1対1の通信**を行う際に使用されるアドレス指定方法です。送信元から特定の一つの受信先へデータを送る場合に、ユニキャストが用いられます。

マルチキャストのマルチ (multi) は「多数」を意味し、**1対多**の通信を行う際に使用されるアドレス指定方法です。送信元から特定のグループ内の複数の受信先へデータを送る場合に、マルチキャストが用いられます。過去の試験問題では、「特定のグループ」というキーワードとともに出題されているので、この点にご注意ください。

ブロードキャストは「放送」を意味し、**1対全**の通信を行う際に使用されるアドレス指定方法です。送信元から同一ネットワーク内のすべてのホストへデータを送る場合に、ブロードキャストが用いられます。過去の試験問題では、「すべてのホストへ向けて」というキーワードとともに出題されているので、こちらも覚えておきましょう。

4　Windowsコマンド

Windowsのコマンドプロンプトから入力されるコマンドは多数ありますが、過去に出題された「show route」「tracert」「ping」について確認していきます。

■1　show route

IPv6ノードの経路情報については、Windowsのコマンドプロンプトにより、netshコンテキストからinterface IPv6コンテキストの**show route**コマンドを用いて表示させることができます。

■2 tracert

IPv4ネットワークにおいて、IPv4パケットなどの転送データが特定のホストコンピュータへ到達するまでに、どのような経路を通るのか調べるために用いられる**tracert**コマンドは、**ICMPメッセージ**を用いる基本的なコマンドの一つです。

■3 ping

pingコマンドは、調べたいPCのIPアドレスを指定することにより、**ICMPメッセージ**を用いて初期設定値の**32バイト**のデータを送信し、PCからの返信により接続の正常性を確認することができます。

表7-2-2　AときたらB：試験のキーワードと反射的な答え		
	A	B
☑	TCP/IP OSI　データリンク層・物理層	**ネットワークインタフェース層**
☑	TCP/IP ネットワークインタフェース層の直近上位	**インターネット層**
☑	TCP/IP　OSI　ネットワーク層	**インターネット層**
☑	ルータ　TCP/IP	**インターネット層**
☑	TCP/IP インターネット層の直近上位	**トランスポート層**
☑	IPv6　128ビット	**16ビットずつ8ブロック**
☑	ICMPv6　IPv6ノード	**完全に実装**
☑	ICMPv6　情報メッセージ	**エラーメッセージ**
☑	エラーメッセージ　情報メッセージ	**ICMPv6**
☑	ICMPv6　エラーメッセージ	**パケット過大**
☑	IPアドレス　相互変換	**NAT**
☑	ADSL　IPアドレス	**DHCP**
☑	IPv4　すべてのホストに向けて	**ブロードキャスト**
☑	IPv4　特定のグループ	**マルチキャスト**
☑	tracertコマンド	**ICMPメッセージ**
☑	pingコマンド　PCの	**IPアドレス**
☑	pingコマンド　メッセージ	**ICMP**
☑	pingコマンド　初期設定値	**32バイト**

過去問トレーニング

以下、過去問を参考にＡ（重要キーワード）の部分を黒太字、Ｂ（設問の答え）を下線付きの赤字で示しています。

☑ IPネットワークで使用されている**TCP/IP**のプロトコル階層モデルは、一般に、4階層モデルで表され、**OSI**参照モデル（7階層モデル）の**物理層**と**データリンク層**に相当するのは**ネットワークインタフェース層**といわれる。

☑ **TCP/IP**のプロトコル階層モデル（4階層モデル）において、**ネットワークインタフェース層の直近上位**に位置する層は**インターネット層**である。

☑ IPネットワークで使用されている**TCP/IP**のプロトコル階層モデルは、一般に、4階層モデルで表される。このうち、**OSI**参照モデル（7階層モデル）の**ネットワーク層**に相当するのは**インターネット層**である。

☑ LANを構成する機器である**ルータ**では、**TCP/IP**のプロトコル階層モデル（4階層モデル）における**インターネット層**で用いられるルーティングテーブルが使われ、異なるLAN相互を接続することができる。

☑ **TCP/IP**のプロトコル階層モデル（4階層モデル）において、**インターネット層の直近上位**に位置する層は**トランスポート層**である。

☑ **IPv6**アドレスの表記は、**128ビット**を**16ビットずつ8ブロック**に分け、各ブロックを16進数で表示し、各ブロックをコロン（：）で区切る。

☑ **ICMPv6**は、IPv6に不可欠なプロトコルとして、すべての**IPv6ノード**に**完全に実装**されなければならないとされている。

☑ IETFのRFC4443として標準化された**ICMPv6**のICMPv6メッセージには、大きく分けて**エラーメッセージ**と**情報メッセージ**の2種類がある。

☑ IETFのRFC4443として標準化された**ICMPv6**の**ICMPv6**メッセージには、大きく分けて**エラーメッセージ**と**情報メッセージ**の2種類があり、**ICMPv6**は、IPv6に不可欠なプロトコルとして、すべてのIPv6ノードに完全に実装されなければならないとされている。

☑ IETFのRFC4443として標準化された**ICMPv6**のメッセージのうち、**エラーメッセージ**に分類されるのは、**パケット過大**メッセージである。

☑ グローバル**IPアドレス**とプライベート**IPアドレス**を**相互変換**する機能は、一般に、**NAT**といわれ、インターネットなどの外部ネットワークから企業などが内部で使用しているIPアドレスを隠すことができるため、セキュリティレベルを高めること

7

［技術編］ネットワーク技術

が可能である。

☑ **ADSL**回線を利用してインターネットに接続されるパーソナルコンピュータなど
の端末は、ADSLルータなどの**DHCP**サーバ機能が有効な場合は、起動時に、
DHCPサーバ機能にアクセスして**IPアドレス**を取得するため、端末個々にIPアド
レスを設定しなくてもよい。

☑ **IPv4**において、一つのホストから同じデータリンク内の**すべてのホストに向けて**
データを送信する方式は**ブロードキャスト**といわれ、通信相手が特定されていな
いときに各ホストがすべてのホストに情報を問い合わせるためなどに用いられる。

☑ **IPv4**において、複数のホストで構成される**特定のグループ**に対して1回で送信を
行う方式は**マルチキャスト**といわれ、映像や音楽の会員向けストリーミング配信
などに用いられる。

☑ IPv4ネットワークにおいて、IPv4パケットなどの転送データが特定のホストコン
ピュータへ到達するまでに、どのような経路を通るのかを調べるために用いられ
るWindowsの**tracertコマンド**は、**ICMPメッセージ**を用いる基本的なコマンド
の一つである。

☑ Windowsのコマンドプロンプトから入力される**pingコマンド**は、調べたいパー
ソナルコンピュータ（**PC**）の**IPアドレス**を指定することにより、ICMPメッセージ
を用いて初期設定値の32バイトのデータを送信し、PCからの返信により接続の
正常性を確認することができる。

☑ Windowsのコマンドプロンプトから入力される**pingコマンド**は、調べたいパー
ソナルコンピュータ（PC）のIPアドレスを指定することにより、**ICMPメッセージ**
を用いて初期設定値の32バイトのデータを送信し、PCからの返信により接続の
正常性を確認することができる。

☑ Windowsのコマンドプロンプトから入力される**pingコマンド**は、調べたいパー
ソナルコンピュータ（PC）のIPアドレスを指定することにより、ICMPメッセージ
を用いて**初期設定値**の**32バイト**のデータを送信し、PCからの返信により接続の
正常性を確認することができる。

問題を解いてみよう

次の各設問について、（　　　）内に入る最も適切なものを下の選択肢から選ぼう。

問1 OSI参照モデル（7階層モデル）の第2層であるデータリンク層の定義として規定されている内容について述べた次の記述のうち、正しいものは、（　　　）である。

①通信相手にデータを届けるための経路選択および交換を行うことによって、データのブロックを転送するための手段を提供する。

②伝送媒体上でビットの転送を行うためのコネクションを確立し、維持し、解放する機械的、電気的、機能的及び手続き的な手段を提供する。

③ネットワークエンティティ間で、一般に隣接ノード間のデータを転送するためのサービスを提供する。

問2 100BASE-FXでは、送信するデータに対して4B/5Bといわれるデータ符号化を行った後、（　　　）といわれる方式で信号を符号化する。（　　　）は、図に示すように2値符号でビット値1が発生するごとに信号レベルが低レベルから高レベルへ、または高レベルから低レベルへと遷移する符号化方式である。

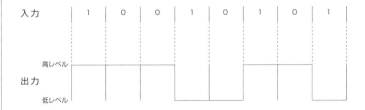

① NRZ　　② NRZI　　③ MLT-3

問 3　デジタル信号を送受信するための伝送路符号化方式のうち（　　）符号は、図に示すように、ビット値 0 のときは信号レベルを変化させず、ビット値 1 が発生するごとに、信号レベルが 0 から高レベルへ、高レベルから 0 へ、または 0 から低レベルへ、低レベルから 0 へと、信号レベルを 1 段ずつ変化させる符号である。

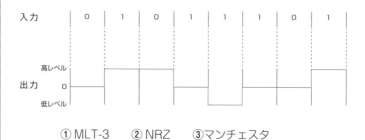

　　①MLT-3　　②NRZ　　③マンチェスタ

問 4　デジタル信号を送受信するための伝送路符号化方式のうち（　　）符号は、図に示すように、ビット値 1 のときはビットの中央で信号レベルを低レベルから高レベルへ、ビット値 0 のときはビットの中央で信号レベルを高レベルから低レベルへ反転させる符号である。

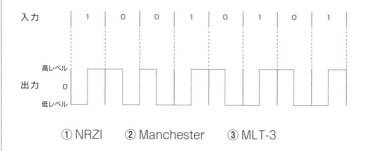

　　①NRZI　　②Manchester　　③MLT-3

問 5　HDLC 手順では、フレーム同期をとりながらデータの透過性を確保するために、受信側において、開始フラグシーケンスを受信後に（　　）個連続したビットが 1 のとき、その直後のビットの 0 は無条件に除去される。

　　①4　　②5　　③6

問6 図に示す、メタリックケーブルを用いた電話共用型 ADSL サービスを提供するための設備構成において、ADSL 信号の伝送品質を低下させる要因となるおそれがあるブリッジタップに該当する箇所は、（　　）。

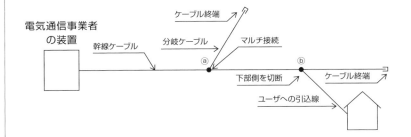

A　幹線ケーブルと同じ心線数の分岐ケーブルが幹線ケーブルとマルチ接続され、分岐ケーブルの下部側に延長されている箇所（図中ⓐ）。

B　幹線ケーブルとユーザへの引込線の接続点において、幹線ケーブルの心線とユーザへの引込線が接続され、幹線ケーブルの心線の下部側が切断されている箇所（図中ⓑ）。

① A のみ該当する　　② B のみ該当する
③ A も B も該当する　　④ A も B も該当しない

問7 光アクセスネットワークの設備構成のうち、電気通信事業者側とユーザ側に設置されたメディアコンバータなどとの間で、1 心の光ファイバを 1 ユーザが専有する形態をとる方式は、（　　）方式といわれる。

① PDS（Passive Double Star）
② SS（Single Star）
③ ADS（Active Double Star）

問 8　GE-PON システムについて述べた次の記述のうち、誤っているものは、（　　）である。

① GE-PON は、OLT と ONU の間において光／電気変換を行わず、受動素子である光スプリッタを用いて光信号を複数に分岐することにより、光ファイバの 1 心を複数のユーザで共用する方式である。

② OLT は、ONU がネットワークに接続されるとその ONU を自動的に発見し、通信リンクを自動で確立する機能を有しており、この機能は下り帯域制御といわれる。

③ OLT からの下り信号は、放送形式で配下の全 ONU に到達するため、各 ONU は受信したフレームが自分宛であるかどうかを判断し、取捨選択を行う。

問 9　IPv6 アドレスの表記は、128 ビットを（　　）に分け、各ブロックを 16 進数で表示し、各ブロックをコロン（：）で区切る。

① 8 ビットずつ 4 ブロック
② 16 ビットずつ 8 ブロック
③ 32 ビットずつ 4 ブロック

問 10　IETF の RFC4443 において標準化された（　　）のメッセージには、大きく分けてエラーメッセージと情報メッセージの 2 種類があり、（　　）は、IPv6 に不可欠なプロトコルとして、すべての IPv6 ノードに完全に実装されなければならないとされている。

① SNMPv6　　② ICMPv6　　③ DHCPv6

Answer

問1 正解：③

解説

　伝送媒体上でビットの転送を行うためのコネクションを確立し、維持し、解放する**機械的**、**電気的**、機能的及び手続き的な手段を提供する⇒第1層

　ネットワークエンティティ間で、一般に**隣接ノード間のデータを転送**するためのサービスを提供する⇒第2層

　通信相手にデータを届けるための**経路選択および交換**を行うことによって、**データのブロックを転送**するための手段を提供する⇒第3層

問2 正解：②

解説

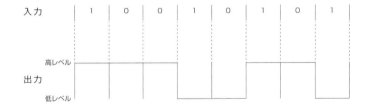

　ビットの中央で波形が変化していない→マンチェスタを消去

　選択肢のうち残ったNRZとNRZIは、入力値が1のときに出力が反転するか否かで見分けることができます。

　入力値が1のとき、出力が反転している→NRZI

解説

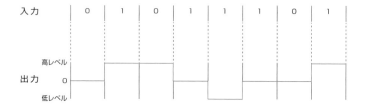

出力波形が3値で変化していることから、**MLT-3** 符号と判断できます。

解説

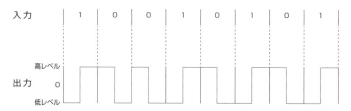

　ビットの中央で信号が高レベルから低レベルへ、または低レベルから高レベルへ反転していることから、**Manchester**（マンチェスタ）と判断できます。本問のような英語表記での選択肢にも慣れておきましょう。

解説

　HDLC手順では、フレーム同期をとりながらデータの透過性を確保するために、受信側において、開始フラグシーケンスを受信後に**(5)** 個連続したビットが1のとき、その直後のビットの0は無条件に除去されます。

問6 正解：①

解説

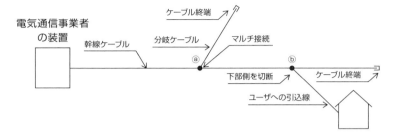

電気通信事業者の設備センタからユーザ宅までのメタリックケーブルの途中で、マルチ接続されたケーブルの分岐箇所がある場合、ブリッジタップと呼ばれ、伝送品質低下の要因となります。

図中ⓐは、ブリッジタップに該当します。

一方、図中ⓑは「下部側を切断」とありますので、ブリッジタップに該当しません。

試験対策上は、「切断」との文言があれば、ブリッジタップに該当しないものと考えて処理しておけばよいでしょう。

問7 正解：②

解説

光アクセスネットワークの設備構成のうち、電気通信事業者側とユーザ側に設置されたメディアコンバータなどとの間で、1心の光ファイバを1ユーザが専有する形態をとる方式は、（**SS（Single Star）**）方式といわれます。

問8 正解：②

解説

OLTは、ONUがネットワークに接続されるとそのONUを自動的に発見し、通信リンクを自動で確立する機能を有しており、この機能は**P2MPディスカバリ**といわれます。

問9 正解：②

解説

IPv6アドレスの表記は、128ビットを(**16ビットずつ8ブロック**)に分け、各ブロックを16進数で表示し、各ブロックをコロン（：）で区切ります。

問10 正解：②

解説

IETF の RFC4443 において標準化された (**ICMPv6**) のメッセージには、大きく分けてエラーメッセージと情報メッセージの2種類があり、(**ICMPv6**) は、IPv6 に不可欠なプロトコルとして、すべての IPv6 ノードに完全に実装されなければならないとされています。

第**8**章

[技術編]
情報セキュリティ技術

このテーマでは、情報セキュリティ攻撃、情報セキュリティ対策、情報セキュリティマネジメントについて学びます。

重要度：★★★

● 情報セキュリティに関する学習においては、基礎知識の習得が大切です。セキュリティの目的や基本的な用語、セキュリティポリシーなどを理解し、セキュリティに関する考え方を身につけましょう。また、実践的な学習も必要です。適切なパスワードを設定する、不審なメールの開封を避けるなど、セキュリティ対策の実践に取り組むことが大切です。

● ウイルス対策ソフトの導入や最新の脅威に対応するための情報収集なども必要です。なお、情報セキュリティに関する学習は、資格試験の合格のみならず、社会人として必要なことだといえます。情報セキュリティに関する正しい知識や技術を習得し、情報社会で生き抜く力を身につけましょう。

1 情報セキュリティ攻撃

■1 コンピュータウイルス

広義のコンピュータウイルスは、その振る舞い方の違いにより、「狭義のウイルス」「**ワーム**」「**トロイの木馬**」に分類できます。

これらを総称して、**マルウェア**ともいいます。

● このテーマは主に大問3で出題されることが多く、例年2問程度の出題（合計10点分）となっています。過去問題の範囲で基本的な知識を習得することも大切ですが、近年は新傾向の問題が出やすくなっていることに注意が必要です。2問中1問は新しい内容やアプローチが取り入れられていることが多いため、試験対策として過去問だけに頼らず、最新の情報にも目を通すようにしましょう。また、ウイルス対策などに関しては、常識的な判断で答えられる選択肢が出題されることもあるので、すべての詳細を暗記する必要はありません。基本的な知識を習得し、常識的な判断ができるようになることで、試験に対応できるでしょう。

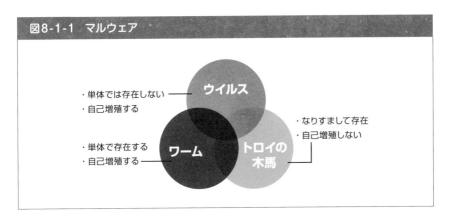

図8-1-1　マルウェア

・単体では存在しない
・自己増殖する
ウイルス

・単体で存在する
・自己増殖する
ワーム

**トロイの
木馬**
・なりすまして存在
・自己増殖しない

　悪意のある単独のプログラムで、ファイルへの感染活動などを行わず、主にネットワークを介して自己増殖するものは**ワーム**です。

　また、コンピュータウイルスのうち、拡張子が「.com」「exe」などの実行形式のプログラムに感染するウイルスは、一般に、**ファイル**感染型ウイルスといわれます。

■2　各種セキュリティ攻撃

　セキュリティに対する脅威は、コンピュータウイルスによるもの、不正アクセスによるものなど、多岐にわたります。

①ブラウザクラッシャー

　Webページへの来訪者のコンピュータ画面上に、連続的に新しいウィンドウを開くなど、来訪者のコンピュータに来訪者本人が意図しない動作をさせるWebページは、一般に**ブラウザクラッシャー**といわれます。

②ポートスキャン

　ネットワークを介してサーバに連続してアクセスし、セキュリティホールを探す場合などに利用される手法は、**ポートスキャン**といわれます。

③キャッシュポイズニング

　DNSサーバの脆 弱 性を利用し、偽りのドメイン管理情報に書き換えることにより、特定のドメインに到達できないようにしたり、悪意のあるサイトに誘導したりする攻撃手法は、DNS**キャッシュポイズニング**といわれます。

④ブルートフォース攻撃

考えられるすべての暗号鍵や文字列の組合せを試みることにより、暗合の解読やパスワードの解析を実行する手法は、**ブルートフォース攻撃**といわれます。

⑤ハニーポット

不正侵入やコンピュータウイルスの振る舞いなどを調査・分析するためにインターネット上に設置され、意図的に脆弱性を持たせたシステムは、**ハニーポット**といわれます。

⑥ DoS、DDoS

攻撃対象のサーバに対して、一斉に大量のリクエストを送信し、過剰な負荷をかけて機能不全にする攻撃は、一般に、**DoS**または**DDoS**といわれます。

1台のコンピュータから攻撃をしかけた場合は**DoS**、分散された複数のコンピュータから攻撃をしかけた場合は**DDoS**といいます。

⑦セッションハイジャック

攻撃者が、Webサーバとクライアントとの間の通信に割り込んで、正規のユーザになりすますことにより、その間でやり取りしている情報を盗んだり改ざんしたりする行為は、**セッションハイジャック**といわれます。

⑧バナーチェック

サーバが提供しているサービスに接続して、その応答メッセージを確認することで、使用しているソフトウェアの種類やバージョンを推測する方法は**バナーチェック**といわれ、サーバの脆弱性を検知する手法として用いられる場合があります。

⑨SQLインジェクション

攻撃者が、データベースと連動したWebサイトにおいて、データベースへの問い合わせや操作を行うプログラムの脆弱性を利用して、データベースを改ざんしたり、情報を不正に入手したりする攻撃を**SQLインジェクション**といいます。

⑩オートラン機能

ウイルスに感染したUSBメモリなどが、Windows系OSを使用しているPCに接続されると、OSの**オートラン機能**によりPCが感染するおそれがあります。

2　情報セキュリティ対策

■1　電子メール対策

電子メール利用時における添付ファイルの取扱いなどについて、次の2点に留意しておきましょう。

①見知らぬ相手先から届いた添付ファイル付きのメールは、一般的に、無条件で削除するのが望ましい。

②メールの本文でまかなえるものは、一般的に、ファイルとして添付しないことが望ましい。

■2　ファイアウォール

ファイアウォールは、直訳すると「防火壁」という意味になりますが、あらかじめ設定したルールに従い、通してはいけない通信を止める機能のことを指します。これをネットワークの結節点に設置することにより、外部からの攻撃を阻止したり、内部からの望まない通信を防いだりできます。

①パケットフィルタリング

IPパケットのIPヘッダ内のIPアドレスやTCPヘッダ内の**ポート番号**などの情報に基づいて、アクセスを制御するファイアウォールの仕組みは、**パケットフィルタリング**といわれます。ブロードバンドルータなどに実装されています。

②DMZ

外部ネットワーク（インターネット）と内部ネットワーク（イントラネット）の中間に位置する緩衝地帯は**DMZ**(DeMilitarized Zone)といわれます。

インターネットからのアクセスを受けるWebサーバ、メールサーバなどは、一般的にここに設置されます。

■3　NAT、NAPT、IPマスカレード

プライベートIPアドレスをグローバルIPアドレスに変換する機能は**NAT**といわれます。

また、プライベートIPアドレスをグローバルIPアドレスに変換する際に、**ポート番号も変換**することにより、一つのグローバルIPアドレスに対して複数のプライベートIPアドレスを割り当てる機能は、一般に、**NAPT**または**IPマスカレード**といわれ、プライベートネットワークの保護といったセキュリティ面での利点があります。

8

[技術編] 情報セキュリティ技術

■4 パターンマッチング型ウイルス対策ソフト

コンピュータウイルス対策ソフトウェアで用いられており、ウイルス定義ファイルと検査の対象となるメモリやファイルなどとを比較してウイルスを検出する方法は、**パターンマッチング**といわれます。

ウイルス定義ファイルに登録されていない未知のウイルスを検出できないため、新種のウイルスに対応できるよう、常に更新しておく必要があります。

■5 その他のセキュリティ対策
①シンクライアント

コンピュータからの情報漏洩を防止するための対策の一つで、ユーザが利用するコンピュータには表示や入力などの必要最小限の処理をさせ、サーバ側でアプリケーションやデータファイルなどの資源を管理するシステムは、**シンクライアント**システムといわれます。

②マクロ機能の無効化

マクロ機能を悪用したウイルスがあるため、WordやExcelを利用する際には、ファイルを開くときにマクロを自動実行する機能を**無効**にしておくことが望ましいとされています。

③感染の兆候が見えたとき

ウイルスに感染したと思われる兆候が現れたときの対処として、直ちに**ネットワークから切り離す**ことが推奨されています。

④アップデート

OSやアプリケーションを最新の状態にするために、**アップデート**を行うことはウイルス感染防止対策として有効です。

「インターネットからダウンロードしたファイルを実行するとウイルスに感染するおそれがあるが、Webページを閲覧しただけではウイルスに感染することはない」——この内容には誤りが含まれています（下線部分）。Webページを閲覧しただけでウイルスに感染することはあります。「～することはない」という断定表現はひっかけ問題で多用されているのでご注意ください。

3 **情報セキュリティマネジメント**

情報セキュリティマネジメントからは、基本コンセプトについて出題されます。

基本コンセプトは**機密性**、**完全性**、**可用性**の3要素で構築されています。

①機密性

アクセスを許可された者だけが、情報にアクセスできることです。

②完全性

情報および処理方法が正確、完全であることです。

③可用性

許可された利用者が、必要なときに、情報および関連する資産に対して確実にアクセスできることです。

表8-1-1　AときたらB：試験のキーワードと反射的な答え	
	A	B
☑	ウイルス　拡張子	**ファイル**
☑	Webページ　来訪者　意図しない	**ブラウザクラッシャー**
☑	サーバ　セキュリティホール	**ポートスキャン**
☑	DNSサーバ	**キャッシュポイズニング**
☑	組合せ　解読　攻撃	**ブルートフォース**
☑	大量のリクエスト　過剰な負荷	**DDoS**
☑	応答メッセージ　推測	**バナーチェック**
☑	中間　緩衝地帯	**DMZ**
☑	アドレス変換　ポート番号も	**NAPT**
☑	ウイルス定義ファイル　検出	**パターンマッチング**
☑	漏洩防止　サーバ　資源を管理	**シンクライアント**
☑	情報セキュリティ　アクセスできる	**可用性**

セキュリティ対策のひっかけ問題として、「ウイルスに感染したと思われる兆候が現れたときの対処として、コンピュータの異常な動作を止めるために直ちに再起動を行い、その後、ウイルスを駆除する手順が推奨されている」というものがあります。正しくは、ウイルスに感染した疑いがあるときに、無闇に再起動をしてはいけません。

ウイルスに感染した疑いがあるときは、直ちにネットワークから物理的に切り離しましょう。つまりLANケーブルを引き抜くことが必要です。ネットワークから切り離したうえでウイルス感染の有無をチェックし、必要に応じてワクチンソフトウェアなどによってウイルスを取り除く必要があります。

過去問トレーニング

以下、過去問を参考にA（重要キーワード）の部分を黒太字、B（設問の答え）を下線付きの赤字で示しています。

☑ コンピュータ**ウイルス**のうち、**拡張子**が「.com」「.exe」などの実行形式のプログラムに感染するウイルスは、一般に、**ファイル**感染型ウイルスといわれる。

☑ **Webページ**への**来訪者**のコンピュータ画面上に、連続的に新しいウィンドウを開くなど、来訪者のコンピュータに来訪者本人が**意図しない**動作をさせるWebページは、一般に、**ブラウザクラッシャー**といわれる。

☑ ネットワークを介して**サーバ**に連続してアクセスし、**セキュリティホール**を探す場合などに利用される手法は、一般に、**ポートスキャン**といわれる。

☑ **DNSサーバ**の脆弱性を利用し、偽りのドメイン管理情報に書き換えることにより、特定のドメインに到達できないようにしたり、悪意のあるサイトに誘導したりする攻撃手法は、一般に、DNS**キャッシュポイズニング**といわれる。

☑ 考えられるすべての暗号鍵や文字の**組合せ**を試みることにより、暗号の**解読**やパスワードの解析を実行する手法は、一般に、**ブルートフォース攻撃**といわれる。

☑ 分散された複数のコンピュータから攻撃対象のサーバに対して、一斉に**大量のリクエスト**を送信し、**過剰な負荷**をかけて機能不全にする攻撃は、一般に、**DDoS**攻撃といわれる。

☑ サーバが提供しているサービスに接続して、その**応答メッセージ**を確認することにより、サーバが使用しているソフトウェアの種類やバージョンを**推測**する

方法は**バナーチェック**といわれ、サーバの脆弱性を検知するための手法として用いられる場合がある。

☑ 外部ネットワーク（インターネット）と内部ネットワーク（イントラネット）の**中間**に位置する**緩衝地帯**は**DMZ**といわれ、インターネットからのアクセスを受けるWebサーバ、メールサーバなどは、一般に、ここに設置される。

☑ プライベートIPアドレスをグローバルIP**アドレス**に**変換**する際に、**ポート番号**も変換することにより、一つのグローバルIPアドレスに対して複数のプライベートIPアドレスを割り当てる機能は、一般に、**NAPT**またはIPマスカレードといわれ、プライベートネットワークの保護といったセキュリティ面での利点がある。

☑ コンピュータウイルス対策ソフトウェアに用いられ、**ウイルス定義ファイル**と検査の対象となるメモリやファイルなどとを比較してウイルスを**検出**する方法は、一般に、**パターンマッチング**といわれる。

☑ コンピュータからの情報**漏洩**を**防止**するための対策の一つで、ユーザが利用するコンピュータには表示や入力などの必要最小限の処理をさせ、**サーバ**側でアプリケーションやデータファイルなどの**資源を管理**するシステムは、一般に、**シンクライアント**システムといわれる。

☑ **情報セキュリティ**の3要素のうち、許可された利用者が、必要なときに、情報および関連する情報資産に対して確実に**アクセスできる**特性は、**可用性**といわれる。

問題を解いてみよう

次の各設問について、（　　）内に入る最も適切なものを下の選択肢から選ぼう。

問 1 考えられるすべての暗号鍵や文字列の組合せを試みることにより、暗号の解読やパスワードの解析を試みる手法は、一般に、（　　）攻撃といわれる。

①バッファオーバフロー
②ハニーポット
③ブルートフォース

問 2 DNS サーバの脆弱性を利用し、偽りのドメイン管理情報を書き込むことにより、特定のドメインに到達できないようにしたり、悪意のあるサイトに誘導したりする攻撃手法は、一般に、DNS（　　）といわれる。

①キャッシュクリア
②キャッシュポイズニング
③DoS

問 3 ネットワークを通じてサーバに連続してアクセスし、セキュリティホールを探す場合などに利用される手法は、一般に、（　　）といわれる。

①スプーフィング
②ポートスキャン
③ゼロディ

問4 コンピュータからの情報漏洩を防止するための対策の一つで、ユーザが利用するコンピュータには表示や入力などの必要最小限の処理をさせ、サーバ側でアプリケーションやデータファイルなどの資源を管理するシステムは、一般に、（　　）システムといわれる。

①シンクライアント
②検疫ネットワーク
③セッションハイジャック

問5 IPパケットのIPヘッダ内のIPアドレスやTCPヘッダ内の（　　）などの情報に基づいて、アクセスを制御するファイアウォールの仕組みは、一般に、パケットフィルタリングといわれ、ブロードバンドルータなどに実装されている。

① MACアドレス　　②ログ　　③ポート番号

問6 コンピュータウイルス検出において、ウイルス定義ファイルと検査の対象となるメモリやファイルなどとを比較してウイルスを検出する方法は、一般に、（　　）といわれる。

①パターンマッチング方式
②チェックサム方式
③ヒューリスティック方式

問7 外部ネットワーク（インターネット）と内部ネットワーク（イントラネット）の中間に位置する緩衝地帯は（　　）といわれ、インターネットからのアクセスを受けるWebサーバ、メールサーバなどは、一般に、ここに設置される。

① DMZ　　② DMT　　③ DNS

問8 プライベート IP アドレスをグローバル IP アドレスに変換する際に、ポート番号も変換することにより、一つのグローバル IP アドレスに対して複数のプライベート IP アドレスを割り当てる機能は、一般に、（　　）又は IP マスカレードといわれ、プライベートネットワークの保護といったセキュリティ面での利点がある。

① NAPT　　② DMZ　　③ DHCP

問9 情報セキュリティの3要素のうち、認可されていない個人、プロセスなどに対して、情報を使用させず、また、開示しない特性は、（　　）といわれる。

①可用性　　②完全性　　③機密性

答え合わせ

問1　正解：③

解説

　考えられるすべての暗号鍵や文字列の組合せを試みることにより、暗号の解読やパスワードの解析を試みる手法は、一般に、(**ブルートフォース**) 攻撃といわれます。

問2　正解：②

解説

　DNS サーバの脆弱性を利用し、偽りのドメイン管理情報を書き込むことにより、特定のドメインに到達できないようにしたり、悪意のあるサイトに誘導したりする攻撃手法は、一般に、DNS (**キャッシュポイズニング**) といわれます。

問3　正解：②

解説

　ネットワークを通じてサーバに連続してアクセスし、セキュリティホールを探す場合などに利用される手法は、一般に、(**ポートスキャン**) といわれます。

問4　正解：①

解説

　コンピュータからの情報漏洩を防止するための対策の一つで、ユーザが利用するコンピュータには表示や入力などの必要最小限の処理をさせ、サーバ側でアプリケーションやデータファイルなどの資源を管理するシステムは、一般に、(**シンクライアント**) システムといわれます。

問5　正解：③

解説

　IP パケットの IP ヘッダ内の IP アドレスや TCP ヘッダ内の (**ポート番号**) などの情報に基づいて、アクセスを制御するファイアウォールの仕組みは、一般に、パケットフィルタリングといわれ、ブロードバンドルータなどに実装されています。

解説

コンピュータウイルス検出において、ウイルス定義ファイルと検査の対象となるメモリやファイルなどとを比較してウイルスを検出する方法は、一般に、(**パターンマッチング方式**) といわれます。

解説

外部ネットワーク（インターネット）と内部ネットワーク（イントラネット）の中間に位置する緩衝地帯は (**DMZ**) といわれ、インターネットからのアクセスを受ける Web サーバ、メールサーバなどは、一般に、ここに設置されます。

解説

(**NAPT**) はプライベート IP アドレスをグローバル IP アドレスに変換する際に、**ポート番号**も一緒に変換することで、一つのグローバル IP アドレスを複数のプライベート IP アドレスと関連付けることができるという機能を持っています。
IP マスカレードは主に Linux の世界で使われる用語で、こちらも基本的には NAPT と同じ機能を提供します。

これらの機能の大きな利点としては、外部からプライベートネットワーク内部の具体的な IP アドレスを直接見ることができないため、セキュリティ面でのメリットがあります。また、IP アドレスの有限性も解決する点も大きなメリットの一つです。

解説

情報セキュリティの3要素とは、**機密性**、**完全性**、**可用性**のことを指します。
(**機密性**) とは、認可されていない個人やプロセスから情報が保護され、開示または使用されないという特性を指します。情報が誤って漏れ出したり、不正にアクセスされたりすることなく、その情報を必要とする人だけがアクセスできる状態を維持することが目指されます。

第 **9** 章

[技術編]
接続工事の技術

配線工事と配線工法

このテーマでは、メタリックケーブル、光ファイバケーブルを用いたLAN配線工事および配線工法について学びます。

● 配線工事および配線方法に関する知識は、通信工事において非常に重要です。このテーマでは、適切な配線方法の選択や適用、さらには施工品質や安全性を確保するための基本的な知識と技術が試されます。

● 実際の現場での経験や知識を活かすことも試験対策の一環です。実際に配線工事を行う際に遭遇する問題や状況に対処できるよう、理論と実践の両面から勉強を進めていきましょう。

● 学生の方などで実務経験がない場合は、画像検索等でイメージをつかんでおくことが記憶に有効です。

● とにもかくにも「技術」単元の最後のテーマです。ここを攻略して、合格をゲットしましょう！

1　LAN（UTP）ケーブルの配線工事

■1　ツイストペアケーブル

　ツイストペアケーブルは、通信ケーブルの一種で、主にデータ通信や電話通信などに使用されるケーブルです。2本の銅線を撚り合わせて1組とし、その組を複数束ねた構造を持っています。撚り合わせることで、外部からの電磁波干渉を低減し、信号品質を維持することができます。また、撚り合わせのピッチ（1回転する長さ）を銅線の組ごとに変えることで、ケーブル内での干渉も抑えられます。

● 本テーマは工事担任者試験の主要な問題であり、「技術」科目の大問4において出題されることが一般的です。例年、このテーマから4〜5問（20〜25点分）が出題され、そのうち1〜2問は新しい問題となっています。「技術」単元の最後のテーマとして、総合的な理解が求められる部分もあります。
"合否分け目の関ヶ原"といえるところです。本書掲載の内容を押さえて、試験問題を攻め落としましょう！

ツイストペアケーブルには、主に次の2種類があります。

①UTP(Unshielded Twisted Pair)ケーブル

シールド(遮蔽)されていないツイストペアケーブルで、一般的には家庭やオフィスで利用されるLANケーブル(Ethernetケーブル)などに使われます。コストが低く、施工が容易ですが、電磁波に対する耐性はやや劣ります。

②STP(Shielded Twisted Pair)ケーブル

各ペアやケーブル全体にシールドが施されており、外部からの電磁波干渉に対して高い耐性を持ちます。その一方で、コストが高く、施工が難しいというデメリットもあります。通常、高い信号品質が求められる場面や、電磁波干渉が懸念される環境で使用されます。

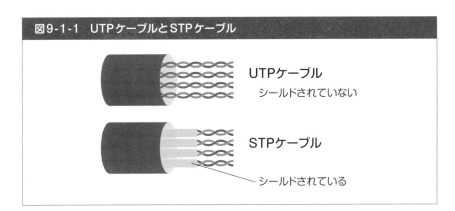

図9-1-1 UTPケーブルとSTPケーブル

UTPケーブル
シールドされていない

STPケーブル
シールドされている

ツイストペアケーブルは、カテゴリ(性能の等級)によっても分類されます。適切なカテゴリのケーブルを選択することで、データ通信やデジタル通信の品質を確保できます。

■2 UTPケーブルの施工

①伝送性能とカテゴリ

1000BASE-TイーサネットのLAN配線工事では、カテゴリ**5e**以上のUTPケーブルが推奨されています。

②コネクタ付きUTPケーブルの作製

(ⅰ)コネクタ付きUTPケーブルを現場で作製する際には、**近端漏話**による伝送性能

に与える影響を最小にするため、コネクタ箇所での**心線の撚り戻し長**はできる
だけ**短くする**必要があります。

(ⅱ) コネクタの取り付け作業時、いわゆる「成端」時の配線の配置に誤りがあると、
リバースペア（ペア線の配列が逆になっている）、**クロスペア**（異なるペア線が交
差している）、**スプリットペア**（ペア線が分割され、異なるペア線と混ざっている）
などの問題が生じ、これらは**漏話特性の劣化**や**PoE機能**が使用できなくなるな
どの不具合の原因となります。

③ストレートケーブルとクロスケーブル

UTPケーブルには、**ストレートケーブル**と**クロスケーブル**の2種類があります。

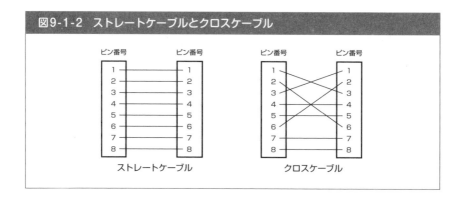

図9-1-2　ストレートケーブルとクロスケーブル

ストレートケーブルは、ケーブルの両端を同じピン配列でモジュラコネクタに結
線したもので、ハブとパソコンなどの接続に使用します。
　一方、**クロスケーブル**は、ケーブルの両端で送受信が逆になるようなピン配列で
結線したもので、自動識別機能、アップリンクポートおよびカスケードポートが搭載
されていないハブどうしをLANケーブルで接続するときに使用します。

④UTPケーブルのモジュラアウトレット

モジュラコネクタのピン配列は、米国規格で決められており、T568A規格とT568B
規格があります。
　このうち、試験に出やすいのはT568B規格の方です。
　試験では、各規格のピン番号の組合せがよく問われます。

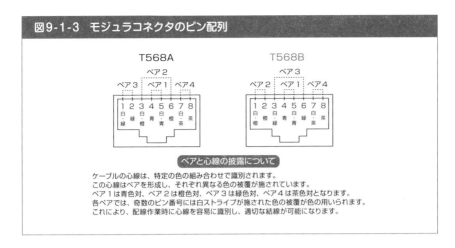

図9-1-3　モジュラコネクタのピン配列

配線規格T568Bにおけるピン番号の組合せを整理して覚えておきましょう。

表9-1-1　T568B規格におけるピン番号の組合せ	
ペア1	4番と5番
ペア2	1番と2番
ペア3	3番と6番
ペア4	7番と8番

また、**1000BASE-T**のギガビットイーサネットでは、**すべてのペア**を用いてデータの送受信を行っています。

ワンポイント

　モジュラコネクタという用語は、一般的にモジュラージャックとモジュラプラグの両方を含みます。これらは通信ケーブルの端部に取り付けられ、デバイス間の物理的な接続を可能にします。一般に、モジュラプラグはケーブルの終端部に取り付けられ、モジュラージャックはデバイス側に設けられてプラグを受け入れます。

　試験では、文脈により"モジュラコネクタ"、"モジュラジャック"、"モジュラプラグ"という用語が用いられますが、これらは全て同じシステムの一部を指しています。混乱を防ぐために、本書では原則として"モジュラコネクタ"という用語で統一しております。

①ワイヤマップ試験

　UTPケーブルへのコネクタ成端時における結線の配列誤りには、**リバースペア**、**クロスペア**、**スプリットペア**などがあり、このような配線誤りの有無を確認する試験は**ワイヤマップ試験**といわれます。

　ワイヤマップ試験では、断線や結線の**配列誤り**を見つけることはできますが、**漏話の有無は検出できません**。

②配線試験の測定項目

　UTPケーブルの配線に関して評価する測定項目としては、**挿入損失**、**伝搬遅延時間**、**近端漏話減衰量**、**遠端漏話減衰量**などが挙げられます。

2　光ファイバケーブルの配線工事

■1　光ファイバの概要

　メタリックケーブルが電気信号を伝送するのに対し、光ファイバは、光の点滅のパルス列を伝送します。

　光ファイバは、中心層（**コア**）と外層（**クラッド**）の2層構造になっています。

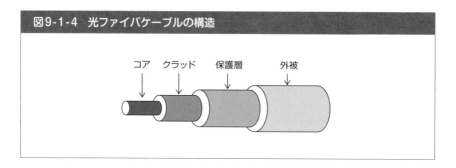

図9-1-4　光ファイバケーブルの構造

コア　　クラッド　　保護層　　外被

　コアとクラッドの屈折率を比較すると、**コアがクラッドよりわずかに大きい値**となっています。

　そのため、コアに入射した光は、コアとクラッドの境界面で全反射し、伝搬します。

　光ファイバは、ホームネットワークなどに使用されるプラスチック系光ファイバと、主にインフラ用途に使用される石英系光ファイバに大別されます。

　プラスチック光ファイバは、曲げに強く折れにくいなどの特徴があり、送信モジュールには、一般的に、光波長が650ナノメートルの**LED**が用いられます。

■2　光ファイバの伝搬モード

伝搬モードとは、光ファイバ内を伝わる光の進行方法やパターンを指します。主に、光ファイバは次の2種類の伝搬モードに分類されます。

①シングルモードファイバ (Single-mode fiber, SMF)

シングルモードファイバは、光ファイバ内で光が一つのモード (進行パターン) で伝搬することを特徴としています。コア (光が伝搬する中心部) の直径が非常に小さく、通常は9マイクロメートル (μm) 程度です。これにより、光の伝搬経路が一本化され、データ伝送の遅延が少なくなります。

なお、コアとクラッドの屈折率を比較すると、コアがクラッドよりわずかに大きい値となっています。シングルモードファイバは、長距離通信や高速通信に適しており、都市間通信などで広く使用されています。ただし、コストが高く、接続時の技術的な難しさがあるため、短距離や低コストが求められる環境ではあまり適していません。

②マルチモードファイバ (Multimode fiber, MMF)

マルチモードファイバでは、光が複数のモードで伝搬します。コアの直径がシングルモードファイバよりも大きく、通常は50μmまたは62.5μm程度です。このため、光が複数の経路で伝搬することになり、信号の遅延や減衰が発生しやすくなります。

マルチモードファイバは、短距離通信や低コストが求められる場面で利用されることが多いです。コストが比較的低く、接続も容易ですが、モード分散の影響により、シングルモード光ファイバと比較して伝送帯域が狭く、長距離通信には向いていません。

また、マルチモードファイバには、主にステップインデックス型とグレーデッドインデックス型の2種類があります。これらは、光ファイバのコア部分の屈折率分布が異なることによって特徴づけられます。

② (i) ステップインデックス型

ステップインデックス型マルチモードファイバでは、コア部分の屈折率が一定で、クラッド部分 (コアを取り囲む層) との境界で急激に屈折率が変化します。このため、光はコア内を直進し、クラッドとの境界で全反射することで伝搬します。しかし、光が異なる経路をたどるため、伝搬時間が異なる (**モード分散**) ことがあり、通信距離や伝送速度に制限が生ずることがあります。

9

[技術編]　接続工事の技術

②(ⅱ)グレーデッドインデックス型

　グレーデッドインデックス型マルチモードファイバでは、コア部分の屈折率が中心部から外側に向かって徐々に減少する分布を持っています。このため、光はコア内をらせん状に進むことになり、光の伝搬時間の違いが緩和されます。結果として、**モード分散が低減**され、ステップインデックス型に比べてより長い距離での、より高速な通信が可能になります。

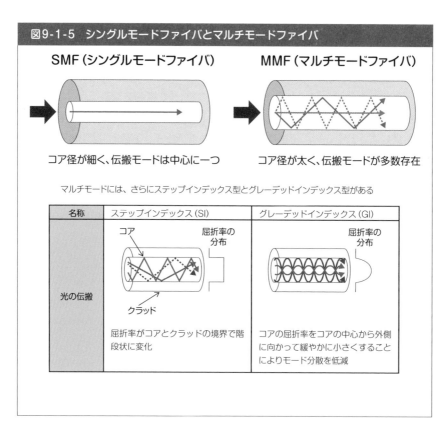

図9-1-5　シングルモードファイバとマルチモードファイバ

SMF（シングルモードファイバ）　　　MMF（マルチモードファイバ）

コア径が細く、伝搬モードは中心に一つ　　コア径が太く、伝搬モードが多数存在

マルチモードには、さらにステップインデックス型とグレーデッドインデックス型がある

名称	ステップインデックス（SI）	グレーデッドインデックス（GI）
光の伝搬	コア／屈折率の分布／クラッド　屈折率がコアとクラッドの境界で階段状に変化	屈折率の分布　コアの屈折率をコアの中心から外側に向かって緩やかに小さくすることによりモード分散を低減

　以上のように、マルチモードファイバにおいてステップインデックス型とグレーデッドインデックス型は、それぞれ異なる屈折率分布を持ち、伝搬特性や適用分野が異なります。適切なファイバタイプを選択し、伝送性能や通信距離を最適化することが重要です。これらの知識を身につけることで、試験対策や現場での適切な光ファイバ選択に活かすことができます。

■3　光ファイバの損失

光ファイバの損失の種類として、吸収損失、レイリー散乱損失、マイクロベンディングロス、構造不均一による損失などがあります。

①吸収損失

光信号のエネルギーが、光ファイバの材料や不純物によって吸収され、熱エネルギーに変換されることによって生ずる損失を**吸収損失**といいます。

②レイリー散乱損失

光ファイバ中の**屈折率の揺らぎ**によって、光が散乱するために生ずる損失を**レイリー散乱損失**といいます。

③マイクロベンディングロス

光ファイバに**側面から**不均一な**圧力**が加わることにより、光ファイバの軸がわずかに**曲がる**ため発生する損失は**マイクロベンディングロス**といいます。

④構造不均一による損失

コアとクラッドの境界面の微小な凸凹によって生ずる損失を**構造不均一による損失**といいます。

■4　光ファイバの接続

光ファイバケーブルの心線を接続する方法には、融着接続、メカニカルスプライス接続、コネクタ接続があります。

融着接続とメカニカルスプライス接続は、一度施工をすると着脱不可能となることから、永久接続法ともいわれます。

いずれの接続においても、コアの軸ずれや間隙は接続損失に大きな影響を与えるため、十分に注意して施工することが求められています。

①融着接続

融着接続は、光ファイバの端面を溶かして接続するものです。

光ファイバ心線の融着接続部は、被覆が完全に除去されることにより機械的強度が低下するため、融着接続部の補強方法として、**光ファイバ保護スリーブ**により補強する方法が採用されています。

9

［技術編］接続工事の技術

②メカニカルスプライス接続

メカニカルスプライス接続は、V溝により光ファイバどうしを軸合わせできる専用の接続部品を用いて、**機械的**に接続する方法です。

接続工具には**電源を必要としません**。

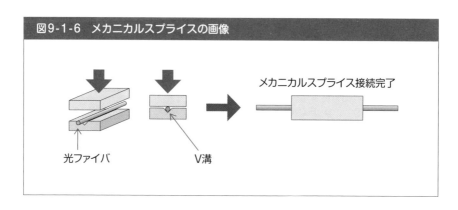

図9-1-6　メカニカルスプライスの画像

メカニカルスプライス接続完了

光ファイバ　　　　　V溝

③コネクタ接続

光コネクタは、光ファイバどうしを接続するための部品で、光信号の伝送や分配を行う際に使用されます。**コネクタ接続**は、光コネクタにより光ファイバを接続する方法です。

接続部には**接合剤などは使用しない**ため、着脱が容易で、**再接続が可能**です。

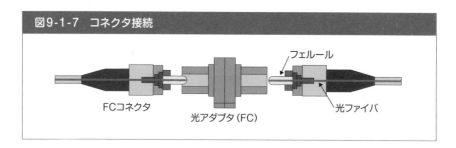

図9-1-7　コネクタ接続

フェルール

FCコネクタ　　　　光アダプタ (FC)　　　　光ファイバ

光コネクタの代表的な種類として、FCコネクタとSCコネクタがあります。

FCコネクタは、主に高精度な接続が必要な場所や振動がある環境で使用されます。金属製の筐体を持ち、ネジで締め付けることにより安定した接続を保ちます。

　一方、**SCコネクタ**は使いやすさが特徴で、接続部が**プッシュプル方式**になっています。これにより、コネクタを押し込むだけで接続が可能となり、取り外しも引っ張るだけで行えます。接合部の着脱が容易なため、データセンターやオフィス環境などで広く使用されています。

　コネクタ接続では、光ファイバの端面を整え、相互に密着させることで、光信号の損失を最小限に抑えることが必要です。このため、光コネクタの取扱いや接続には精密な技術が求められます。

　コネクタ接続において、**フェルール**先端を直角にフラット研磨した端面形状の場合、コネクタ接続部の光ファイバ間に**微小な空間**ができるため、**フレネル反射**が起こります。フレネル反射とは、光ファイバどうしの接続部分で、屈折率の異なる媒質間を光が通過する際に発生する現象です。フレネル反射によって光信号が反射し、一部が戻ってくることで、光損失が生ずることがあります。

3　配線工法

　ここでは過去試験に出たものに絞って掲載します。

■1　セルラフロア

　床の配線ダクトにケーブルを通す床配線方式で、電源ケーブルや通信ケーブルを配線するための既設ダクトを備えた金属製またはコンクリートの床は、**セルラフロア**といわれます。

■2　フロアダクト

　フロアダクト方式では、鋼製ダクトをコンクリートの床スラブに埋設し、電源ケーブルや通信ケーブルを配線するために使用します。

　埋設されるダクトには、接地抵抗値が**100**オーム以下の**D種**接地工事を施す必要があります。

■3　ジャンクションボックス

　フロアダクト配線工事において、フロアダクトが交差するところには、**ジャンクションボックス**が設置されます。

9

［技術編］接続工事の技術

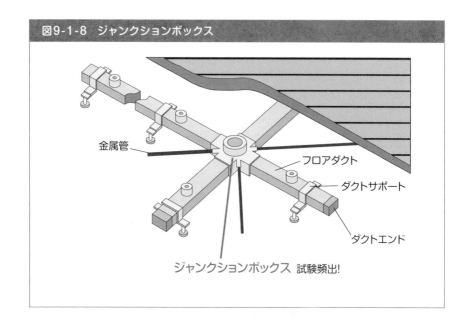

図9-1-8　ジャンクションボックス

金属管

フロアダクト

ダクトサポート

ダクトエンド

ジャンクションボックス　試験頻出!

■4　フリーアクセスフロア

　通信機械室などにおいて、床下に電力ケーブル、LANケーブルなどを自由に配線するための二重床は、**フリーアクセスフロア**といわれます。

■5　硬質ビニル管

　屋内線が家屋の壁などを貫通する箇所で絶縁を確保するためや、電灯線およびその他の支障物から屋内線を保護するためには、一般的に、**硬質ビニル管**が用いられます。

■6　IV

　電気設備の設計や図面には図記号が使用されます。これらは特定の部品や配線を表すための記号で、一般的な配線には特定の記号が割り当てられています。例えば、構内電気設備の**配線用図記号**に規定されている一般配線のうち、**接地線**などに用いられる600Vビニル絶縁電線の記号は、**IV**です。このような図記号を理解することは、電気設備の設計図を読み解くうえで重要です。

	A	B
☑	LAN　シールドする	**STPケーブル**
☑	UTP　心線どうし	**対にして撚り合わせる**
☑	UTP　コネクタ成端　撚り戻し　長く	**近端漏話大**
☑	1000BASE-T　カテゴリ	**5e**
☑	モジュラコネクタ　ペア1	**4番と5番**
☑	モジュラコネクタ　ペア2	**1番と2番**
☑	モジュラコネクタ　1000BASE-T	**すべてのペア**
☑	配列誤り　クロスペア　リバースペア	**スプリットペア**
☑	ワイヤマップ　断線　クロスペア	**配線誤り**
☑	ワイヤマップ　検出できない	**漏話**
☑	ワイヤマップ　測定できない	**漏話減衰量**
☑	UTPケーブル　測定項目	**挿入損失　伝搬遅延時間**
☑	光波長　650ナノ	**LED**
☑	シングルモード　屈折率	**コアがクラッドよりわずかに大**
☑	マルチモード　モード分散	**狭く　短距離**
☑	ステップインデックス　屈折率	**わずかに大**
☑	グレーデッドインデックス　屈折率	**緩やかに小さく**
☑	グレーデッドインデックス　低減	**モード分散**
☑	レイリー散乱損失　揺らぎ	**散乱**
☑	マイクロベンディングロス　敷設時	**側面　圧力**
☑	融着接続　補強	**保護スリーブ**
☑	メカニカルスプライス　電源	**必要としない**
☑	メカニカルスプライス　損失値	**小さい**
☑	コネクタ接続	**再接続できる**
☑	コネクタ接続　微少な空間	**フレネル反射**
☑	床配線　ダクト	**セルラフロア**
☑	フロアダクト　埋設	**D種**
☑	フロアダクト　接地抵抗値	**100オーム以下**
☑	フロアダクト　交差	**ジャンクションボックス**
☑	コア　コネクタ	**フェルール**
☑	光　接続　ねじ込み式	**FCコネクタ**
☑	SCコネクタ　接合部	**プッシュプル方式**
☑	絶縁を確保　保護	**硬質ビニル管**

表9-1-2　AときたらB：試験のキーワードと反射的な答え

9

【技術編】接続工事の技術

227

過去問トレーニング

　以下、過去問を参考にＡ（重要キーワード）の部分を黒太字、Ｂ（設問の答え）を下線付きの赤字で示しています。

- ☑ LAN配線工事に用いられる**STPケーブル**は、ケーブル外被の内側において薄い金属箔を用いて心線全体を**シールド**することにより、ケーブルの外からのノイズの影響を受けにくくしている。

- ☑ **UTP**ケーブルは、ケーブル内の2本の**心線どうしを対にして撚り合わせる**ことにより、外部へノイズを出しにくくしている。

- ☑ **UTP**ケーブルを**コネクタ成端**する場合、**撚り戻し長**を**長く**すると、**近端漏話**が**大**きくなる。

- ☑ **1000BASE-T**イーサネットのLAN配線工事では、一般に、**カテゴリ5e**以上のUTPケーブルの使用が推奨されている。

- ☑ 8極8心の**モジュラコネクタ**に、配線規格T568Bで決められたモジュラアウトレットの配列でペア1からペア4を結線するとき、**ペア1**のピン番号の組合せは、**4番**と**5番**である。

- ☑ 8極8心の**モジュラコネクタ**に、配線規格T568Bで決められたモジュラアウトレットの配列でペア1からペア4を結線するとき、**ペア2**のピン番号の組合せは、**1番**と**2番**である。

- ☑ LAN配線工事において8極8心の**モジュラコネクタ**に、配線規格T568Bで決められたモジュラアウトレットの配列でペア1からペア4までを結線するとき、**1000BASE-T**のギガビットイーサネットでは、**すべてのペア**を用いてデータの送受信を行っている。

- ☑ UTPケーブルへのコネクタ成端時における結線の**配列誤り**には、**スプリットペア**、**クロスペア**、リバースペアなどがあり、このような配線誤りの有無を確認する試験は、一般に、ワイヤマップ試験といわれる。

- ☑ UTPケーブルの配線試験において、**ワイヤマップ**試験では、**断線**や**クロスペア**などの**配線誤り**を検出することができる。

- ☑ UTPケーブルの配線試験において、**ワイヤマップ**試験で**検出できない**ものには、**漏話**がある。

- ☑ UTPケーブルの配線試験において、**ワイヤマップ**試験では、近端**漏話減衰量**や遠端**漏話減衰量**を**測定**することが**できない**。

☑ **UTP**ケーブルの配線に関する**測定項目**として、**挿入損失**、**伝搬遅延時間**などがある。

☑ ホームネットワークなどにおける配線に用いられるプラスチック光ファイバは、曲げに強く折れにくいなどの特徴があり、送信モジュールには、一般に、**光波長**が650ナノメートルの**LED**が用いられる。

☑ **シングルモード**光ファイバでは、コアとクラッドの**屈折率**を比較すると、**コアがクラッドよりわずかに大き**い値となっている。

☑ **マルチモード**光ファイバは、**モード分散**の影響により、シングルモード光ファイバと比較して伝送帯域が**狭く**、主にLANなどの**短距離**伝送用に使用される。

☑ **ステップインデックス**型光ファイバのコアの**屈折率**は、クラッドの屈折率より**わずかに大き**い。

☑ LAN配線に用いられる**グレーデッドインデックス**型マルチモード光ファイバは、コアの**屈折率**をコアの中心から外側に向かって**緩やかに小さく**することよりモード分散を低減している。

☑ LAN配線に用いられる**グレーデッドインデックス**型マルチモード光ファイバは、コアの屈折率をコアの中心から外側に向かって緩やかに小さくすることにより**モード分散**を**低減**している。

☑ **レイリー散乱損失**は、光ファイバ中の屈折率の**揺らぎ**によって、光が**散乱**するために生ずる。

☑ **マイクロベンディングロス**は、光ファイバケーブルの**敷設時**に、光ファイバの**側面**に**圧力**＊が加わったときに生ずる。

☑ 光ファイバ心線の**融着接続**部は、被覆が完全に除去されるため機械的強度が低下するので、融着接続部の**補強**方法として、一般に、**保護スリーブ**＊により補強する方法が採用されている。

☑ **メカニカルスプライス**接続は、Ｖ溝により光ファイバどうしを軸合わせして接続する方法を用いており、接続工具には**電源を必要としない**。

☑ 光ファイバの接続において、一般に、**メカニカルスプライス**接続はコネクタ接続と比較して、接続による**損失値は小さい**。

☑ **コネクタ接続**は、光コネクタにより光ファイバを機械的に接続する接続部に接合剤を使用しないため、**再接続できる**。

☑ 光ファイバの**コネクタ接続**において、フェルール先端を直角にフラット研磨した端面形状の場合、コネクタ接続部の光ファイバ間に**微少な空間**ができるため、**フレネル反射**が起こる。

- ☑ 床の配線ダクトにケーブルを通す**床配線**方式で、電源ケーブルや通信ケーブルを配線するための既設**ダクト**を備えた金属製またはコンクリートの床は、一般に、**セルラフロア**といわれる。
- ☑ **フロアダクト**は、鋼製ダクトをコンクリートの床スラブに**埋設**し、電源ケーブルや通信ケーブルを配線するために使用される。埋設されたフロアダクトには、**D種**接地工事を施す必要がある。
- ☑ **フロアダクト**は、鋼製ダクトをコンクリートの床スラブに埋設し、電源ケーブルや通信ケーブルを配線するために使用される。埋設されるダクトには、**接地抵抗値**が**100オーム以下**の接地工事を施す必要がある。
- ☑ **フロアダクト**配線工事において、フロアダクトが**交差**するところには、一般に、**ジャンクションボックス**が設置される。
- ☑ 光ファイバ用コネクタには、光ファイバの**コア**の中心を**コネクタ**の中心に固定するために**フェルール**といわれる部品が使われている。
- ☑ **光配線システム相互や光配線システムと機器との接続に使用される光ファイバや光パッチコードの接続**などに用いられる**FCコネクタ**は、接合部が**ねじ込み式**で振動に強い構造になっている。
- ☑ 光配線システム相互や光配線システムと機器との接続に使用される光ファイバや光パッチコードの接続などに用いられる**SCコネクタ**は、**接合部がプッシュプル方式**で着脱が容易である。
- ☑ 屋内線が家屋の壁などを貫通する箇所で**絶縁を確保**するためや、電灯線及びその他の支障物から屋内線を**保護**するためには、一般に、**硬質ビニル管**が用いられる。

- *圧力 「過大な張力」ではありません。ひっかけに注意！
- *保護スリーブ 「フェルールにより補強」ではありません。ひっかけに注意！

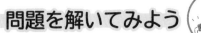
次の各設問について、（　　）内に入る最も適切なものを下の選択肢から選ぼう。

問1 石英系光ファイバについて述べた次の二つの記述は、（　　）。

A　LAN配線に用いられるマルチモード光ファイバは、モード分散の影響により、シングルモード光ファイバと比較して伝送帯域が広い。

B　ステップインデックス型光ファイバのコアの屈折率は、クラッドの屈折率よりわずかに小さい。

① Aのみ正しい
② Bのみ正しい
③ AもBも正しい
④ AもBも正しくない

問2 光ファイバの損失について述べた次の二つの記述は、（　　）。

A　レイリー散乱損失は、光ファイバ中の屈折率の揺らぎによる散乱光による損失である。

B　マイクロベンディングロスは、光ファイバケーブルの敷設時に、光ファイバに過大な張力が加わったときに生ずる。

① Aのみ正しい
② Bのみ正しい
③ AもBも正しい
④ AもBも正しくない

問 3 光ファイバ心線の融着接続部は、被覆が完全に除去されるため機械的強度が低下するので、融着接続部の補強方法として、一般に、（　　）により補強する方法が採用されている。

①ケーブルジャケット
②ワイヤプロテクタ
③光ファイバ保護スリーブ

問 4 光ファイバや光パッチコードの接続などに用いられる（　　）コネクタは、接合部がねじ込み式で振動に強い構造になっている。

① FC　　② ST　　③ MU

問 5 ホームネットワークなどにおける配線に用いられるプラスチック光ファイバは、曲げに強く折れにくいなどの特徴があり、送信モジュールには、一般に、光波長が 650 ナノメートルの（　　）が用いられる。

① LED　　② FET　　③ PCM

問 6 UTP ケーブルを図に示す 8 極 8 心のモジュラコネクタに、配線規格 T568B で決められたモジュラアウトレットの配列でペア 1 からペア 4 を結線するとき、ペア 3 のピン番号の組合せは、（　　）である。

コネクタ前面図

①1番と2番　　②3番と6番
③4番と5番　　④7番と8番

問7 JIS C0303 : 2000 構内電気設備の配線用図記号に規定されている一般配線のうち、接地線などに用いられる 600V ビニル絶縁電線の記号は、（　　）である。

①AE　　②IV　　③DV

問8 フロアダクトは、鋼製ダクトをコンクリートの床スラブに埋設し、電源ケーブルや通信ケーブルを配線するために使用される。埋設されたフロアダクトには、（　　）接地工事を施す必要がある。

①B種　　②C種　　③D種

問9 室内におけるケーブル配線設備について述べた次の二つの記述は、（　　）。

A　通信機械室などにおいて、床下に電力ケーブル、LAN ケーブルなどを自由に配線するための二重床は、フリーアクセスフロアといわれる。

B　フロアダクト配線工事において、フロアダクトが交差するところには、一般に、ジャンクションボックスが設置される。

①A のみ正しい
②B のみ正しい
③A も B も正しい
④A も B も正しくない

問 10 屋内線が家屋の壁などを貫通する箇所で絶縁を確保するためや、電灯線およびその他の支障物から屋内線を保護するためには、一般に、（　　）が用いられる。

①硬質ビニル管
② PVC 電線防護カバー
③スイッチボックス

答え合わせ

問1 正解：④

解説

A：LAN 配線に用いられるマルチモード光ファイバは、モード分散の影響により、シングルモード光ファイバと比較して伝送帯域が**狭く**、主に LAN などの**短距離伝送用**に使用されています。

B：ステップインデックス型光ファイバのコアの屈折率は、クラッドの屈折率よりわずかに**大きく**なっています。

問2 正解：①

解説

A：**レイリー散乱**損失は、光ファイバ中の**屈折率の揺らぎ**による散乱光による損失です。

B：**マイクロベンディングロス**は、光ファイバに側面から**不均一な圧力**を加えたときに発生する損失です。過大な張力により発生するものではありません。

問3 正解：③

解説

　光ファイバ心線の融着接続部は、被覆が完全に除去されるため機械的強度が低下するので、融着接続部の補強方法として、一般に、（**光ファイバ保護スリーブ**）により補強する方法が採用されています。

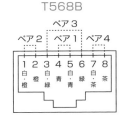

問4 正解：①

解説

　光ファイバや光パッチコードの接続などに用いられる（**FC コネクタ**）は、接合部がねじ込み式で振動に強い構造になっています。

問5 正解：①

解説

　ホームネットワークなどにおける配線に用いられるプラスチック光ファイバは、曲げに強く折れにくいなどの特徴があり、送信モジュールには、一般に、光波長が650ナノメートルの（**LED**）が用いられます。

問6 正解：②

解説

T568B

配線規格 T568B において、ペア1は4番と5番、ペア2は1番と2番、ペア3は3番と6番、ペア4は7番と8番と定められています。

　どのペアが出題されても答えられるようにしておきましょう。

問7 正解：②

解説

　JIS C 0303：2000 規格では、多様な電線の種類を表す図記号が定められています。その中で、（**IV**）は 600V ビニル絶縁電線の記号として特に認識されています。さらに、ボタン電話装置や PBX などの通信機器では、接地線として使用する IV 線は、JIS 規格で被覆が**緑色**のものを用いることが定められています。

問8　正解：③

解説

　フロアダクトは、鋼製ダクトをコンクリートの床スラブに埋設し、電源ケーブルや通信ケーブルを配線するために使用されます。埋設されたフロアダクトには、（**D種**）接地工事を施す必要があります。

問9　正解：③

解説

Ａ：通信機械室などにおいて、床下に電力ケーブル、LAN ケーブルなどを自由に配線するための二重床は、**フリーアクセスフロア**といわれます。

Ｂ：フロアダクト配線工事において、フロアダクトが交差するところには、一般に、**ジャンクションボックス**が設置されます。

問10　正解：①

解説

　屋内線が家屋の壁などを貫通する箇所で絶縁を確保するためや、電灯線およびその他の支障物から屋内線を保護するためには、一般に、（**硬質ビニル管**）が用いられます。

第10章

［法規編］
電気通信事業法

電気通信事業法
および施行規則

このテーマでは、電気通信事業法および電気通信事業法施行規則について学びます。

- 法規の学習を進めるうえで、重要なのは、各条文のキーワードを押さえることです。試験では、キーワードに関する問題が3〜4択で出題されることが多いため、選択肢から正しい答えを選べるだけの知識があれば十分です。

- しかし、ひっかけ問題に対応するためには、普段の学習では択一ではなく、キーワードを思い出す訓練が有効です。そのためのコツは、「繰り返す」こと。そして、問題演習を通じて「解き慣れる」ことです。

- 本書では、重要キーワードを赤シート対応の赤字表記にしています。赤シートで隠してキーワードがスムーズに思い出せるようになるまで、繰り返し練習しましょう。また、ひっかけ対策として、各単元ごとに「間違い探し」のコーナーを用意しています。これらを活用して、ご自身の理解度を確認しながら学習を進めてください。

- また、特によく出る条文には「よく出る」マークをつけてあります。これらの条文は試験において重要度が高いため、特に注意して学習しましょう。

- 継続的な学習と問題演習を通じて、電気通信事業法および施行規則に関する知識を身につけ、試験に臨む準備を整えていきましょう。頑張ってください！

★本書の条文構成についてのおことわり

　本書では学習効率を向上させるため、一般的な逐条解説のスタイルではなく、試験に出題されやすい表現形式でまとめた構成にしています。

　そのため、一般的な条文の記載順とは異なる箇所や、条文の文言において、特に断りなく省略した箇所なども多々あります。

　原則として根拠となる条文の番号等を文末に掲載しているので、正確な条文を確認したい場合は、別途、法令集やインターネットのe-GOV法令検索などをご参照ください。

● 例年、「法規」科目の最初(大問1)に出題される問題です。出題数は5問程度(25点分)となっており、試験の弾みをつけるためにも、ここをしっかりと押さえておきましょう。同じ条文が繰り返し出題されていることが多いので、本書の内容を理解すれば十分に対策が可能です。

● 特に注意したいこととして、5問のうち1〜2問は「誤りが含まれた文章から正解を導く」タイプの問題です。文章中の誤りを見つけ出し、正しい情報に修正して正解を導き出す能力が求められます。

● そこで、「間違い探し」のコーナーを活用し、ひっかけに強くなることを心がけましょう。「間違い探し」のコーナーでは、実際の試験で出題される可能性のある「誤りが含まれた文章」を紹介しています。それらを修正する練習を繰り返すことで、試験本番でもすぐに誤りを見つけ出せるようになります。

● 大問1の攻略に向けて、まずは本書の内容を繰り返し復習し、条文の理解を深めましょう。そして、「間違い探し」のコーナーを活用して誤りを見つける力を鍛え、「法規」科目の最初の問題でしっかりと点数をとることを目指しましょう。

1　電気通信事業法および同法施行規則

■1　電気通信事業法の目的

　この法律は、電気通信事業の公共性にかんがみ、その運営を**適正かつ合理的**なものとするとともに、その**公正な競争**を促進することにより、電気通信役務の**円滑な提供**を確保するとともにその利用者の**利益**を保護し、もって電気通信の健全な発達及び国民の利便の確保を図り、公共の福祉を増進することを目的とする。[電気通信事業法第1条]

■2　電気通信事業法または電気通信事業法施行規則に規定する用語

①電気通信

　電気通信とは、有線、無線その他の**電磁的方式**により、**符号**、**音響又は影像**を送り、伝え、又は受けることをいう。[電気通信事業法第2条第一号]

②電気通信設備

　電気通信設備とは、電気通信を行うための**機械**、**器具**、**線路**その他の**電気的**設備をいう。[電気通信事業法第2条第二号]

よく
出る ③**電気通信役務**

電気通信役務とは、電気通信設備を用いて他人の通信を媒介し、その他電気通信設備を**他人の通信**の用に供することをいう。[電気通信事業法第2条第三号]

④**電気通信事業**

電気通信事業とは、**電気通信役務を他人の需要に応ずる**ために提供する事業（放送法に規定する放送局設備供給役務に係る事業を除く。）をいう。[電気通信事業法第2条第四号]

⑤**電気通信事業者**

電気通信事業者とは、電気通信事業を営むことについて、電気通信事業法の規定による総務大臣の登録を受けた者及び同法の規定により総務大臣への届出をした者をいう。[電気通信事業法第2条第五号]

⑥**電気通信業務**

電気通信業務とは、電気通信事業者の行う**電気通信役務**の提供の業務をいう。[電気通信事業法第2条第六号]

⑦**電気通信回線設備**

電気通信回線設備とは、送信の場所と受信の場所との間を接続する伝送路設備及びこれと一体として設置される**交換**設備並びにこれらの附属設備をいう。[電気通信事業法第9条第一号]

⑧**端末設備**

端末設備とは、電気通信回線設備の一端に接続される電気通信設備であって、一の部分の設置の場所が他の部分の設置の場所と同一の構内（これに準ずる区域内を含む。）又は同一の建物内であるものをいう。[電気通信事業法第52条第1項]

⑨**音声伝送役務**

音声伝送役務とは、おおむね**4キロヘルツ**帯域の音声その他の音響を伝送交換する機能を有する電気通信設備を他人の通信の用に供する電気通信役務であってデータ伝送役務以外のものをいう。[電気通信事業法施行規則第2条第2項第一号]

⑩データ伝送役務

　データ伝送役務とは、専ら**符号又は影像**を伝送交換するための電気通信設備を他人の通信の用に供する電気通信役務をいう。[電気通信事業法施行規則第2条第2項第二号]

⑪専用役務

　専用役務とは、**特定の者**に電気通信設備を専用させる電気通信役務をいう。[電気通信事業法施行規則第2条第2項第三号]

⑫端末系伝送路設備

　端末系伝送路設備とは、**端末設備**又は**自営**電気通信設備と接続される伝送路設備をいう。[電気通信事業法施行規則第3条第1項第一号]

■3　検閲の禁止と秘密の保護

　検閲の禁止ならびに秘密の保護は絶対的なものです。

　「犯罪捜査に必要な場合を除く」などということはないので、注意しましょう。

よく出る ①検閲の禁止

　電気通信事業者の取扱中に係る通信は、**検閲**してはならない。[電気通信事業法第3条]

よく出る ②秘密の保護

　電気通信事業者の取扱中に係る**通信の秘密**は、侵してはならない。

　電気通信事業に従事する者は、在職中電気通信事業者の**取扱中に係る通信**に関して知り得た**他人の秘密**を守らなければならない。**その職を退いた後**においても、同様とする。[電気通信事業法第4条第1項・第2項]

■4　利用の公平、基礎的電気通信役務の提供

①利用の公平

　電気通信事業者は、**電気通信役務の提供**について、**不当な差別的取扱い**をしてはならない。[電気通信事業法第6条]

②基礎的電気通信役務の提供

基礎的電気通信役務を提供する電気通信事業者は、その**適切、公平かつ安定的な提供**に努めなければならない。[電気通信事業法第7条]

■5　重要通信の確保、業務の改善命令

①重要通信の確保

電気通信事業者は、天災、事変その他の非常事態が発生し、又は発生するおそれがあるときは、災害の予防若しくは救援、交通、通信若しくは電力の供給の確保又は**秩序の維持**のために必要な事項を内容とする通信を優先的に取り扱わなければならない。**公共の利益**のため緊急に行うことを要するその他の通信であって総務省令で定めるものについても、同様とする。[電気通信事業法第8条第1項]

②業務の改善命令

電気通信事業者が特定の者に対し不当な差別的取扱いを行っていると総務大臣が認めるときは、総務大臣は電気通信事業者に対し、**利用者の利益**又は**公共の利益**を確保するために必要な限度において、**業務の方法の改善**その他の措置をとるべきことを命ずることができる。[電気通信事業法第29条第1項第二号]

③重要通信の円滑な実施

電気通信事業者は、電気通信事業法に規定する**重要通信**の円滑な実施を他の電気通信事業者と相互に連携を図りつつ確保するため、他の電気通信事業者と電気通信設備を相互に接続する場合には、**総務省令**で定めるところにより、重要通信の優先的な取扱いについて取り決めることその他の必要な措置を講じなければならない。[電気通信事業法第8条第3項]

■6　端末設備接続の技術基準、
　　　技術基準認定表示が付されていないものとみなす場合

①端末設備の接続の技術基準

電気通信事業者は、利用者から端末設備をその電気通信回線設備（その損壊又は故障等による利用者の利益に及ぼす影響が軽微なものとして総務省令で定めるものを除く。）に接続すべき旨の請求を受けたときは、その接続が総務省令で定める**技術基準**に適合しない場合その他総務省令で定める場合を除き、その請求を拒むことができない。[電気通信事業法第52条第1項]

②表示が付されていないものとみなす場合

　登録認定機関による技術基準適合認定を受けた端末機器であって電気通信事業法の規定により表示が付されているものが総務省令で定める技術基準に適合していない場合において、総務大臣が電気通信回線設備を利用する他の利用者の**通信への妨害**の発生を防止するため特に必要があると認めるときは、当該端末機器は、同法の規定による技術基準適合認定の表示が付されていないものとみなす。[電気通信事業法第55条第1項]

■7　端末設備の接続の検査、自営電気通信設備の接続

①端末設備の接続の検査

　電気通信事業法の「端末設備の接続の検査」において、電気通信事業者の電気通信回線設備と端末設備との接続の検査に従事する者は、その身分を示す**証明書**を携帯し、関係人に提示しなければならない。[電気通信事業法第69条第3項]

②自営電気通信設備の接続

　電気通信事業者は、**電気通信回線設備**を設置する電気通信事業者以外の者からその電気通信設備（端末設備以外のものに限る。以下「自営電気通信設備」という。）をその**電気通信回線設備**に接続すべき旨の請求を受けたとき、その自営電気通信設備の接続が、総務省令で定める**技術基準**に適合しないときは、その**請求を拒む**ことができる。[電気通信事業法第70条第1項第一号]

■8　工事担任者による工事の実施及び監督、工事担任者資格者証

①工事担任者による工事の実施及び監督

　利用者は、**端末設備**又は**自営電気通信設備**を**接続**するときは、工事担任者資格者証の交付を受けている者に、当該工事担任者資格者証の種類に応じ、これに係る工事を行わせ、又は実地に監督させなければならない。ただし、総務省令で定める場合は、この限りでない。[電気通信事業法第71条第1項]

　工事担任者は、端末設備又は自営電気通信設備を接続する工事の実施又は監督の職務を**誠実**に行わなければならない。[電気通信事業法第71条第2項]

②工事担任者資格者証

工事担任者資格者証の種類及び工事担任者が行い、又は監督することができる端末設備若しくは**自営電気通信設備**の接続に係る工事の範囲は、**総務省令**で定める。[電気通信事業法第72条第1項]

総務大臣は、次の(ⅰ)～(ⅲ)のいずれかに該当する者に対し、工事担任者資格者証を交付する。

(ⅰ)工事担任者試験に合格した者

(ⅱ)工事担任者資格者証の交付を受けようとする者の**養成課程**で、総務大臣が総務省令で定める基準に適合するものであることの**認定をしたものを修了**した者

(ⅲ)前記(ⅰ)及び(ⅱ)に掲げる者と同等以上の**知識及び技能**を有すると総務大臣が認定した者

[電気通信事業法第72条第2項、同法第46条第3項]

③資格者証の交付を行わない場合

総務大臣は、次の(ⅰ)、(ⅱ)のいずれかに該当する者に対しては、工事担任者資格者証の交付を行わないことができる。

(ⅰ)電気通信事業法の規定により工事担任者資格者証の**返納**を命ぜられ、その日から**1年**を経過しない者

(ⅱ)電気通信事業法の規定により**罰金以上**の刑に処せられ、その執行を終わり、又はその執行を受けることがなくなった日から**2年**を経過しない者

[電気通信事業法第46条第4項、同法第72条第2項]

間違い探し

　このコーナー「間違い探し」では、試験において重要な法規に関する誤りが含まれた文章から間違いを見つけ、正しい文言に直す力を鍛えます。正確な知識と理解を深めることで、ひっかけを見抜く力を身につけましょう。

問1

　電気通信とは、有線、無線その他の機械的方法により、符号、音響又は影像を送り、伝え、又は受けることをいう。

> 正解：(誤) **機械的方法** ➡ (正) **電磁的方式**

 ワンポイント

この問題に限らず、「機械的方法」とあったら誤りと判断しましょう。

問2

　電気通信事業に従事する者は、在職中電気通信事業者の取扱中に係る通信に関して知り得た人命に関する情報は、警察機関等に通知し、これを秘匿しなければならない。その職を退いた後においても、同様とする。

> 正解：(誤) **人命に関する情報は、警察機関等に通知し、これを秘匿し** ➡
> (正) **他人の秘密を守ら**

 ワンポイント

　通信の秘密は絶対的なものです。「警察機関等に通知」というのは、ひっかけでよく出てくるので注意しましょう。

問3

電気通信事業者の取扱中に係る通信は、犯罪捜査に必要であると総務大臣が認めた場合を除き、検閲してはならない。

> 正解：(誤)**犯罪捜査に必要であると総務大臣が認めた場合を除き、**➡
> 　　　　(正)**条文にはこのような条件は存在しません**

👆 **ワンポイント**

検閲の禁止は絶対的なものです。問2と同様に、「捜査に必要」というのはひっかけでよく出てくるので注意しましょう。

問4

電気通信事業者は、電気通信事業法に規定する重要通信の円滑な実施を他の電気通信事業者と相互に連携を図りつつ確保するため、他の電気通信事業者と電気通信設備を相互に接続する場合には、それぞれの管理規定で定めるところにより、重要通信の優先的な取扱いについて取り決めることその他の必要な措置を講じなければならない。

> 正解：(誤)**それぞれの管理規定** ➡ (正)**総務省令**

👆 **ワンポイント**

このような長文になると読み落としがちなところです。「管理規定」というのはひっかけで多用されています。この文言が出てきたら誤りを疑ってください。

問5

音声伝送役務とは、おおむね3キロヘルツ帯域の音声その他の音響を伝送交換する機能を有する電気通信設備を他人の通信の用に供する電気通信役務であってデータ伝送役務以外のものをいう。

> 正解：(誤) **3キロヘルツ** ➡ (正) **4キロヘルツ**
> 　　　　(誤) **伝送役務を含む** ➡ (正) **伝送役務以外の**

👆 **ワンポイント**

数字のひっかけもよく出ます。「音声ときたら4キロヘルツ」で覚えておきましょう。

問6

　データ伝送役務とは、音声その他の音響を伝送交換するための電気通信設備を他人の通信の用に供する電気通信役務をいう。

> 正解：(誤) **音声その他の音響** ➡ (正) **専ら符号又は影像**

👆 **ワンポイント**

データ伝送なので、「音響」の伝送はおかしいと感じてもらえれば、誤りを発見できます。

問7

　総務大臣は、工事担任者資格者証の交付を受けようとする者の養成課程で、総務大臣が総務省令で定める基準に適合するものであることの認定をしたものを受講した者に対し、工事担任者資格者証を交付する。

> 正解：(誤) **受講** ➡ (正) **修了**

👆 **ワンポイント**

うっかり読み落としがちになるところです。頻出のひっかけです。

問8

端末系伝送路設備とは、端末設備又は事業用電気通信設備と接続される伝送路設備をいう。

正解：(誤) **事業用** ➡ (正) **自営**

 ワンポイント

これもよく出るひっかけです。なお、事業用と自営の違いについては、第12章末のコラム「自営電気通信設備と事業用電気通信設備の違いを知ろう」をご参照ください。

問9

電気通信役務とは、電気通信設備を用いて他人の通信を媒介し、その他電気通信設備を特定の者の専用の用に供することをいう。

正解：(誤) **特定の者の専用** ➡ (正) **他人の通信**

 ワンポイント

「特定の者」に限定するのは「専用役務」です。

Question **問題を解いてみよう**

次の各設問について、(　　)内に入る最も適切なものを下の選択肢から選ぼう。

問1 電気通信事業法は、電気通信事業の公共性にかんがみ、その運営を適正かつ合理的なものとするとともに、その公正な競争を促進することにより、電気通信役務の円滑な提供を確保するとともにその利用者の(　　)を保護し、もって電気通信の健全な発達及び国民の利便の確保を図り、公共の福祉を増進することを目的とする。

①利益　　②権利　　③表現の自由

問2 電気通信事業法または電気通信事業法施行規則に規定する用語について述べた次の文章のうち、誤っているものは、（　　）である。

①端末設備とは、電気通信回線設備の一端に接続される電気通信設備であって、一の部分の設置の場所が他の部分の設置の場所と同一の構内（これに準ずる区域内を含む。）又は同一の建物内であるものをいう。

②電気通信事業とは、電気通信役務を他人の需要に応ずるために提供する事業（放送法に規定する放送局設備供給役務に係る事業を除く。）をいう。

③データ伝送役務とは、音声その他の音響符号を伝送交換するための電気通信設備を他人の通信の用に供する電気通信役務をいう。

問3 端末系伝送路設備とは、端末設備又は（　　）と接続される伝送路設備をいう。

①電気通信回線設備
②事業用電気通信設
③自営電気通信設備

問4 電気通信事業法に規定する「秘密の保護」及び「検閲の禁止」について述べた次の二つの文章は、（　　）。

A　電気通信事業者の取扱中に係る通信の秘密は、犯罪捜査に必要であると総務大臣が認めた場合を除き、侵してはならない。電気通信事業に従事する者は、在職中電気通信事業者の取扱中に係る通信に関して知り得た他人の秘密を守らなければならない。その職を退いた後においても、同様とする。

B　電気通信事業者の取扱中に係る通信は、犯罪捜査に必要であると総務大臣が認めた場合を除き、検閲してはならない。

① Aのみ正しい　　　　② Bのみ正しい
③ AもBも正しい　　　④ AもBも正しくない

問5 電気通信事業法に規定する「基礎的電気通信役務の提供」及び「利用の公平」について述べた次の二つの文章は、（　　　）。

A　基礎的電気通信役務を提供する電気通信事業者は、その適切、公正かつ永続的な提供に努めなければならない。
B　電気通信事業者は、端末設備を自営電気通信設備に接続する場合において、不当な差別的取扱いをしてはならない。

①Aのみ正しい　　　②Bのみ正しい
③AもBも正しい　　④AもBも正しくない

問6 電気通信事業者は、天災、事変その他の非常事態が発生し、又は発生するおそれがあるときは、災害の予防若しくは救援、交通、通信若しくは電力の供給の確保又は（　　　）ために必要な事項を内容とする通信を優先的に取り扱わなければならない。公共の利益のため緊急に行うことを要するその他の通信であって総務省令で定めるものについても、同様とする。

①秩序の維持　　②犯罪の抑止　　③物資の供給

問7 総務大臣は、電気通信事業者が特定の者に対し不当な差別的取扱いを行っていると認めるときは、当該電気通信事業者に対し、利用者の利益又は（　　　）を確保するために必要な限度において、業務の方法の改善その他の措置をとるべきことを命ずることができる。

①国民の権利　　②秩序の維持　　③公共の利益

問 8　電気通信事業者は、（　　）を設置する電気通信事業者以外の者からその電気通信設備（端末設備以外のものに限る。以下「自営電気通信設備」という。）をその（　　）に接続すべき旨の請求を受けたとき、その自営電気通信設備の接続が、総務省令で定める技術基準に適合しないときは、その請求を拒むことができる。

①電気通信回線設備　　②事業用電気通信設備　　③端末機器

問 9　電気通信事業法に規定する「工事担任者による工事の実施及び監督」及び「工事担任者資格者証」について述べた次の二つの文章は、（　　）。

A　工事担任者は、端末設備又は自営電気通信設備を接続する工事の実施又は監督の職務を誠実に行わなければならない。

B　工事担任者資格者証の種類及び工事担任者が行い、又は監督することができる端末設備若しくは自営電気通信設備の接続に係る工事の範囲は、総務大臣が定める。

①Aのみ正しい　　　　　②Bのみ正しい
③AもBも正しい　　　　④AもBも正しくない

問 10　総務大臣は、次の（ⅰ）～（ⅲ）のいずれかに該当する者に対し、工事担任者資格者証を交付する。

（ⅰ）工事担任者試験に合格した者
（ⅱ）工事担任者資格者証の交付を受けようとする者の（　　）で、総務大臣が総務省令で定める基準に適合するものであることの認定をしたものを修了した者
（ⅲ）前記（ⅰ）及び（ⅱ）に掲げる者と同等以上の知識及び技能を有すると総務大臣が認定した者

①通信講座　　②認定学校等　　③養成課程

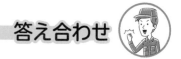

答え合わせ

問1　正解：①

解説

　・・・利用者の（**利益**）を保護し、・・・が正解です。

　法律の第1条はその法律の目的を表すものが多く重要です。詳しくは本章末のコラム「法律の第1条の重要性を知ろう」をご参照ください。

問2　正解：③

解説

　「音声その他の音響符号」ではなく、「**専ら符号又は影像**」が正しい内容です。

　「間違い探し」のコーナーでも取り上げた内容です。ご注意ください。

問3　正解：③

解説

　端末系伝送路設備とは、端末設備又は（**自営電気通信設備**）と接続される伝送路設備をいう。［電気通信事業法施行規則第3条第1項第一号］

問4　正解：④

解説

　AもBも正しくありません。

　A、Bともに「犯罪捜査に必要であると総務大臣が認めた場合を除き」などの限定はつきません。

　通信の秘密や検閲の禁止は絶対的なものです。

問5　正解：④

解説

　ＡもＢも正しくありません。

A：「**永続的**」な提供ではなく、「**安定的**」な提供が正しい内容です。

B：「端末設備を自営電気通信設備に接続する場合において」ではなく、「**電気通信役務の提供について**」が正しい内容です。「不当な差別的取扱いをしてはならない」という部分だけに着目していると、一見正しい内容に思えてしまうので注意が必要です。規定の有無から判断しなければなりません。

問6　正解：①

解説

　・・・（**秩序の維持**）のために・・・が正しい内容です。

　いわゆる「重要通信の確保」に関する問題です。ここからの出題が多く、試験対策においても重要な条文です。よく出るマークを付しています。

問7　正解：③

解説

　・・・（**公共の利益**）を確保するために・・・が正しい内容です。

　「業務の改善命令」に関する問題です。この条文から、電気通信事業者は私企業であるものの、インフラを担う重要な公的な側面も持っていることが理解できます。

問8　正解：①

解説

　・・・（**電気通信回線設備**）を設置する・・・が正しい内容です。

　電気通信事業法第70条では、自営電気通信設備の接続に関して規定されています。この条文により、電気通信事業者は、電気通信回線設備を設置する事業者以外の者から自営電気通信設備（端末設備を除く）をその回線設備に接続するよう請求された場合、特定の条件を除いてその請求を拒否できません。

　例外として、自営電気通信設備の接続が総務省令で定める技術基準に適合していない場合には、電気通信事業者は接続請求を拒否できます。技術基準には、電気通信事業者自身や他の事業者と接続する際に遵守すべき技術的条件が含まれています。

この規定は、自営電気通信設備の利用者が、電気通信事業者の回線設備にアクセスできるようにし、通信サービスの利便性向上を図ることを目的としています。ただし、技術基準への適合性が求められることで、通信の品質や安全性が確保されるように配慮されています。

問9　正解：①

解説

Aは正しく、Bは誤りが含まれています。

B：「総務大臣が定める」ではなく、「**総務省令で定める**」が正しい内容です。

「総務大臣の考えで工事担任者の工事の範囲が決められるのはおかしい」と気づけば、間違いを見つけやすくなります。総務大臣や総務省令はひっかけに多用されるところです。意識して覚えておきましょう。

問10　正解：③

解説

・・・（**養成課程**）で・・・が正しい内容です。

実際に第二級デジタル通信でも養成課程が設けられており、養成課程修了後、修了試験に合格することで、工事担任者資格者証の申請が可能になります。

第**11**章

[法規編]
工事担任者規則ほか

Theme

1 工事担任者規則ほか

このテーマでは、工事担任者規則、技術基準適合認定規則、有線電気通信法、有線電気通信設備令、不正アクセス禁止法について学びます。

重要度：★★★

学習アドバイス

- ●工事担任者規則に関する単元は、工事の範囲や、資格者証の交付など、実務に直結する内容が多く出てきます。
- ●技術基準適合認定規則からは、「表示」に関する出題が主となっています。端末機器の種類と記号の対応関係を覚えていきましょう。
- ●有線電気通信法では、目的、届出、技術基準、設備の検査について出題されています。
- ●有線電気通信設備令からは、定義に関する問題が毎回のように多く出題されています。
- ●不正アクセス禁止法からは、目的と定義が出題されています。内容をひととおり押さえておけば、それほど難しくはないでしょう。

---

1 工事担任者規則

■1 資格者証の種類及び工事の範囲

工事担任者の資格の種類と、許可された工事の範囲は次表のとおりです。赤字部分に注意して覚えていきましょう。試験では第二級デジタル通信以外のところからも出題されているので、すべて覚えておく必要があります。

出題者の目線

- ●例年、「法規」科目の大問2に出題される問題です。出題数は5問程度（25点分）となっています。5問の内訳としては、「資格者証の種類および工事の範囲」「端末機器の技術基準適合認定番号」「有線電気通信法」「有線電気通信設備令」「不正アクセス禁止法」から各1問ずつという構成が多く見られます（今後傾向が変わる可能性はあります）。
- ●いずれの問題も同じ内容から繰り返し出題されていますので、過去問を仕上げておけば大丈夫です。大問1と大問2で実質50点分の配点が見込まれるので、ここまで押さえれば法規の半分は攻略できたことになります。

資格者証の種類	工事の範囲
第一級アナログ通信	**アナログ**伝送路設備（アナログ信号を入出力とする電気通信回線設備をいう。以下同じ。）に端末設備等を接続するための工事及び**総合デジタル通信用設備**に端末設備等を接続するための工事
第二級アナログ通信	**アナログ**伝送路設備に端末設備を接続するための工事（端末設備に収容される**電気通信回線の数が**1のものに限る。）及び総合デジタル通信用設備に端末設備を接続するための工事（**総合デジタル通信**回線の数が**基本インタフェース**で1のものに限る。）
第一級デジタル通信	**デジタル**伝送路設備（デジタル信号を入出力とする電気通信回線設備をいう。以下同じ。）に端末設備等を接続するための工事。ただし、**総合デジタル通信用設備**に端末設備等を接続するための工事を**除く。**
第二級デジタル通信	**デジタル**伝送路設備に端末設備等を接続するための工事（接続点におけるデジタル信号の入出力速度が**毎秒1ギガビット**以下であつて、主としてインターネットに接続するための回線に係るものに限る。）。ただし、**総合デジタル通信用設備**に端末設備等を接続するための工事を**除く。**
総合通信	**アナログ**伝送路設備又は**デジタル**伝送路設備に端末設備等を接続するための工事

[工事担任者規則第4条]

■2　（資格者証の交付の申請）

　工事担任者資格者証の交付を受けようとする者は、別に定める様式の申請書に次に掲げる (i) ～ (iii) の書類を添えて、**総務大臣**に提出しなければならない。

(i) **氏名及び生年月日**を証明する書類

(ii) **写真1枚**

(iii) **養成課程の修了証明書**（養成課程の修了に伴い資格者証の交付を受けようとする者の場合に限る。）

　　[工事担任者規則第37条第1項]

11

［法規編］工事担任者規則ほか

2 端末機器の技術基準適合認定等に関する規則

■1 技術基準適合認定番号

端末機器の技術基準適合認定等に関する規則（略称：技術基準適合認定規則）では、端末機器の種類と、技術基準適合認定番号の最初の1文字について、試験の頻出事項になっています。

接続される端末機器の種類	記号
アナログ電話用設備又は**移動電話**用設備	A
無線呼出用設備	B
総合デジタル通信用設備	C
専用通信回線設備又は**デジタルデータ伝送**用設備	D
インターネットプロトコル電話用設備	E
インターネットプロトコル移動電話用設備	F

［技術基準適合認定規則様式第七号、同規則第3条第1項］

端末機器の種類と対応する記号が反射的に出てくるように、トレーニングをする必要があります。大変だと思うかもしれませんが、この1問で5点分あります。合格を勝ち取るために頑張りましょう！

合格トレーニング

端末機器の種類から反射的に記号を導けるように、赤シートなどで答えを隠して繰り返し練習しましょう。チェックボックスを設けてあるので、暗記の確認にご活用ください。

☑ **無線**呼出用設備　　　　　　　　　➡B
☑ **専用通信**回線設備　　　　　　　　➡D
☑ **インターネットプロトコル電話**用設備　➡E
☑ **移動電話**用設備　　　　　　　　　➡A
☑ **アナログ電話**用設備　　　　　　　➡A
☑ **総合デジタル通信**用設備　　　　　➡C
☑ **デジタルデータ伝送**用設備　　　　➡D
☑ **インターネットプロトコル移動電話**用設備　➡F

それでは、さらにトレーニングです。次に示す内容は記号に誤りがあります。正しい記号に直してください。

☑ **無線**呼出用設備はEである　　　　　　　　➡（正）B
☑ **総合デジタル通信**用設備はDである　　　　➡（正）C
☑ **インターネットプロトコル移動電話**用設備はEである　➡（正）F
☑ **移動電話**用設備はBである　　　　　　　　➡（正）A
☑ **専用通信**回線設備はEである　　　　　　　➡（正）D
☑ **インターネットプロトコル電話**用設備はFである　　➡（正）E
☑ **アナログ電話**用設備はEである　　　　　　➡（正）A
☑ **デジタルデータ伝送**用設備はCである　　　➡（正）D

11

【法規編】工事担任者規則ほか

3　有線電気通信法

■1　目的

　有線電気通信法は、有線電気通信設備の設置及び使用を規律し、有線電気通信に関する**秩序を確立**することによって、**公共の福祉**の増進に寄与することを目的とする。[有線電気通信法第1条]

■2　定義

(i)「**有線電気通信**」とは、送信の場所と受信の場所との間の**線条その他の導体**を利用して、電磁的方式により、符号、音響又は影像を送り、伝え、又は受けることをいう。

(ii)「**有線電気通信設備**」とは、有線電気通信を行うための機械、器具、線路その他の電気的設備(無線通信用の有線連絡線を含む。)をいう。[有線電気通信法第2条]

■3　有線電気通信設備の届出

　有線電気通信設備(その設置について総務大臣に届け出る必要のないものを除く。)を設置しようとする者は、有線電気通信の方式の別、設備の設置の場所及び設備の概要を記載した書類を添えて、設置の工事の開始の日の**2週間**前まで(工事を要しないときは、設置の日から**2週間**以内)に、その旨を総務大臣に**届け出**なければならない。[有線電気通信法第3条第1項]

■4　技術基準

　有線電気通信設備(政令で定めるものを除く。)の**技術基準**により確保されるべき事項には、次の2点がある。

1　他人の設置する有線電気通信設備に**妨害を与えない**ようにすること。

2　**人体に危害**を及ぼし、又は**物件に損傷**を与えないようにすること。
　[有線電気通信法第5条第2項]

■5　設備の検査等

　総務大臣は、有線電気通信法の施行に必要な限度において、有線電気通信設備を**設置した者**からその設備に関する報告を徴し、又はその職員に、その事務所、営業所、工場若しくは事業場に立ち入り、その設備若しくは帳簿書類を**検査**させることができる。[有線電気通信法第6条第1項]

4　有線電気通信設備令

■1　定義

　有線電気通信設備令からは、例年のごとく定義が出題されています。

　全部で11項目ありますが、いずれも重要なものですので、しっかりと覚えましょう。

①**電線**　有線電気通信（送信の場所と受信の場所との間の線条その他の導体を利用して、電磁的方式により信号を行うことを含む。）を行うための導体（絶縁物又は保護物で被覆されている場合は、これらの物を含む。）であって、**強電流電線に重畳される通信回線に係るもの以外のもの**

②**絶縁電線**　**絶縁物のみ**で被覆されている電線

③**ケーブル**　光ファイバ並びに光ファイバ以外の**絶縁物及び保護物**で被覆されている電線

④**強電流電線**　強電流電気の伝送を行うための**導体**（**絶縁物又は保護物**で被覆されている場合は、これらの物を含む。）

⑤**線路**　送信の場所と受信の場所との間に設置されている電線及びこれに係る中継器その他の機器（これらを支持し、又は保蔵するための**工作物を含む。**）

⑥**支持物**　電柱、支線、つり線その他電線又は**強電流電線**を支持するための工作物

⑦**離隔距離**　線路と他の物体（線路を含む。）とが**気象条件**による位置の変化により**最も接近**した場合におけるこれらの物の間の距離

⑧**音声周波**　周波数が**200ヘルツを超え**、**3,500ヘルツ以下**の電磁波

⑨**高周波**　周波数が**3,500ヘルツ**を超える電磁波

⑩**絶対レベル**　一の**皮相電力の1ミリワット**に対する比をデシベルで表わしたもの

⑪**平衡度**　通信回線の**中性点**と大地との間に起電力を加えた場合におけるこれらの間に生ずる電圧と通信回線の端子間に生ずる電圧との比をデシベルで表わしたもの[有線電気通信設備令第1条]

5　不正アクセス行為の禁止等に関する法律

■1　目的

　不正アクセス行為の禁止等に関する法律 (略称：不正アクセス禁止法) は、不正アクセス行為を禁止するとともに、これについての罰則及びその**再発防止**のための**都道府県公安委員会**による援助措置等を定めることにより、電気通信回線を通じて行われる**電子計算機**に係る**犯罪の防止**及び**アクセス制御機能**により実現される電気通信に関する**秩序の維持**を図り、もって高度情報通信社会の健全な発展に寄与することを目的とする。

　［不正アクセス禁止法第1条］

■2　定義

①アクセス管理者

　この法律において「**アクセス管理者**」とは、電気通信回線に接続している電子計算機 (以下「特定電子計算機」という。) の利用 (当該電気通信回線を通じて行うものに限る。) につき当該特定電子計算機の**動作を管理**する者をいう。

②識別符号

　この法律において「**識別符号**」とは、特定電子計算機の特定利用をすることについて当該特定利用に係るアクセス管理者の許諾を得た者 (以下「利用権者」という。) 及び当該アクセス管理者 (以下この項において「利用権者等」という。) に、当該アクセス管理者において当該利用権者等を他の利用権者等と区別して識別することができるように付される符号であって、次のいずれかに該当するもの又は次のいずれかに該当する符号とその他の符号を組み合わせたものをいう。

一　当該アクセス管理者によってその内容をみだりに第三者に知らせてはならないものとされている符号

二　当該利用権者等の身体の全部若しくは一部の影像又は音声を用いて当該アクセス管理者が定める方法により作成される符号

三　当該利用権者等の署名を用いて当該アクセス管理者が定める方法により作成される符号

③この法律において「**アクセス制御機能**」とは、特定電子計算機の特定利用を自動的に制御するために当該特定利用に係る**アクセス管理者**によって当該特定電子計算機又は当該特定電子計算機に電気通信回線を介して接続された他の特定電子計算機に付加されている機能であって、当該特定利用をしようとする者により当該機能を有する特定電子計算機に入力された符号が当該特定利用に係る**識別符号**であることを確認して、当該特定利用の**制限**の全部又は一部を**解除**するものをいう。

[不正アクセス禁止法第2条]

間違い探し

このコーナー「間違い探し」では、試験において重要な法規に関する誤りが含まれた文章から間違いを見つけ、正しい文言に直す力を鍛えます。正確な知識と理解を深めることで、ひっかけを見抜く力を身につけましょう。

問1

第二級デジタル通信の工事担任者は、デジタル伝送路設備に端末設備等を接続するための工事のうち、接続点におけるデジタル信号の入出力速度が毎秒1ギガビット以下であって、主としてインターネットに接続するための回線に係るものに限る工事及び総合デジタル通信用設備に端末設備等を接続するための工事を行い、又は監督することができる。

正解：(誤)及び**総合デジタル通信用設備**に端末設備等を接続するための工事を行い、又は監督することができる。➡
(正)を行い、又は監督することができる。ただし、**総合デジタル通信用設備**に端末設備等を接続するための工事を**除く**。

ワンポイント

総合デジタル通信用設備に接続するためには、アナログの資格が必要です。

263

問2

　第二級アナログ通信の工事担任者は、アナログ伝送路設備に端末設備を接続するための工事のうち、端末設備に収容される電気通信回線の数が1のものに限る工事を行い、又は監督することができる。また、総合デジタル通信用設備に端末設備を接続するための工事のうち、総合デジタル通信回線の数が毎秒64キロビット換算で1のものに限る工事を行い、又は監督することができる。

> 正解：(誤)**毎秒64キロビット換算**で1 ➡ (正)**基本インタフェース**で1

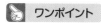 **ワンポイント**

　「**毎秒64キロビット**」は改正前の基準です。

問3

　専用通信回線設備に接続される端末機器に表示される技術基準適合認定番号の最初の文字は、Bである。

> 正解：(誤)**B** ➡ (正)**D**

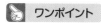 **ワンポイント**

　本章掲載の「合格トレーニング」でも練習しておきましょう。

問4

　有線電気通信法に規定する、有線電気通信設備（政令で定めるものを除く。）の技術基準により確保されるべき事項の一つとして、有線電気通信設備は、重要通信に付される識別符号を判別できるようにすること。

> 正解：　(誤)**重要通信に付される識別符号を判別できるようにすること** ➡
> 　　　　(正)**他人の設置する有線電気通信設備に妙害を与えないようにすること**

ワンポイント

　内容はまったく違うにもかかわらず、このひっかけは頻出です。"一見正しそうに見えるけれども、そんな規定はない"パターンのもので、知識がなければ正しいと思い込みがちですので注意しましょう。

問5

　音声周波とは、周波数が250ヘルツを超え、4,500ヘルツ以下の電磁波をいう。

> 正解：（誤）**250ヘルツを超え、4,500ヘルツ以下** ➡
> 　　　　（正）**200**ヘルツを超え、**3,500**ヘルツ以下

 ワンポイント

　数字のひっかけはよく出ます。細かい知識ですが頻出事項ですので、確実に覚えておきましょう。

問6

　高周波とは、周波数が4,500ヘルツを超える電磁波をいう。

> 正解：（誤）**4,500ヘルツ** ➡（正）**3,500ヘルツ**

 ワンポイント

　「3,500ヘルツ」は音声周波のところでも出てくるので、あわせて覚えておきましょう。

問7

　絶縁電線とは、絶縁物及び保護物で被覆されている電線をいう。

> 正解：（誤）**絶縁物及び保護物** ➡（正）**絶縁物のみ**

 ワンポイント

　「ケーブル」では「絶縁物及び保護物」、「強電流電線」では「絶縁物又は保護物」が正しい内容であるため、混乱を誘う出題になっています。

問8

電線とは、有線電気通信を行うための導体（絶縁物又は保護物で被覆されている場合は、これらの物を含む。）をいい、強電流電線に重畳される通信回線に係るものを含む。

> 正解：（誤）通信回線に係るものを含む ➡
> 　　　（正）通信回線に係るもの**以外のもの**

✋ ワンポイント

文末でひっかけてくるパターンです。最後まで読み落とさないように気をつけましょう。

問9

支持物とは、電柱、支線、つり線その他電線又は事業用電気通信設備を支持するための工作物をいう。

> 正解：（誤）**事業用電気通信設備** ➡（正）**強電流電線**

✋ ワンポイント

それらしい単語に惑わされないように。定義の部分ですから、正確に押さえておく必要があります。

問10

ケーブルとは、絶縁物のみで被覆されている光ファイバ以外の電線をいう。

> 正解：（誤）**絶縁物のみで被覆されている光ファイバ以外の電線** ➡
> 　　　（正）**光ファイバ並びに光ファイバ以外の絶縁物及び保護物で被覆されている電線**

✋ ワンポイント

問7の「絶縁電線」とあわせて確認しておきましょう。

次の各設問について、（　　）内に入る最も適切なものを下の選択肢から選ぼう。

問1 第二級アナログ通信の工事担任者は、アナログ伝送路設備に端末設備を接続するための工事のうち、端末設備に収容される電気通信回線の数が1のものに限る工事を行い、又は監督することができる。また、総合デジタル通信用設備に端末設備を接続するための工事のうち、総合デジタル通信回線の数が（　　）で1のものに限る工事を行い、又は監督することができる。

①基本インタフェース
②毎秒 64 キロビット換算
③1 次群インタフェース

問2 技術基準適合認定規則に規定する、端末機器の技術基準適合認定番号について述べた次の文章のうち、誤っているものは、（　　）である。

①総合デジタル通信用設備に接続される端末機器に表示される技術基準適合認定番号の最初の文字は、C である。
②専用通信回線設備に接続される端末機器に表示される技術基準適合認定番号の最初の文字は、E である。
③インターネットプロトコル移動電話用設備に接続される端末機器に表示される技術基準適合認定番号の最初の文字は、F である。

問 3 技術基準適合認定規則において、（　　）に接続される端末機器に表示される技術基準適合認定番号の最初の文字は、Eと規定されている。

①総合デジタル通信用設備
②専用通信回線設備
③インターネットプロトコル電話用設備

問 4 有線電気通信法に規定する「目的」または「技術基準」について述べた次の文章のうち、正しいものは、（　　）である。

①有線電気通信法は、有線電気通信設備の設置及び態様を規律し、有線電気通信に関する通信の秘密を保護することによって、公共の福祉の増進に寄与することを目的とする。
②有線電気通信設備（政令で定めるものを除く。）の技術基準により確保されるべき事項の一つとして、有線電気通信設備は、他人の設置する有線電気通信設備に妨害を与えないようにすることがある。
③有線電気通信設備（政令で定めるものを除く。）の技術基準により確保されるべき事項の一つとして、有線電気通信設備は、適切、公平かつ安定的な役務の提供をできるようにすることがある。

問 5 有線電気通信法の「有線電気通信設備の届出」において、有線電気通信設備（その設置について総務大臣に届け出る必要のないものを除く。）を設置しようとする者は、有線電気通信の方式の別、（　　）及び設備の概要を記載した書類を添えて、設置の工事の開始の日の2週間前まで（工事を要しないときは、設置の日から2週間以内）に、その旨を総務大臣に届け出なければならないと規定されている。

①人員構成　　②設備の設置の場所　　③設備構成図

問 6 有線電気通信法に規定する「目的」及び「技術基準」について述べた次の二つの文章は、（　　　）。

A 有線電気通信法は、有線電気通信設備の設置及び使用を規律し、有線電気通信に関する秩序を確立することによって、公共の福祉の増進に寄与することを目的とする。

B 有線電気通信設備（政令で定めるものを除く。）の技術基準により確保されるべき事項の一つとして、有線電気通信設備は、他人の設置する有線電気通信設備に妨害を与えないようにすることがある。

① A のみ正しい　　　　② B のみ正しい
③ A も B も正しい　　　④ A も B も正しくない

問 7 有線電気通信設備令に規定する用語について述べた次の文章のうち、正しいものは、（　　　）である。

①強電流電線とは、強電流電気の伝送を行うための導体（絶縁物又は保護物で被覆されている場合は、これらの物を含む。）をいう。
②ケーブルとは、光ファイバ以外の絶縁物及び保護物で被覆されている電線をいう。
③絶縁電線とは、絶縁物又は保護物で被覆されている電線をいう。

問 8 有線電気通信設備令に規定する用語について述べた次の文章のうち、誤っているものは、（　　　）である。

①高周波とは、周波数が 3,000 ヘルツを超える電磁波をいう。
②支持物とは、電柱、支線、つり線その他電線又は強電流電線を支持するための工作物をいう。
③線路とは、送信の場所と受信の場所との間に設置されている電線及びこれに係る中継器その他の機器（これらを支持し、又は保蔵するための工作物を含む。）をいう。

問9 不正アクセス行為の禁止等に関する法律は、不正アクセス行為を禁止するとともに、これについての罰則及びその再発防止のための都道府県公安委員会による援助措置等を定めることにより、電気通信回線を通じて行われる（　　）に係る犯罪の防止及びアクセス制御機能により実現される電気通信に関する秩序の維持を図り、もって高度情報通信社会の健全な発展に寄与することを目的とする。

①電子計算機　　②インターネット通信　　③不正アクセス

問10 不正アクセス行為の禁止等に関する法律において、アクセス制御機能とは、特定電子計算機の特定利用を自動的に制御するために当該特定利用に係るアクセス管理者によって当該特定電子計算機又は当該特定電子計算機に電気通信回線を介して接続された他の特定電子計算機に付加されている機能であって、当該特定利用をしようとする者により当該機能を有する特定電子計算機に入力された符号が当該特定利用に係る（　　）であることを確認して、当該特定利用の制限の全部又は一部を解除するものをいう。

①電子署名　　②解除権者　　③識別符号

Answer 答え合わせ

問1　正解：①

解説

　・・・総合デジタル通信回線の数が（**基本インタフェース**）で1のものに限る・・・が正解です。

　第二級アナログ通信に関する内容は意識が希薄になりがちです。実は第二級デジタル通信に匹敵する出題率ですので、要注意です。

問2　正解：②

解説

専用通信回線設備は「E」ではなく、「**D**」が正しい内容です。

技術基準適合認定番号はA〜Fの6種類しかありませんので、頑張って覚えましょう。これで1問（5点）拾えます。

問3　正解：③

解説

「E」と規定されているのは、「**インターネットプロトコル電話用設備**」です。

なお、「総合デジタル通信用設備」はC、「専用通信回線設備」はDです。

問4　正解：②

解説

①と③には誤りが含まれています。誤りの部分を確認しておきましょう。

①：（誤）**通信の秘密を保護**　➡（正）**秩序を確立**

③：（誤）**適切、公平かつ安定的な役務の提供をできる**ようにする

➡（正）**人体に危害を及ぼし、又は物件に損傷を与えない**ようにする

なお、「適切、公平かつ安定的な役務の提供」という文言は、第10章で取り上げた「基礎的電気通信役務の提供」に関する内容です。

問5　正解：②

解説

・・・方式の別、（**設備の設置の場所**）及び設備の概要・・・が正しい内容です。

同じ条文から「2週間」というところが抜き出された出題もありますので、あわせて注意しておきましょう。

問6　正解：③

解説

A、Bともに正しい内容です。（有線電気通信法第1条、同法第5条第2項）

解説

　②、③はそれぞれ次の点で誤りです。

②：**光ファイバ**もケーブルに含まれます。

③：「**絶縁物又は保護物**」ではなく、「**絶縁物のみ**」が正しい内容です。②のケーブルと対比させて覚えておきましょう。

解説

　高周波は **3,500 ヘルツを超える**電磁波をいいます。200 ヘルツを超え、3,500 ヘルツ以下は音声周波に分類されます。

解説

　・・・（**電子計算機**）に係る犯罪・・・が正しい内容です。

　電子計算機とは簡単にいうと「コンピュータ」です。要はコンピュータによる犯罪を防止するということです。

解説

　・・・（**識別符号**）であることを確認して・・・が正しい内容です。

　不正アクセス禁止法では、この「識別符号」というキーワードがよく出てきますので、注意しておきましょう。

第12章

［法規編］
端末設備等規則（Ⅰ）

Theme 1 総則

重要度：★★★

このテーマでは、端末設備等規則における「定義」「責任の分界」「漏えいする通信の識別禁止」「鳴音の発生防止」「絶縁抵抗等」「過大音響衝撃の発生防止」「配線設備等」「端末設備内において電波を使用する端末設備」について学びます。

●端末設備等規則（Ⅰ）総則では、定義が全部で25個あります。これらの定義はいずれも重要であり、試験においてしっかりと暗記しておく必要があります。

●本書では、特に重要な部分に赤字で示しています。赤字の箇所を中心に覚えていくことで、学習を効率的に進められます。赤シートを使用して、赤字部分を隠しながら、それらの箇所をすべて答えられるように練習しましょう。

●また、数字に関する部分も"捨て問"にせず、きちんと覚えるようにしましょう。これらの数字は試験で直接問われることがあるため、確実に記憶しておくことが重要です。

●学習の進め方としては、まずは端末設備等規則（Ⅰ）総則全体をざっと読んで概要を把握し、次に赤字の箇所を中心に徹底的に覚えていくことをおすすめします。そして、問題演習を繰り返し、定義や数字に関する知識を確実に定着させましょう。

●例年大問3〜4で出題されており、出題数は5〜7問程度（25〜35点分）となっています。この第12章は、法規の山場となる箇所であり、覚える内容も多いため、特に注意が必要です。
大問3〜4では、定義に関する出題や数字に関連する出題が多く見られます。これらは細かい知識に思えるかもしれませんが、同じ内容が繰り返し出題される傾向にあるため、覚えてしまえば得点が安定するポイントとなります。
攻略に向けて、まずは定義に関する内容をしっかりと理解し、覚えることが重要です。また、数字に関連する出題に対応するためには、本書で紹介されている数字や数値について繰り返し復習しましょう。

1　総則

■1　定義

一　「**電話用設備**」とは、電気通信事業の用に供する電気通信回線設備であって、主として**音声の伝送交換**を目的とする電気通信役務の用に供するものをいう。

（よく出る）二　「**アナログ電話用設備**」とは、電話用設備であって、端末設備又は**自営電気通信設備**を接続する点において**アナログ信号**を入出力とするものをいう。

三　「**アナログ電話端末**」とは、端末設備であって、アナログ電話用設備に接続される点において**2線式**の接続形式で接続されるものをいう。

（よく出る）四　「**移動電話用設備**」とは、電話用設備であって、**端末設備**又は**自営電気通信設備**との接続において電波を使用するものをいう。

五　「**移動電話端末**」とは、端末設備であって、移動電話用設備（インターネットプロトコル移動電話用設備を除く。）に接続されるものをいう。

六　「**インターネットプロトコル電話用設備**」とは、電話用設備であって、端末設備又は自営電気通信設備との接続においてインターネットプロトコルを使用するものをいう。

七　「**インターネットプロトコル電話端末**」とは、端末設備であって、インターネットプロトコル電話用設備に接続されるものをいう。

八　「**インターネットプロトコル移動電話用設備**」とは、移動電話用設備であって、端末設備又は**自営電気通信設備**との接続においてインターネットプロトコルを使用するものをいう。

（よく出る）九　「**インターネットプロトコル移動電話端末**」とは、端末設備であって、**インターネットプロトコル移動電話用設備**に接続されるものをいう。

十　「**無線呼出用設備**」とは、電気通信事業の用に供する電気通信回線設備であって、無線によって利用者に対する呼出し（これに付随する通報を含む。）を行うことを目的とする電気通信役務の用に供するものをいう。

十一　「**無線呼出端末**」とは、端末設備であって、無線呼出用設備に接続されるものをいう。

十二　「**総合デジタル通信用設備**」とは、電気通信事業の用に供する電気通信回線設備であって、主として**64キロビット**毎秒を単位とするデジタル信号の伝送速度により、符号、音声その他の音響又は影像を統合して伝送交換することを目的とする電気通信役務の用に供するものをいう。

十三　「**総合デジタル通信端末**」とは、端末設備であって、総合デジタル通信用設備に接続されるものをいう。

十四 「**専用通信回線設備**」とは、電気通信事業の用に供する電気通信回線設備であって、**特定の利用者**に当該設備を専用させる電気通信役務の用に供するものをいう。

十五 「**デジタルデータ伝送用設備**」とは、電気通信事業の用に供する電気通信回線設備であって、**デジタル方式**により、専ら**符号又は影像**の伝送交換を目的とする電気通信役務の用に供するものをいう。

十六 「**専用通信回線設備等端末**」とは、端末設備であって、専用通信回線設備又は**デジタルデータ伝送用設備**に接続されるものをいう。

十七 「**発信**」とは、通信を行う相手を呼び出すための動作をいう。

十八 「**応答**」とは、電気通信回線からの呼出しに応ずるための動作をいう。

十九 「**選択信号**」とは、主として相手の端末設備を指定するために使用する信号をいう。

二十 「**直流回路**」とは、端末設備又は自営電気通信設備を接続する点において2線式の接続形式を有するアナログ電話用設備に接続して電気通信事業者の交換設備の動作の開始及び終了の制御を行うための回路をいう。

二十一 「**絶対レベル**」とは、一の**皮相電力の1ミリワット**に対する比を**デシベル**で表したものをいう。

二十二 「**通話チャネル**」とは、**移動電話**用設備と**移動電話**端末又はインターネットプロトコル移動電話端末の間に設定され、主として**音声の伝送**に使用する通信路をいう。

二十三 「**制御チャネル**」とは、移動電話用設備と移動電話端末又はインターネットプロトコル移動電話端末の間に設定され、主として**制御信号の伝送**に使用する通信路をいう。

二十四 「**呼設定用メッセージ**」とは、呼設定メッセージ又は応答メッセージをいう。

二十五 「**呼切断用メッセージ**」とは、切断メッセージ、解放メッセージ又は解放完了メッセージをいう。

[端末設備等規則第2条]

■2 責任の分界

利用者の接続する端末設備は、事業用電気通信設備との**責任の分界**を明確にするため、事業用電気通信設備との間に**分界点**を有しなければならない。

分界点における接続の方式は、端末設備を**電気通信回線ごと**に事業用電気通信設備から容易に切り離せるものでなければならない。

[端末設備等規則第3条]

■3　漏えいする通信の識別禁止、鳴音の発生防止、過大音響衝撃の発生防止

①漏えいする通信の識別禁止

　端末設備は、**事業用**電気通信設備から**漏えい**する**通信の内容**を意図的に**識別**する機能を有してはならない。

［端末設備等規則第4条］

②鳴音の発生防止

　鳴音とは、電気的又は**音響的**結合により生ずる**発振状態**をいう。

　端末設備は、事業用電気通信設備との間で**鳴音**を発生することを防止するために**総務大臣が別に告示**する条件を満たすものでなければならない。

［端末設備等規則第5条］

③過大音響衝撃の発生防止

　通話機能を有する端末設備は、通話中に受話器から過大な**音響衝撃**が発生することを**防止**する機能を備えなければならない。

［端末設備等規則第7条］

■4　絶縁抵抗等、配線設備等

　安全性に関わる問題として、次の二つの規定がよく問われます。

①絶縁抵抗等

　端末設備の機器は、その電源回路と筐体及びその電源回路と**事業用電気通信設備**との間に次の絶縁抵抗及び絶縁耐力を有しなければならない。

－　絶縁抵抗は、使用電圧が**300ボルト**以下の場合にあっては、**0.2メガオーム**以上であり、300ボルトを超え**750ボルト以下の直流**及び300ボルトを超え**600ボルト以下の交流**の場合にあっては、**0.4メガオーム**以上であること。

二　絶縁耐力は、使用電圧が**750ボルトを超える直流**及び**600ボルトを超える交流**の場合にあっては、その使用電圧の**1.5倍**の電圧を連続して**10分間**加えたときこれに耐えること。

2　端末設備の機器の金属製の台及び筐体は、接地抵抗が**100オーム以下**となるように接地しなければならない。ただし、安全な場所に危険のないように設置する場合にあっては、この限りでない。

［端末設備等規則第6条］

②配線設備等

配線設備等は、次の条件で設置されなければならない。

一　配線設備等の評価雑音電力（通信回線が受ける妨害であって人間の聴覚率を考慮して定められる**実効的雑音電力**をいい、**誘導によるものを含む。**）は、絶対レベルで表した値で**定常時において<u>マイナス64デシベル以下</u>**であり、かつ、**最大時において<u>マイナス58デシベル以下</u>**であること。

二　配線設備等の電線相互間及び電線と大地間の絶縁抵抗は、**<u>直流200ボルト</u>**以上の一の電圧で測定した値で**<u>1メガオーム以上</u>**であること。

三　配線設備等と強電流電線との関係については**<u>有線電気通信設備令</u>**に適合するものであること。

四　事業用電気通信設備を損傷し、又はその機能に障害を与えないようにするため、**<u>総務大臣</u>**が別に告示するところにより配線設備等の**<u>設置の方法</u>**を定める場合にあっては、その方法によるものであること。

［端末設備等規則第8条］

■5　端末設備内において電波を使用する端末設備

端末設備を構成する一の部分と他の部分相互間において**電波**を使用する端末設備は、次の各号の条件に適合するものでなければならない。

一　**<u>総務大臣が別に告示する</u>**条件に適合する**識別符号**（端末設備に使用される**<u>無線設備を識別</u>**するための符号であって、通信路の設定に当たってその**照合**が行われるものをいう。）を有すること。

二　使用する**<u>電波の周波数</u>**が空き状態であるかどうかについて、総務大臣が別に告示するところにより判定を行い、空き状態である場合にのみ**<u>通信路を設定する</u>**ものであること。ただし、総務大臣が別に告示するものについては、この限りでない。

三　使用される無線設備は、**<u>一の筐体</u>**に収められており、かつ、**<u>容易に開けること</u><u>ができない</u>**こと。ただし、総務大臣が別に告示するものについては、この限りでない。

［端末設備等規則第9条］

間違い探し

Spot the difference

このコーナー「間違い探し」では、試験において重要な法規に関する誤りが含まれた文章から間違いを見つけ、正しい文言に直す力を鍛えます。正確な知識と理解を深めることで、ひっかけを見抜く力を身につけましょう。

問1

移動電話用設備とは、電話用設備であって、電気通信事業者の無線呼出用設備に接続し、その端末設備内において電波を使用するものをいう。

> 正解：(誤)**電気通信事業者の無線呼出用設備に接続し、その端末設備内において** ➡ (正)**端末設備又は自営電気通信設備との接続において**

 ワンポイント

「無線呼出端末」の内容とのひっかけ問題になっています。

問2

アナログ電話端末とは、端末設備であって、アナログ電話用設備に接続される点においてプラグジャック方式の接続形式で接続されるものをいう。

> 正解：(誤)**プラグジャック方式** ➡ (正)**2線式**

 ワンポイント

工事担任者を要しない工事の接続方法としてプラグジャック方式（RJ45など）があり、そことの混乱を誘う内容のようです。いずれにせよ、本テーマで取り扱う定義にはプラグジャック方式は出てきません。

問3

インターネットプロトコル移動電話端末とは、端末設備であって、インターネット
プロトコル移動電話用設備又はデジタルデータ伝送用設備に接続されるものをいう。

> 正解：（誤）**インターネットプロトコル移動電話用設備又はデジタルデータ伝送
> 用設備** ➡ （正）**インターネットプロトコル移動電話用設備**

👆 ワンポイント

「又は」以下に、条例にはないものが入っていました。このように、正しい内容の後に余計
なものをつけることで、ひっかけ問題ができ上がります。

👆 ワンポイント

冒頭に「制御チャネル」とありますが、これは「通話チャネル」の定義内容です。定義の中
身自体は正確なものになっているため、うっかりミスを誘います。「音声の伝送」とあること
から「通話チャネル」だと気づけるようにしておきましょう。

問4

選択信号とは、交換設備の動作の開始を制御するために使用する信号をいう。

> 正解：（誤）**交換設備の動作の開始を制御** ➡
> 　　　　（正）**主として相手の端末設備を指定**

👆 ワンポイント

選択信号は、電話回線やデータ通信網などの通信システムにおいて、送信者が特定の受信
者に情報を送る際に必要とされる信号です。
例えば、電話のダイヤルトーンやダイヤル信号は、選択信号の一種であり、これらの信号に
よって通信網は特定の電話回線を選択し、通話を確立します。
同様に、データ通信網では、送信データに宛先アドレスが付与され、選択信号として機能し
ます。これにより、通信網はデータパケットを正しい受信者に転送することができます。

問5

　移動電話用設備とは、電話用設備であって、基地局との接続において電波を使用するものをいう。

> 正解：(誤)**基地局** ➡ (正)**端末設備又は自営電気通信設備**

 ワンポイント

　問1でも取り上げた「移動電話用設備」についてのひっかけ問題です。同じ文言でひっかけが来るとは限らないので、正確に覚えておく必要があります。

問6

　端末設備は、事業用電気通信設備との間で側音（電気的又は音響的結合により生ずる発振状態をいう。）を発生することを防止するために総務大臣が別に告示する条件を満たすものでなければならない。

> 正解：(誤)**側音（電気的又は音響的結合により生ずる発振状態をいう。）** ➡
> (正)**鳴音**

 ワンポイント

　鳴音とは、いわゆる「ハウリング」のことを指します。

問7

　通話機能を有する端末設備は、通話中に受話器から過大な誘導雑音が発生することを防止する機能を備えなければならない。

> 正解：(誤)**誘導雑音** ➡ (正)**音響衝撃**

 ワンポイント

　この規定は、通話中に受話器から突然大きな音が発生するのを防ぐことを目的としています。
　過大な音響衝撃が発生すると、通話者の耳に悪影響を与えたり、通話の品質を低下させたりすることがあります。このため、通話機能を有する端末設備は、過大な音響衝撃が発生しないように設計されていることが求められます。

問8

　端末設備の機器は、その電源回路と筐体及びその電源回路と事業用電気通信設備との間において、使用電圧が300ボルト以下の場合にあっては、0.4メガオーム以上の絶縁抵抗を有しなければならない。

正解：(誤) **0.4メガオーム** ➡ (正) **0.2メガオーム**

 ワンポイント

750ボルト以下の直流及び600ボルト以下の交流の場合は、0.4メガオームになります。

問9

　端末設備の機器は、その電源回路と筐体及びその電源回路と事業用電気通信設備との間において、使用電圧が750ボルトを超える直流及び600ボルトを超える交流の場合にあっては、その使用電圧の2倍の電圧を連続して10分間加えたときこれに耐える絶縁耐力を有しなければならない。

正解：(誤) **2倍** ➡ (正) **1.5倍**

 ワンポイント

数字に関してはここまで細かいことを聞いてくるので、注意しておきましょう。

問10

　端末設備の機器の金属製の台及び筐体は、接地抵抗が10オーム以下となるように接地しなければならない。ただし、安全な場所に危険のないように設置する場合にあっては、この限りでない。

正解：(誤) **10オーム** ➡ (正) **100オーム**

ワンポイント

　0が一つ足りないだけなので、焦っていると読み落としてしまう可能性があります。このようなパターンもあるということを意識しておきましょう。

問11

　使用される無線設備は、一の筐体に収められており、かつ、容易に分解することができないこと。ただし、総務大臣が別に告示するものについては、この限りでない。

> 正解：(誤) **分解する** ➡ (正) **開ける**

 ワンポイント

　「一の筐体」も要注意ポイントです。

問12

　配線設備等の電線相互間及び電線と大地間の絶縁抵抗は、直流100ボルト以上の一の電圧で測定した値で1メガオーム以上であること。

> 正解：(誤) **100ボルト** ➡ (正) **200ボルト**

 ワンポイント

　ボルト数、オーム数は規定が多くあって混乱しがちなところですので、記憶の整理に努めましょう。

問13

　事業用電気通信設備を損傷し、又はその機能に障害を与えないようにするため、電気通信事業者が別に認可するところにより配線設備等の設置の方法を定める場合にあっては、その方法によるものでなければならない。

> 正解：(誤) **電気通信事業者**が別に**認可** ➡ (正) **総務大臣**が別に**告示**

 **ワンポイント**

設置の方法を定める主体は総務大臣です。

問14

　使用される無線設備は、金属製の筐体に収められており、かつ、容易に信号の送信レベルの変更をすることができないこと。ただし、総務大臣が別に告示するものについては、この限りでない。

> 正解：(誤) **金属製の筐体** ➡ (正) **一の筐体**
> 　　　(誤) **信号の送信レベルの変更をする** ➡ (正) **開ける**

 **ワンポイント**

　このように、ひっかけポイントが複数という場合もあります。間違いは1か所しかないと思い込んでいると、思わず焦ってしまうこともあるのでご注意を。

問15

　利用者の接続する端末設備は、事業用電気通信設備との技術的インタフェースを明確にするため、事業用電気通信設備との間に分界点を有しなければならない。

> 正解：(誤) **技術的インタフェース** ➡ (正) **責任の分界**

 **ワンポイント**

　いわゆる「責任分界点」は実務においても重要な要素です。

問16

　端末設備は、事業用電気通信設備から漏えいする通信の内容を意図的に消去する機能を有してはならない。

> 正解：(誤) **消去** ➡ (正) **識別**

284

ワンポイント

　端末設備が意図的に通信内容を識別する機能を持っていると、第三者がその端末を使って通話内容を盗聴することが可能になります。これは、企業や個人のプライバシー侵害や機密情報の漏えいにつながるため、法律で禁止されています。

　このような事態を防ぐために、端末設備は事業用電気通信設備から漏れる通信内容を意図的に識別する機能を持ってはならない、という規定が設けられています。これにより、通信の機密性が保たれ、プライバシー保護が図られます。

12

[法規編]　端末設備等規則（Ⅰ）

法律の第1条の重要性を知ろう

　法律には様々な条文がありますが、その中で第1条は特に重要な役割を果たしています。第1条には、その法律が達成しようとする目的や、規制の範囲・対象が明記されているため、法律の全体的な意図や背景を把握するうえで不可欠です。

　試験対策や実務で法律を扱う際、第1条を正確に理解し、適切に適用することが求められます。例えば、ある法律の解釈や適用が適切かどうかを判断する際には、第1条で示される目的を考慮することが重要です。

　このコラムをきっかけに、各法律の第1条に目を向けてみてください。そうすることで、法律の目的や規制範囲をより深く理解でき、適切な解釈や適用が可能となるでしょう。どの法律にも共通するこのポイントを押さえておくことは、試験対策や実務において非常に役立ちます。

問題を解いてみよう

次の各設問について、（　　）内に入る最も適切なものを下の選択肢から選ぼう。

問1 用語について述べた次の文章のうち、誤っているものは、（　　）である。

①移動電話用設備とは、電話用設備であって、端末設備又は自営電気通信設備との接続において電波を使用するものをいう。

②総合デジタル通信用設備とは、電気通信事業の用に供する電気通信回線設備であって、主として64キロビット毎秒を単位とするデジタル信号の伝送速度により、符号、音声その他の音響又は影像を統合して伝送交換することを目的とする電気通信役務の用に供するものをいう。

③制御チャネルとは、移動電話用設備と移動電話端末又はインターネットプロトコル移動電話端末の間に設定され、主として電波の伝送に使用する通信路をいう。

問2 責任の分界について述べた次の二つの文章は、（　　）。

A 利用者の接続する端末設備は、事業用電気通信設備との技術的条件を明確にするため、事業用電気通信設備との間に分界点を有しなければならない。

B 分界点における接続の方式は、端末設備を電気通信回線ごとに事業用電気通信設備から容易に切り離せるものでなければならない。

①Aのみ正しい
②Bのみ正しい
③AもBも正しい
④AもBも正しくない

問 3　鳴音とは、電気的又は（　　　　）結合により生ずる発振状態をいう。

①光学的　　　②機械的　　　③音響的

問 4　「絶縁抵抗等」について述べた次の文章のうち、正しいものは、（　　）である。

①端末設備の機器は、その電源回路と筐体及びその電源回路と事業用電気通信設備との間において、使用電圧が 300 ボルト以下の場合にあっては、0.3 メガオーム以上の絶縁抵抗を有しなければならない。

②端末設備の機器は、その電源回路と筐体及びその電源回路と事業用電気通信設備との間において、使用電圧が 750 ボルトを超える直流及び 600 ボルトを超える交流の場合にあっては、その使用電圧の 2.5 倍の電圧を連続して 10 分間加えたときこれに耐える絶縁耐力を有しなければならない。

③端末設備の機器の金属製の台及び筐体は、接地抵抗が 100 オーム以下となるように接地しなければならない。ただし、安全な場所に危険のないように設置する場合にあっては、この限りでない。

問 5　安全性等について述べた次の二つの文章は、（　　）。

A　端末設備は、自営電気通信設備から漏えいする通信の内容を意図的に識別する機能を有してはならない。

B　通話機能を有する端末設備は、通話中に受話器から過大な漏話雑音が発生することを防止する機能を備えなければならない。

①Ａのみ正しい　　　②Ｂのみ正しい
③ＡもＢも正しい　　　④ＡもＢも正しくない

問6 安全性等について述べた次の二つの文章は、（　　）。

A　通話機能を有する端末設備は、通話中に受話器から過大な音響衝撃が発生することを防止する機能を備えなければならない。

B　端末設備は、事業用電気通信設備との間で電磁誘導障害（電気的又は音響的結合により生ずる発振状態をいう。）を発生することを防止するために総務大臣が別に告示する条件を満たすものでなければならない。

①Ａのみ正しい　　　②Ｂのみ正しい
③ＡもＢも正しい　　④ＡもＢも正しくない

問7 評価雑音電力とは、通信回線が受ける妨害であって人間の聴覚率を考慮して定められる（　　）をいい、誘導によるものを含む。

①漏話雑音電力　　②信号電力対雑音電力比　　③実効的雑音電力

問8 端末設備内において電波を使用する端末設備」について述べた次の文章のうち、誤っているものは、（　　）である。

①総務大臣が別に告示する条件に適合する識別符号（端末設備に使用される無線設備を識別するための符号であって、通信路の設定に当たってその照合が行われるものをいう。）を有すること。

②使用される無線設備は、一の筐体に収められており、かつ、容易に開けることができないこと。ただし、総務大臣が別に告示するものについては、この限りでない。

③使用する電波の周波数が空き状態であるかどうかについて、総務大臣が別に告示するところにより判定を行い、空き状態である場合にのみ直流回路を開くものであること。ただし、総務大臣が別に告示するものについては、この限りでない。

問 9 利用者が端末設備を事業用電気通信設備に接続する際に使用する線路及び保安器その他の機器（以下「配線設備等」という。）は、事業用電気通信設備を損傷し、又はその機能に障害を与えないようにするため、総務大臣が別に告示するところにより配線設備等の（　　）の方法を定める場合にあっては、その方法によるものでなければならない。

①設置　　②接続　　③交換

問 10 配線設備等と強電流電線との関係については、（　　）の規定に適合するものであること。

①事業用電気通信設備規則
②有線電気通信設備令
③技術基準適合認定規則

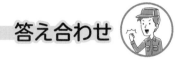

答え合わせ

Answer

問1　正解：③

解説

「電波の伝送」ではなく、「**制御信号**の伝送」が正しい内容です。

「制御チャネル」の定義であることから、制御信号に関するものと考えられます。

問2　正解：②

解説

「技術的条件」ではなく、「**責任の分界**」が正しい内容です。

「責任分界点」に関する内容です。出題頻度の高い条文ですので、確実に押さえておきましょう。

問3　正解：③

解説

鳴音とは、電気的又は**音響的**結合により生ずる発振状態をいいます。（端末設備等規則第5条）

問4　正解：③

解説

①と②には誤りが含まれています。誤りの部分を確認しておきましょう。

　　①：（誤）**0.3メガオーム** → （正）**0.2メガオーム**

　　②：（誤）**2.5倍** → （正）**1.5倍**

数字に関するところは、完璧になるまでしつこいくらい取り組みましょう。

問5　正解：④

解説

　ＡもＢも正しくない内容です。

　　Ａ：（誤）**自営**電気通信設備 → （正）**事業用**電気通信設備

　　Ｂ：（誤）**漏話雑音** → （正）**音響衝撃**

　繰り返し出ている内容です。反射的に解けるようにしておきましょう。

問6　正解：①

解説

　Ａは正しく、Ｂには誤りが含まれています。

　　Ｂ：（誤）**電磁誘導障害**（電気的又は…をいう。）→ （正）**鳴音**

　「側音」とするひっかけも出題されています。ご注意ください。

問7　正解：③

解説

　・・・（**実効的雑音電力**）をいい、・・・が正しい内容です。

　評価雑音電力に関しては、定常時においてマイナス 64 デシベル以下、最大時においてマイナス 58 デシベル以下という点も覚えておきましょう。

問8　正解：③

解説

　（誤）**直流回路を開く** → （正）**通信路を設定する**

　（端末設備等規則第 9 条）

問9　正解：①

解説

　・・・配線設備等の（**設置**）の方法を・・・が正しい内容です。

　このように、一見してキーワードっぽくないところからも出題されています。本書中の赤字箇所は、過去問の分析結果から「出る可能性の高いところ」を示したものですので、すべて押さえておきましょう。

解説

・・・（**有線電気通信設備令**）の規定に・・・が正しい内容です。

出題頻度は低いところですが、既出問題です。覚えておきましょう。

自営電気通信設備と事業用電気通信設備の違いを知ろう

電気通信設備には、自営電気通信設備と事業用電気通信設備という2つのカテゴリが存在します。これらの違いを理解することは、法規の学習を一歩深めるために有効です。ここでは、これら2つの違いについて簡単に説明しましょう。

まず、自営電気通信設備は、企業や団体が自らの業務遂行のために設置・運用する通信設備です。内部通信や業務用途に限定され、設置者自身の利用のために運用されます。自営電気通信設備は、他者への通信サービス提供を目的としていません。

一方、事業用電気通信設備は、電気通信事業者が一般の人々や企業に通信サービスを提供するために設置・運用する通信設備です。電話、インターネット接続、携帯電話などのサービスを提供し、通信料金を徴収するのが一般的です。

簡単にいえば、自営電気通信設備は内部通信や業務用途に利用されるものであり、事業用電気通信設備は広く通信サービスを提供する目的で運用されるものです。これらの違いを理解することで、ひっかけ問題に対応する力が身につきます。

第13章

［法規編］
端末設備等規則（Ⅱ）

各種端末規則

このテーマでは、端末設備等規則における「アナログ電話端末」「移動電話端末」「インターネットプロトコル電話端末」「インターネットプロトコル移動電話端末」「専用通信回線設備等端末」について学びます。

- 最後の学習テーマである端末設備等規則（Ⅱ）各種端末規則では、数字に関わる問題が多く出題されます。技術の分野と同様に、"パブロフ化"するまで繰り返し学習しましょう。パブロフ化とは、瞬時に答えが出てくるような状態になることです。
- 学習の進め方としては、まず全体をざっと読んで概要を把握し、次に数字に関わる部分を特に重点的に学習しましょう。そして、問題演習を繰り返し行い、瞬時に答えが出てくるような状態になるまで学習を続けてください。
- 最後の学習テーマでも、継続的な学習と問題演習を通じて知識を身につけ、試験に臨む準備を整えてください。あなたの合格を心から応援しています！　頑張ってください！

1 アナログ電話端末

■ 1 基本的機能

アナログ電話端末の直流回路は、**発信又は応答を行うとき閉じ**、通信が終了したとき**開く**ものでなければならない。

- このテーマは大問４で出題されており、出題数は３〜５問程度（15〜25点分）となっています。前章とこの章を合わせて、実質50点分の得点が可能です。この章を制することで、合格への道が大きく開けることでしょう。
- 大問４では、数字に関連する出題が目立ちます。数字を苦手とする受験生が多いのは事実です。しかし、条文の文言に関する問題よりも、数字に関連する問題の方が、暗記対策をしやすいともいえます。
- 大問４を攻略するためには、まずは数字に関連する知識を繰り返し復習し、暗記対策を徹底することが重要です。そして、試験直前まで諦めずに粘り強く取り組むことで、この章を制し、合格をもぎ取ることができます。頑張りましょう！

■2　発信の機能

アナログ電話端末は、発信に関する次の機能を備えなければならない。

一　自動的に選択信号を送出する場合にあっては、**直流回路を閉じてから3秒**以上経過後に選択信号の送出を開始するものであること。ただし、電気通信回線からの発信音又はこれに相当する可聴音を確認した後に選択信号を送出する場合にあっては、この限りでない。

二　発信に際して相手の端末設備からの応答を自動的に確認する場合にあっては、電気通信回線からの応答が確認できない場合選択信号送出終了後2分以内に直流回路を開くものであること。

三　自動再発信（応答のない相手に対し引き続いて繰り返し自動的に行う発信をいう。以下同じ。）を行う場合（自動再発信の回数が15回以内の場合を除く。）にあっては、その回数は最初の発信から3分間に2回以内であること。この場合において、最初の発信から3分を超えて行われる発信は、別の発信とみなす。

■3　選択信号の条件

①ダイヤル信号周波数：

　低群600 ～ 1,000 ヘルツの範囲内にある特定の四つの周波数

　高群1,200 ～ 1,700 ヘルツの範囲内にある特定の四つの周波数

　◆ダイヤル番号の周波数は、低群周波数のうちの一つと高群周波数のうちの一つとの組合せで規定されている。

②信号周波数偏差：信号周波数に対し±1.5%以内

③信号送出時間：50 ms 以上

④**ミニマムポーズ**：隣接する信号間の休止時間の最小値

⑤**周期**：**信号送出時間**と**ミニマムポーズ**の**和**をいう

⑥ダイヤル番号の種類：数字および数字以外で16種類決められている

■4　緊急通報機能

アナログ電話端末であって、通話の用に供するものは、電気通信番号規則別表第十二号に掲げる**緊急通報**番号を使用した**警察**機関、**海上保安**機関又は**消防**機関への通報（以下「緊急通報」という。）を発信する機能を備えなければならない。

［端末設備等規則第10～12条］

13

〔法規編〕端末設備等規則（Ⅱ）

2 移動電話端末

■1 基本的機能

移動電話端末は、次の機能を備えなければならない。

一 発信を行う場合にあっては、**発信を要求**する信号を送出するものであること。

二 応答を行う場合にあっては、**応答を確認**する信号を送出するものであること。

三 通信を終了する場合にあっては、チャネルを**切断する信号**を送出するものであること。

■2 発信の機能

移動電話端末は、発信に関する次の機能を備えなければならない。

一 発信に際して相手の端末設備からの応答を自動的に確認する場合にあっては、電気通信回線からの応答が確認できない場合選択信号送出終了後**1分以内**にチャネルを切断する信号を送出し、送信を停止するものであること。

二 自動再発信を行う場合にあっては、その回数は**2回以内**であること。ただし、最初の発信から**3分を超えた場合にあっては、別の発信**とみなす。

三 前号の規定は、火災、盗難その他の非常の場合にあっては、適用しない。

■3 送信タイミング

移動電話端末は、**総務大臣が別に告示する条件**に適合する送信タイミングで送信する機能を備えなければならない。

[端末設備等規則第17〜19条]

3 インターネットプロトコル電話端末

■1 基本的機能

インターネットプロトコル電話端末は、次の機能を備えなければならない。

一 発信又は応答を行う場合にあっては、呼の設定を行うためのメッセージ又は当該メッセージに対応するためのメッセージを送出するものであること。

二 通信を終了する場合にあっては、呼の切断、解放若しくは取消しを行うためのメッセージ又は通信終了メッセージを送出するものであること。

■2　発信の機能

インターネットプロトコル電話端末は、発信に関する次の機能を備えなければならない。

一　発信に際して相手の端末設備からの応答を自動的に確認する場合にあっては、電気通信回線からの応答が確認できない場合呼の設定を行うためのメッセージ送出終了後**2分以内**に通信終了メッセージを送出するものであること。

二　自動再発信を行う場合（自動再発信の回数が15回以内の場合を除く。）にあっては、その回数は最初の発信から**3分間に2回以内**であること。この場合において、最初の発信から3分を超えて行われる発信は、別の発信とみなす。

三　前号の規定は、火災、盗難その他の非常の場合にあっては、適用しない。
〔端末設備等規則第32条の2、3〕

4　インターネットプロトコル移動電話端末

■1　基本的機能

インターネットプロトコル移動電話端末は、次の機能を備えなければならない。

一　発信を行う場合にあっては、発信を要求する信号を送出するものであること。

二　応答を行う場合にあっては、応答を**確認**する信号を送出するものであること。

三　通信を終了する場合にあっては、チャネルを**切断**する信号を送出するものであること。

四　発信又は応答を行う場合にあっては、呼の設定を行うためのメッセージ又は当該メッセージに対応するためのメッセージを送出するものであること。

五　通信を終了する場合にあっては、通信終了メッセージを送出するものであること。

■2　発信の機能

インターネットプロトコル移動電話端末は、発信に関する次の機能を備えなければならない。

一　発信に際して相手の端末設備からの応答を自動的に確認する場合にあっては、電気通信回線からの応答が確認できない場合呼の設定を行うためのメッセージ送出終了後**128秒以内**に**通信終了メッセージ**を送出するものであること。

二　自動再発信を行う場合にあっては、その回数は**3回以内**であること。ただし、最初の発信から3分を超えた場合にあっては、別の発信とみなす。

■3　送信タイミング

インターネットプロトコル移動電話端末は、総務大臣が別に告示する条件に適合する送信タイミングで送信する機能を備えなければならない。

［端末設備等規則第32条の10～12］

5　専用通信回線設備等端末

■1　電気的条件等

— 専用通信回線設備等端末は、総務大臣が別に告示する**電気的条件**及び**光学的条件**のいずれかの条件に適合するものでなければならない。

二　専用通信回線設備等端末は、**電気通信回線**に対して**直流の電圧**を加えるものであってはならない。ただし、総務大臣が別に告示する条件において**直流重畳**が認められる場合にあっては、この限りでない。

■2　漏話減衰量

複数の電気通信回線と接続される専用通信回線設備等端末の回線相互間の**漏話減衰量**は、**1,500ヘルツにおいて70デシベル以上**でなければならない。

［端末設備等規則第34条の8、9］

6　総合デジタル通信用設備に接続される端末設備

■1　電気的条件等

— 総合デジタル通信端末は、総務大臣が別に告示する電気的条件及び光学的条件のいずれかの条件に適合するものでなければならない。

二　総合デジタル通信端末は、電気通信回線に対して**直流**の電圧を加えるものであってはならない。

［端末設備等規則第34条の5］

間違い探し

このコーナー「間違い探し」では、試験において重要な法規に関する誤りが含まれた文章から間違いを見つけ、正しい文言に直す力を鍛えます。正確な知識と理解を深めることで、ひっかけを見抜く力を身につけましょう。

問1

アナログ電話端末の「選択信号の条件」における押しボタンダイヤル信号について、高群周波数は、1,300ヘルツから1,700ヘルツまでの範囲内における特定の四つの周波数で規定されている。

> 正解：(誤) **1,300ヘルツ** ➡ (正) **1,200ヘルツ**

 ワンポイント

高群周波数または低群周波数の数値は試験頻出（過去において80%以上の出題率）です。必ず覚えましょう。

問2

アナログ電話端末の「選択信号の条件」における押しボタンダイヤル信号について、周期とは、信号休止時間とミニマムポーズの和をいう。

> 正解：(誤) 信号**休止**時間 ➡ (正) 信号**送出**時間

 ワンポイント

「周期」とは、信号の送出時間とミニマムポーズ（休止時間）を合わせた全体の時間を指します。

問3

　インターネットプロトコル移動電話端末において、発信に際して相手の端末設備からの応答を自動的に確認する場合にあっては、電気通信回線からの応答が確認できない場合呼の設定を行うためのメッセージ送出終了後128秒以内に選択信号を送出するものであること。

正解：(誤) **選択信号**を送出 ➡ (正) **通信終了メッセージ**を送出

 ワンポイント

応答がない場合、128秒以内に通信を終了するという内容です。

問4

　インターネットプロトコル電話端末において、自動再発信を行う場合 (自動再発信の回数が15回以内の場合を除く。) にあっては、その回数は最初の発信から2分間に3回以内であること。この場合において、最初の発信から2分を超えて行われる発信は、別の発信とみなす。なお、この規定は、火災、盗難その他の非常の場合にあっては、適用しない。

正解：(誤) **2分間に3回以内** ➡ (正) **3分間に2回以内**
　　　 (誤) **2分を超えて** ➡ (正) **3分を超えて**

 ワンポイント

時間に関する規定は多くありますが、「自動再発信」に関するものは「3分」です。

問5

　インターネットプロトコル移動電話端末において、自動再発信を行う場合にあっては、その回数は5回以内であること。ただし、最初の発信から3分を超えた場合にあっては、別の発信とみなす。

正解：(誤) **5回以内** ➡ (正) **3回以内**

ワンポイント

こちらも頻出です。次の問6とあわせてご確認ください。

問6

　移動電話端末が自動再発信を行う場合にあっては、その回数は3回以内であること。ただし、最初の発信から2分を超えた場合にあっては、別の発信とみなす。なお、この規定は、火災、盗難その他の非常の場合にあっては、適用しない。

> 正解：(誤)**3回**以内 ➡ (正)**2回**以内
> 　　　(誤)**2分**を超えた ➡ (正)**3分**を超えた

 ワンポイント

　自動再発信の回数は、移動電話端末とインターネットプロトコル電話端末が2回以内、インターネットプロトコル移動電話端末が3回以内となっています。非常に紛らわしいところですが、頻出問題なので頑張って覚えましょう。なお、移動電話端末とインターネットプロトコル移動電話端末の違いに関しては、本章末のコラムで解説しています。

問7

　専用通信回線設備等端末は、自営電気通信設備に対して直流の電圧を加えるものであってはならない。ただし、総務大臣が別に告示する条件において直流重畳が認められる場合にあっては、この限りでない。

> 正解：(誤)**自営電気通信設備** ➡ (正)**電気通信回線**

 ワンポイント

　この規定は、通信回線に直流電圧を加えることで回線に悪影響を与えたり、他の通信サービスに影響を与えたりすることを防ぐために設けられています。直流電圧が通信回線に加えられると、通信品質の低下やノイズの発生、回線の損傷などが起こる可能性があります。

問8

周期とは、信号送出時間と信号受信時間の和をいう。

正解：(誤) **信号受信時間** ➡ (正) **ミニマムポーズ**

 ワンポイント

周期に関する規定は超頻出事項です。

問9

ミニマムポーズとは、隣接する信号間の休止時間の最大値をいう。

正解：(誤) **最大値** ➡ (正) **最小値**

 ワンポイント

「ミニマムなので最小値」と覚えておきましょう。

問10

移動電話端末の「基本的機能」において、応答を行う場合にあっては、応答を要求する信号を送出するものであること。

正解：(誤) 応答を**要求** ➡ (正) 応答を**確認**

 ワンポイント

細かいところで見落としがちです。注意しておきましょう。

問11

　移動電話端末の「基本的機能」において、発信を行う場合にあっては、発信を確認する信号を送出するものであること。

正解 : (誤) 発信を**確認** ➡ (正) 発信を**要求**

 ワンポイント

「発信要求、応答確認」と呪文のように口で唱えて覚えてしまいましょう。

Question 問題を解いてみよう

次の各設問について、(　　)内に入る最も適切なものを下の選択肢から選ぼう。

問 1　アナログ電話端末は、自動的に選択信号を送出する場合にあっては、直流回路を閉じてから（　　　）秒以上経過後に選択信号の送出を開始するものでなければならない。ただし、電気通信回線からの発信音又はこれに相当する可聴音を確認した後に選択信号を送出する場合にあっては、この限りでない。

①1　②2　③3

問 2　アナログ電話端末の「選択信号の条件」における押しボタンダイヤル信号について述べた次の文章のうち、正しいものは、（　　）である。

①周期とは、信号送出時間と信号受信時間の和をいう。
②高群周波数は、1,200 ヘルツから 1,700 ヘルツまでの範囲内における特定の四つの周波数で規定されている。
③ミニマムポーズとは、隣接する信号間の休止時間の平均値をいう。

問 3　アナログ電話端末の「選択信号の条件」において、押しボタンダイヤル信号の低群周波数は、（　　）までの範囲内における特定の四つの周波数で規定されている。

① 400 ヘルツから 600 ヘルツ
② 600 ヘルツから 1,000 ヘルツ
③ 700 ヘルツから 1,200 ヘルツ

問 4　アナログ電話端末であって、通話の用に供するものは、電気通信番号規則に規定する電気通信番号を用いた警察機関、（　　）機関又は消防機関への通報を発信する機能を備えなければならない。

①放送　　②海上保安　　③気象

問 5　移動電話端末の「基本的機能」、「発信の機能」又は「送信タイミング」について述べた次の文章のうち、誤っているものは、（　　）である。

①発信を行う場合にあっては、発信を要求する信号を送出するものであること。

②自動再発信を行う場合にあっては、その回数は３回以内であること。ただし、最初の発信から２分を超えた場合にあっては、別の発信とみなす。なお、この規定は、火災、盗難その他の非常の場合にあっては、適用しない。

③総務大臣が別に告示する条件に適合する送信タイミングで送信する機能を備えなければならない。

問6 移動電話端末の「発信の機能」において、発信に際して相手の端末設備からの応答を自動的に確認する場合にあっては、電気通信回線からの応答が確認できない場合選択信号送出終了後（　　）以内にチャネルを切断する信号を送出し、送信を停止するものであること。

①１分　　②２分　　③３分

問7 インターネットプロトコル移動電話端末は、自動再発信を行う場合にあっては、その回数は（　　　　）以内でなければならない。ただし、最初の発信から３分を超えた場合にあっては、別の発信とみなす。なお、この規定は、火災、盗難その他の非常の場合にあっては、適用しない。

①２回　　②３回　　③４回

問8 インターネットプロトコル移動電話端末の「送信タイミング」又は「発信の機能」について述べた次の文章のうち、誤っているものは、（　　）である。

①インターネットプロトコル移動電話端末は、総務大臣が別に告示する条件に適合する送信タイミングで送信する機能を備えなければならない。

②発信に際して相手の端末設備からの応答を自動的に確認する場合にあっては、電気通信回線からの応答が確認できない場合呼の設定を行うためのメッセージ送出終了後 128 秒以内に通信終了メッセージを送出するものであること。

③自動再発信を行う場合にあっては、その回数は 2 回以内であること。ただし、最初の発信から 3 分を超えた場合にあっては、別の発信とみなす。なお、この規定は、火災、盗難その他の非常の場合にあっては、適用しない。

問 9 専用通信回線設備等端末は、総務大臣が別に告示する電気的条件及び（　　）条件のいずれかの条件に適合するものでなければならない。

①光学的　　②設備構成　　③機械的

問 10 専用通信回線設備等端末の「漏話減衰量」及び「電気的条件等」について述べた次の二つの文章は、（　　）。

A　複数の電気通信回線と接続される専用通信回線設備等端末の回線相互間の漏話減衰量は、1,500 ヘルツにおいて 60 デシベル以上でなければならない。

B　専用通信回線設備等端末は、自営電気通信設備に対して直流の電圧を加えるものであってはならない。ただし、総務大臣が別に告示する条件において直流重畳が認められる場合にあっては、この限りでない。

① A のみ正しい　　　② B のみ正しい
③ A も B も正しい　　④ A も B も正しくない

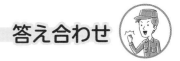

答え合わせ

問1　正解：③

解説

　アナログ電話端末は、自動的に選択信号を送出する場合にあっては、直流回路を閉じてから **3** 秒以上経過後に選択信号の送出を開始するものでなければならない。ただし、電気通信回線からの発信音又はこれに相当する可聴音を確認した後に選択信号を送出する場合にあっては、この限りでない。（端末設備等規則第 11 条）

問2　正解：②

解説

　①と③には誤りが含まれています。

　①：（誤）**信号受信時間** → （正）**ミニマムポーズ**

　③：（誤）**平均値** → （正）**最小値**

問3　正解：②

解説

　・・・低群周波数は、（**600 ヘルツから 1,000 ヘルツ**）までの・・・が正しい内容です。

　低群周波数と高群周波数は絶対に押さえておきたいところです。

問4　正解：②

解説

　・・・警察機関、（**海上保安**）機関又は消防機関への・・・が正しい内容です。

　「警察」と「消防」もあわせて覚えておきましょう。

問5　正解：②

解説

　誤りが2点含まれています。

　（誤）**3回**以内 → （正）**2回**以内

　（誤）**2分**を超えた → （正）**3分**を超えた

　頻出事項です。ひっかからないように注意しましょう。

問6　正解：①

解説

　・・・応答が確認できない場合・・・（**1分**）以内にチャネルを切断・・・が正しい内容です。

　回線の利用効率を上げるため、応答が確認できない場合は1分以内にチャネルを切断するという規定です。移動電話端末とインターネットプロトコル電話端末とで規定の数字が異なるので、注意が必要です。

問7　正解：②

解説

　インターネットプロトコル移動電話端末は、自動再発信を行う場合にあっては、その回数は**3回**以内でなければならない。ただし、最初の発信から3分を超えた場合にあっては、別の発信とみなす。なお、この規定は、火災、盗難その他の非常の場合にあっては、適用しない。（端末設備等規則第32条の3）

問8　正解：③

解説

　（誤）**2回**以内 → （正）**3回**以内

　自動再発信において、「移動電話端末」は2回以内、「インターネットプロトコル移動電話端末」は3回以内となっています。

解説

・・・電気的条件及び（**光学的**）条件の・・・が正しい内容です。

電気的条件と光学的条件というキーワードは、法規の中でよく出てくる文言ですので、セットで覚えておきましょう。

解説

ＡもＢも誤りが含まれています。

Ａ：（誤）**60** デシベル以上 → （正）**70** デシベル以上

Ｂ：（誤）**自営電気通信設備** → （正）**電気通信回線**

漏話減衰量に関する規定は、出題頻度は高くないものの難問ですが、ここまで学習を進めることができれば合格にグッと近づきます。

移動電話端末とインターネットプロトコル移動電話端末の違いを知ろう

「移動電話端末」と「インターネットプロトコル移動電話端末」の違いは、主に通信プロトコルにあります。

■**移動電話端末**：移動電話端末は、従来の携帯電話網（2G、3G、4G/LTE、5Gなど）を利用して音声通話やデータ通信を行う端末です。従来の回線交換方式やパケット交換方式による通信が主体です。具体例としては、フィーチャーフォンやスマートフォンが挙げられます。

■**インターネットプロトコル移動電話端末**：インターネットプロトコル移動電話端末は、音声通話やデータ通信を、インターネットプロトコル（IP）を利用して行う端末です。VoIP（Voice over Internet Protocol）と呼ばれる技術を使用して、インターネット回線上で音声通話を行うことができます。具体例としては、スマートフォン上でインターネット回線を利用した音声通話アプリ（例：LINE、Skypeなど）を使用して通話を行う場合の端末が挙げられます。

つまり、移動電話端末は「従来の移動体通信ネットワークを利用して通信を行う端末」であり、インターネットプロトコル移動電話端末は「インターネットプロトコルを利用した通信を行う端末」です。インターネットプロトコル移動電話端末も、技術的には移動電話端末の一種と捉えられますが、通信プロトコルや利用方法が異なるため、法規上の位置づけも異なっています。

模擬問題（第1回）

（制限時間 120 分）

試験科目数別制限時間			
科目数	1科目	2科目	3科目
制限時間	40分	80分	120分

合格点及び問題に対する配点

(1) 各科目の満点は100点で、合格は60点以上
です。

(2) 各問題の配点は設問文の末尾に記載してあり
ます。

問題を解いてみよう

■ 模擬問題（基礎 - 第1回）

問1

次の各文章の（　）内に、それぞれの解答群の中から最も適したものを選び、その番号を記せ。（小計20点）

（1）図に示す回路において、抵抗R_1に加わる電圧が36ボルトのとき、R_1は、（　）オームである。ただし、電池の内部抵抗は無視するものとする。（5点）

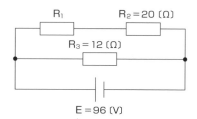

① 4 　② 8 　③ 12

（2）図に示す回路において、端子a-b間に78ボルトの交流電圧を加えたとき、回路に流れる電流が6アンペアであった。この回路の誘導性リアクタンスX_Lは、（　）オームである。（5点）

① 12 　② 13 　③ 15

（3）正弦波でない交流は、ひずみ波交流といわれる。ひずみ波交流は、周波数の異なるいくつかの正弦波交流成分に分解することができる。これらの正弦波交流成分のうち、基本波以外は、（　）といわれる。（5点）

① 定在波 　② 高調波 　③ リプル

（4）電荷を帯びていない導体球に、帯電体を接触させないように接近させた。このとき、両者の間には静電気力により（　　）。(5点)

①互いに引き合う力が働く　　②互いに反発し合う力が働く
③力が働かない

問2

　次の各文章の（　　）内に、それぞれの解答群の中から最も適したものを選び、その番号を記せ。(小計20点)

（1）純粋な半導体の結晶内に不純物原子が加わると、共有結合を行う結晶中の電子に過不足が生ずることにより自由電子や正孔などのキャリアが発生し、（　　）が高まる。(4点)

①抵抗率　　②導電率　　③ファンデルワールス力

（2）図に示すトランジスタ増幅回路において、正弦波の入力信号電圧V_Iに対する出力電圧V_{CE}は、この回路の動作点を中心に変化し、コレクタ電流I_Cが最大のとき、V_{CE}は（　　）となる。(4点)

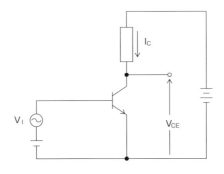

①最大　　②最小　　③逆位相

（3）LEDは、（　　）を加えて発光させる半導体光素子である。(4点)

①高周波　　②逆方向電圧　　③順方向電圧

(4) トランジスタ回路の接地方式は、ベース接地、エミッタ接地、コレクタ接地がある。このうち電力増幅度が最も大きく、入力電圧と出力電圧が逆位相となるのは、（　　）接地方式である。(4点)

①ベース　　②エミッタ　　③コレクタ

(5) 半導体の集積回路 (IC) は、バイポーラ型とユニポーラ型に大別される。ユニポーラ型のICの代表的なものに（　　）ICがある。(4点)

①PNP型　　②MOS型　　③PCM型

問3

次の各文章の（　　）内に、それぞれの解答群の中から最も適したものを選び、その番号を記せ。(小計20点)

(1) 図1、図2および図3に示すベン図において、A、BおよびCが、それぞれの円の内部を表すとき、斜線部分を示す論理式が $A \cdot \overline{B} + B \cdot \overline{C} + \overline{B} \cdot C$ と表すことができるベン図は、（　　）である。(5点)

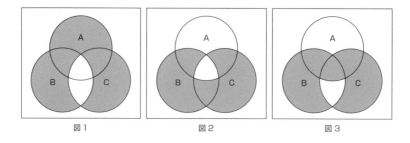

図1　　　　　　　　　図2　　　　　　　　　図3

①図1　　②図2　　③図3

(2) 表に示す2進数の X_1、X_2 を用いて、計算式 (加算) $X_0 = X_1 + X_2$ から X_0 を求め 2進数で表記した後、10進数に変換すると、（　　）になる。(5点)

2進数
$X_1 = 110111001$
$X_2 = 111011101$

①768　　②918　　③920

(3) 図1に示す論理回路において、Mの論理素子が（　　）であるとき、入力aおよびbと出力cとの関係は、図2で示される。（5点）

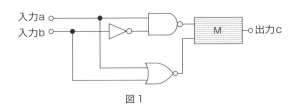

図1

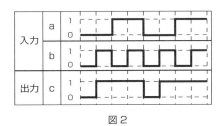

図2

(4) 次の論理関数Xは、ブール代数の公式等を利用して変形し、簡単にすると、（　　）になる。（5点）

$$X = (A+B) \cdot (A+\overline{C}) + (\overline{\overline{A} \cdot \overline{B}}) + (\overline{\overline{A} \cdot C})$$

①$A+B+C$　　②$A+B+\overline{C}$　　③$A+\overline{B}+\overline{C}$

問4

次の各文章の（　）内に、それぞれの解答群の中から最も適したものを選び、その番号を記せ。(小計20点)

(1) 図において、電気通信回線への入力電力が33ミリワット、その伝送損失が1キロメートル当たり（　）デシベル、増幅器の利得が8デシベルのとき、電力計の読みは、3.3ミリワットである。ただし、入出力各部のインピーダンスは整合しているものとする。(5点)

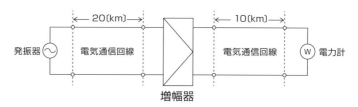

① 0.6　　② 1.0　　③ 1.4

(2) 同軸ケーブルの漏話の大きさは、通常の伝送周波数帯域において伝送される信号の周波数が低くなると（　）。(5点)

① 小さくなる　　② 大きくなる　　③ 変わらない

(3) 電力線からの誘導作用によって通信線（平衡対ケーブル）に誘起される（　）電圧は、一般に、電力線の電圧に比例して変化する。(5点)

① 電磁誘導　　② 静電誘導　　③ 共振

(4) （　）ミリワットの電力は、絶対レベルは30〔dBm〕と表される。(5点)

① 10　　② 100　　③ 1000

問5

次の各文章の（　）内に、それぞれの解答群の中から最も適したものを選び、その番号を記せ。（小計20点）

(1) デジタル信号の変調において、デジタルパルス信号の1と0のビットパターンに対応して正弦搬送波の位相を変化させる方式は、（　）といわれる。（4点）

　①ASK　　②PSK　　③DWM

(2) 一つの波長の光信号をN本の光ファイバに分配したり、N本の光ファイバからの光信号を1本の光ファイバに収束したりする機能を持つ光デバイスは、（　）といわれる。特にNが大きい場合は、光スターカプラともいわれる。（4点）

　①光分岐・結合器　　②光アイソレータ　　③LD

(3) 標本化定理によれば、サンプリング周波数を、アナログ信号に含まれている（　）の2倍以上にすると、元のアナログ信号の波形が復元できるとされている。（4点）

　①最低周波数　　②中間周波数　　③最高周波数

(4) デジタル伝送に用いられる伝送路符号には、伝送路の帯域を変えずに情報の伝送速度を上げることを目的とした（　）符号がある。（4点）

　①ハミング　　②CRC　　③多値

(5) 光ファイバ中における光の伝搬速度は伝搬モードや光の波長によって異なることから、受信端での信号の到達時間に差が生ずる。この現象は（　）といわれ、光ファイバ内を伝送される信号のパルス幅が広がる原因となる。

　①散乱　　②漏話　　③分散

問題を解いてみよう

問1

　次の各文章の（　　）内に、それぞれの解答群の中から最も適したものを選び、その番号を記せ。(小計25点)

(1) GE-PONシステムで用いられているOLT及びONUの機能などについて述べた次の記述のうち、正しいものは、（　　）である。(5点)

　　① GE-PONでは、光ファイバ回線を光スプリッタで分岐し、OLT～ONU相互間を上り／下りともに最大の伝送速度として毎秒10ギガビットで双方向通信を行うことが可能である。
　　② OLTは、ONUがネットワークに接続されるとそのONUを自動的に発見し、通信リンクを自動で確立する機能を有しており、この機能は下り帯域制御といわれる。
　　③ OLTからの下り方向の通信では、OLTは、どのONUに送信するフレームかを判別し、送信するフレームのプリアンブルに送信相手のONU用の識別子を埋め込んだ信号をネットワークに送出する。

(2) アナログ電話サービスの音声信号などとADSLサービスの信号を分離・合成する機器である（　　）は、受動回路素子で構成されている。(5点)

　　① VoIPアダプタ　　② ADSLモデム　　③ ADSLスプリッタ

(3) IP電話には、0AB～J番号が付与されるものと、（　　）で始まる番号が付与されるものがある。(5点)

　　① 030　　② 050　　③ 070

(4) IEEE 802.3at Type1として標準化されたPoE機能を利用すると、100BASE-TXのイーサネットで使用しているLAN配線の信号対または予備対（空き対）の（　　）対を使って、PoE機能を持つIP電話機に給電することができる。(5点)

①1　　②2　　③3

(5)IEEE 802.11において標準化された無線LAN方式において、アクセスポイント
　　にデータフレームを送信した無線LAN端末が、アクセスポイントからのACKフ
　　レームを受信した場合、一定時間待ち、他の無線端末から電波が出ていないこ
　　とを確認してから次のデータフレームを送信する方式は、（　　）方式といわれ
　　る。(5点)

①PAP/CHAP　　②CSMA/CA　　③CSMA/CD

問2

　次の各文章の（　　）内に、それぞれの解答群の中から最も適したものを選び、そ
の番号を記せ。(小計25点)

(1)HDCL手順では、フレーム同期をとりながらデータの透過性を確保するために、
　　受信側において、開始フラグシーケンスである（　　）を受信後に、5個連続し
　　たビットが1のとき、その直後のビットの0は無条件に除去される。(5点)

①01111110　　②10101010　　③10000001

(2)アナログ電話用の平衡対メタリックケーブルを使用して、数百キロビット／秒
　　から数十メガビット／秒のデータ信号を伝送するブロードバンドサービスは、
　　電気通信事業者側に設置されたDSLAM (Digital Subscriber Line Access
　　Multiplexer) 装置などとユーザ側に設置された（　　）を用いてサービスを提供
　　している。(5点)

①メディアコンバータ　　②ADSLモデム　　③アッテネータ

(3)OSI参照モデル (7階層モデル) において、伝送媒体上でビットの転送を行うた
　　めの物理コネクションを確立し、維持し、解放する機械的、電気的、機能的お
　　よび手続き的な手段を提供するのは、第（　　）層である。(5点)

①1　　②2　　③7

（4）IPv6アドレスの表記は、128ビットを（　　　）に分け、各ブロックを16進数で表示し、各ブロックをコロン（：）で区切る。（5点）

　　①8ビットずつ4ブロック
　　②16ビットずつ8ブロック
　　③32ビットずつ4ブロック

（5）TCP/IPのプロトコル階層モデルは、4階層モデルで表され、OSI参照モデル（7階層モデル）の物理層とデータリンク層に相当するのは（　　　）層といわれる。（5点）

　　①アプリケーション　　②トランスポート
　　③インターネット　　　④ネットワークインタフェース

問3

　次の各文章の（　　　）内に、それぞれの解答群の中から最も適したものを選び、その番号を記せ。（小計25点）

（1）情報セキュリティの3要素のうちの一つである（　　　）は、許可された利用者が、必要なときに、情報及び関連する情報資産に対して確実にアクセスできることである。（5点）

　　①可用性　　②完全性　　③機密性

（2）ネットワークを通じてサーバに連続してアクセスし、セキュリティホールを探す場合などに利用される手法は、（　　　）といわれる。（5点）

　　①スプーフィング　　②ポートスキャン　　③ゼロディ

（3）スイッチングハブのフレーム転送方式におけるストアアンドフォワード方式は、有効フレームの先頭から（　　　）までを受信した後、異常がなければ受信したフレームを転送する方式である。（5点）

①6バイト　　②FCS　　③64バイト

(4) コネクタ付きUTPケーブルを現場で作製する際には、（　　　）による伝送性能への影響を最小にするため、コネクタ箇所での心線の撚り戻し長はできるだけ短くする必要がある。(5点)

①近端漏話　　②挿入損失　　③量子化雑音

(5) ネットワークインタフェースカード (NIC) に固有に割り当てられた物理アドレスは、（　　　）アドレスといわれ、6バイトで構成されている。(5点)

①IP　　②ゲートウェイ　　③MAC

問4

　次の各文章の（　　　）内に、それぞれの解答群の中から最も適したものを選び、その番号を記せ。(小計25点)

(1) 光ファイバや光パッチコードの接続などに用いられる（　　　）コネクタは、接合部がねじ込み式で振動に強い構造になっている。(5点)

①FC　　②ST　　③MU

(2) 光ファイバ心線の融着接続部は、被覆が完全に除去されるため機械的強度が低下するので、融着接続部の補強方法として、（　　　）により補強する方法が採用されている。(5点)

①ケーブルジャケット　　②ワイヤプロテクタ　　③光ファイバ保護スリーブ

(3) UTPケーブルを図に示す8極8心のモジュラコネクタに、配線規格T568Bで決められたモジュラアウトレットの配列でペア1からペア4を結線するとき、ペア1のピン番号の組合せは、(　　)である。(5点)

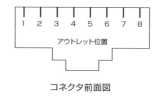

コネクタ前面図

　①1番と2番　　②3番と6番　　③4番と5番　　④7番と8番

(4) LAN配線工事に用いられるUTPケーブルについて述べた次の記述のうち、誤っているものは、(　　)である。(5点)

　①UTPケーブルは、ケーブル内の2本の心線どうしを対にして撚り合わせることにより、外部へノイズを出しにくくしている。
　②UTPケーブルは、ケーブルの外からのノイズの影響を受けにくくするために、ケーブル外被の内側において薄い金属箔を用いて心線全体をシールドしている。
　③UTPケーブルをコネクタ成端する場合、撚り戻しを長くすると、近端漏話が大きくなる。

(5) UTPケーブルの配線試験において、ワイヤマップ試験で検出できないものには、(　　)がある。(5点)

　①断線　　②漏話　　③スプリットペア

問題を解いてみよう

■模擬問題（法規 - 第1回）

問1

　次の各文章の（　　　）内に、それぞれの解答群の中から最も適したものを選び、その番号を記せ。（小計25点）

（1）電気通信事業法または電気通信事業法施行規則に規定する用語について述べた次の文章のうち、誤っているものは、（　　　）である。（5点）

　　①端末設備とは、電気通信回線設備の一端に接続される電気通信設備であって、一の部分の設置の場所が他の部分の設置の場所と同一の構内（これに準ずる区域内を含む。）又は同一の建物内であるものをいう。

　　②電気通信事業とは、電気通信役務を他人の需要に応ずるために提供する事業（放送法に規定する放送局設備供給役務に係る事業を除く。）をいう。

　　③データ伝送役務とは、音声その他の音響符号を伝送交換するための電気通信設備を他人の通信の用に供する電気通信役務をいう。

（2）電気通信事業法に規定する「工事担任者による工事の実施及び監督」及び「工事担任者資格者証」について述べた次の二つの文章は、（　　　）。（5点）

A　工事担任者は、端末設備又は自営電気通信設備を接続する工事の実施又は監督の職務を誠実に行わなければならない。

B　工事担任者資格者証の種類及び工事担任者が行い、又は監督することができる端末設備若しくは自営電気通信設備の接続に係る工事の範囲は、総務大臣が定める。

　　①Aのみ正しい　　　②Bのみ正しい
　　③AもBも正しい　　④AもBも正しくない

（3）電気通信事業法は、電気通信事業の公共性にかんがみ、その運営を適正かつ合理的なものとするとともに、その公正な競争を促進することにより、電気通信役務の円滑な提供を確保するとともにその利用者の（　　）を保護し、もって電気通信の健全な発達及び国民の利便の確保を図り、公共の福祉を増進することを目的とする。（5点）

　　①利益　　②権利　　③表現の自由

（4）総務大臣は、次の（ⅰ）～（ⅲ）のいずれかに該当する者に対し、工事担任者資格者証を交付する。（5点）

（ⅰ）工事担任者試験に合格した者
（ⅱ）工事担任者資格者証の交付を受けようとする者の（　　）で、総務大臣が総務省令で定める基準に適合するものであることの認定をしたものを修了した者
（ⅲ）前記（ⅰ）及び（ⅱ）に掲げる者と同等以上の知識及び技能を有すると総務大臣が認定した者。

　　①通信講座　　②認定学校等　　③養成課程

（5）総務大臣は、電気通信事業者が特定の者に対し不当な差別的取扱いを行っていると認めるときは、当該電気通信事業者に対し、利用者の利益又は（　　）を確保するために必要な限度において、業務の方法の改善その他の措置をとるべきことを命ずることができる。（5点）

　　①国民の権利　　②秩序の維持　　③公共の利益

問2

　次の各文章の（　　）内に、それぞれの解答群の中から最も適したものを選び、その番号を記せ。（小計25点）

(1) 工事担任者規則に規定する「資格者証の種類及び工事の範囲」について述べた次の二つの文章は、(　　)。(5点)

A 第二級デジタル通信の工事担任者は、デジタル伝送路設備に端末設備等を接続するための工事のうち、接続点におけるデジタル信号の入出力速度が毎秒1ギガビット以下であって、主としてインターネットに接続するための回線に係るものに限る工事を行い、又は監督することができる。ただし、総合デジタル通信用設備に端末設備等を接続するための工事を除く。

B 第二級アナログ通信の工事担任者は、アナログ伝送路設備に端末設備を接続するための工事のうち、端末設備に収容される電気通信回線の数が1のものに限る工事を行い、又は監督することができる。また、総合デジタル通信用設備に端末設備を接続するための工事のうち、総合デジタル通信回線の数が毎秒64キロビット換算で1のものに限る工事を行い、又は監督することができる。

①Aのみ正しい　　②Bのみ正しい
③AもBも正しい　　④AもBも正しくない

(2) 端末機器の技術基準適合認定等に関する規則において、(　　)に接続される端末機器に表示される技術基準適合認定番号の最初の文字は、Eと規定されている。(5点)

①総合デジタル通信用設備　　②専用通信回線設備
③インターネットプロトコル電話用設備

(3) 有線電気通信法に規定する「技術基準」について述べた次の二つの文章は、(　　)。(5点)

A 有線電気通信設備(政令で定めるものを除く。)の技術基準により確保されるべき事項の一つとして、有線電気通信設備は、他人の設置する有線電気通信設備に妨害を与えないようにすることがある。

B 有線電気通信設備(政令で定めるものを除く。)の技術基準により確保されるべき事項の一つとして、有線電気通信設備は、重要通信に付される識別符号を秘匿できるようにすることがある。

①Aのみ正しい　　②Bのみ正しい

③AもBも正しい　　④AもBも正しくない

(4) 有線電気通信設備令に規定する用語について述べた次の文章のうち、正しいものは、(　　)である。(5点)

①強電流電線とは、強電流電気の伝送を行うための導体(絶縁物又は保護物で被覆されている場合は、これらの物を含む。)をいう。

②ケーブルとは、光ファイバ以外の絶縁物及び保護物で被覆されている電線をいう。

③絶縁電線とは、絶縁物又は保護物で被覆されている電線をいう。

(5) 不正アクセス行為の禁止等に関する法律は、不正アクセス行為を禁止するとともに、これについての罰則及びその再発防止のための都道府県公安委員会による援助措置等を定めることにより、電気通信回線を通じて行われる(　　)に係る犯罪の防止及びアクセス制御機能により実現される電気通信に関する秩序の維持を図り、もって高度情報通信社会の健全な発展に寄与することを目的とする。(5点)

①電子計算機　　②インターネット通信　　③不正アクセス

問3

次の各文章の(　　)内に、それぞれの解答群の中から最も適したものを選び、その番号を記せ。(小計25点)

(1) 用語について述べた次の文章のうち、誤っているものは、(　　)である。(5点)

①移動電話用設備とは、電話用設備であって、端末設備又は自営電気通信設備との接続において電波を使用するものをいう。

②総合デジタル通信用設備とは、電気通信事業の用に供する電気通信回線設備であって、主として64キロビット毎秒を単位とするデジタル信号の伝送速度により、符号、音声その他の音響又は影像を統合して伝送交換することを目的とする電気通信役務の用に供するものをいう。

③選択信号とは、専ら符号又は影像の伝送交換をするために使用する信号をいう。

(2) 通話チャネルとは、移動電話用設備と移動電話端末又はインターネットプロトコル移動電話端末の間に設定され、主として（　　）に使用する通信路をいう。(5点)

①CED信号の伝送　　②制御信号の伝送　　③音声の伝送

(3)「端末設備内において電波を使用する端末設備」について述べた次の二つの文章は、（　　）。(5点)

A　総務大臣が別に告示する条件に適合する識別符号（端末設備に使用される無線設備を識別するための符号であって、通信路の設定に当たってその照合が行われるものをいう。）を有すること。

B　使用される無線設備は、一の筐体に収められており、かつ、容易に妨害することができないこと。ただし、総務大臣が別に告示するものについては、この限りでない。

①Aのみ正しい　　②Bのみ正しい
③AもBも正しい　　④AもBも正しくない

(4) 責任の分界について述べた次の二つの文章は、（　　）。(5点)

A　利用者の接続する端末設備は、事業用電気通信設備との技術的条件を明確にするため、事業用電気通信設備との間に分界点を有しなければならない。

B　分界点における接続の方式は、端末設備を電気通信回線ごとに事業用電気通信設備から容易に切り離せるものでなければならない。

①Aのみ正しい　　②Bのみ正しい
③AもBも正しい　　④AもBも正しくない

（5）端末設備を構成する一の部分と他の部分相互間において電波を使用する端末設備は、使用する電波の周波数が空き状態であるかどうかについて、総務大臣が別に告示するところにより判定を行い、空き状態である場合にのみ（　　）ものでなければならない。ただし、総務大臣が別に告示するものについては、この限りでない。(5点)

　①通信路を設定する　　②ACK信号を送出する　　③直流回路を開く

問4

　次の各文章の（　　）内に、それぞれの解答群の中から最も適したものを選び、その番号を記せ。(小計25点)

（1）アナログ電話端末の「選択信号の条件」における押しボタンダイヤル信号について述べた次の二つの文章は、（　　）。(5点)

A　高群周波数は、1,200ヘルツから1,800ヘルツまでの範囲内における特定の四つの周波数で規定されている。
B　周期とは、信号送出時間とミニマムポーズの和をいう。

　①Aのみ正しい　　②Bのみ正しい
　③AもBも正しい　　④AもBも正しくない

（2）安全性等について述べた次の二つの文章は、（　　）。(5点)

A　端末設備は、自営電気通信設備から漏えいする通信の内容を意図的に識別する機能を有してはならない。
B　通話機能を有する端末設備は、通話中に受話器から過大な漏話雑音が発生することを防止する機能を備えなければならない。

　①Aのみ正しい　　②Bのみ正しい
　③AもBも正しい　　④AもBも正しくない

（3）端末設備は、事業用電気通信設備との間で（　　）（電気的又は音響的結合により生ずる発振状態をいう。）を発生することを防止するために総務大臣が別に告示する条件を満たすものでなければならない。（5点）

　①鳴音　　②漏話　　③音響衝撃

（4）「絶縁抵抗等」について述べた次の二つの文章は、（　　）。（5点）

A　端末設備の機器の金属製の台及び筐体は、接地抵抗が200オーム以下となるように接地しなければならない。ただし、安全な場所に危険のないように設置する場合にあっては、この限りでない。

B　端末設備の機器は、その電源回路と筐体及びその電源回路と事業用電気通信設備との間において、使用電圧が300ボルト以下の場合にあっては、0.2メガオーム以上の絶縁抵抗を有しなければならない。

　①Aのみ正しい　　　②Bのみ正しい
　③AもBも正しい　　　④AもBも正しくない

（5）専用通信回線設備等端末は、（　　）に対して直流の電圧を加えるものであってはならない。ただし、総務大臣が別に告示する条件において直流重畳が認められる場合にあっては、この限りでない。（5点）

　①電気通信回線　　②配線設備　　③電波を発する端末設備

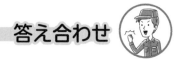

答え合わせ

■模擬問題解説（基礎 - 第1回）

合格基準		合格への足あと					
		模擬問題に取り組んだ結果を記録して、合格への足あとを残していこう。					
合格点	制限時間	1回目		2回目		3回目	
60点	40分	実施日	／	実施日	／	実施日	／
		かかった時間	分	かかった時間	分	かかった時間	分
		得点	点	得点	点	得点	点

問1（1）	問1（2）	問1（3）	問1（4）	
③	①	②	①	
問2（1）	問2（2）	問2（3）	問2（4）	問2（5）
②	②	③	②	②
問3（1）	問3（2）	問3（3）	問3（4）	
①	②	②	②	
問4（1）	問4（2）	問4（3）	問4（4）	
①	②	②	③	
問5（1）	問5（2）	問5（3）	問5（4）	問5（5）
②	①	③	③	③

※配点：問1、問3、問4　小問一つにつき各5点

　　　問2、問5　小問一つにつき各4点

　　　合計100点満点

解説

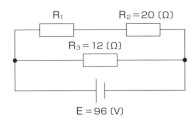

図に示す回路において、抵抗R_1およびR_2の両端の電圧をそれぞれV_1、V_2とすると、

$V_2 = 96 - 36 = 60$ 〔V〕

R_1およびR_2に流れる電流をIとすると、

$$I = \frac{V_2}{R_2} = \frac{60}{20} = 3 \text{〔A〕}$$

$$R_1 = \frac{V_1}{I} \quad より$$

$$R_1 = \frac{36}{3} = 12 \text{〔Ω〕}$$

解説

a-b間の電圧をV、流れる電流をI、合成インピーダンスをZとした場合、

$$Z = \frac{V}{I} \quad より$$

$$Z = \frac{78}{6} = 13 \text{〔Ω〕}$$

$$Z = \sqrt{R^2 + X_L^2} \quad より$$

$$13 = \sqrt{5^2 + X_L^2}$$

$$X_L^2 = 144 \quad \therefore X_L = 12 \text{〔Ω〕}$$

解説

　正弦波でない交流は、ひずみ波交流といわれます。ひずみ波交流は、周波数の異なるいくつかの正弦波交流成分に分解することができます。これらの正弦波交流成分のうち、基本波（最も周波数が低い正弦波）以外は、**高調波**といわれます。

解説

　電荷を帯びていない導体球に、帯電体を接触させないように接近させると、静電誘導により帯電体に近い側には帯電体と異種の電荷が、遠い側には帯電体と同種の電荷が発生します。この結果、クーロンの法則による静電気力が働き、導体球と帯電体の間には**互いに引き合う力**が働きます。

解説

　純粋な半導体の結晶内に不純物原子が加わると、共有結合を行う結晶中の電子に過不足が生ずることにより自由電子や正孔などのキャリアが発生し、**導電率**が高まります。

解説

　トランジスタ増幅回路において、正弦波の入力信号電圧V_Iに対する出力電圧V_{CE}は、この回路の動作点を中心に変化し、**コレクタ電流I_Cが最大**のとき、**V_{CE}は最小**となります。

問2（3）　正解：③

解説

LEDは、**順方向電圧**を加えて発光させる半導体光素子です。

問2（4）　正解：②

解説

トランジスタ回路の接地方式は、ベース接地、エミッタ接地、コレクタ接地があります。このうち電力増幅度が最も大きく、入力電圧と出力電圧が逆位相となるのは、**エミッタ**接地方式です。低周波増幅回路などで使用されます。

各接地方式の中でも、エミッタ接地方式についての設問が最もよく出ていますので、覚えておきましょう。

問2（5）　正解：②

解説

半導体の集積回路（IC）は、バイポーラ型とユニポーラ型に大別されます。ユニポーラ型のICの代表的なものに**MOS型IC**があります。

解説

論理式A・B̄＋B・C̄＋B̄・Cを「＋」のところで分解して考えます。

（ⅰ）A・B̄について

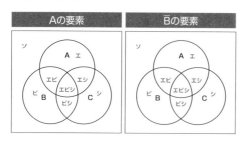

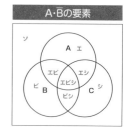

A・B̄の要素はエ、エシとわかる。

また、論理式全体（A・B̄＋B・C̄＋B̄・C）は、「＋」（和集合）で表されるので、エ、エシは全体の要素に必ず含まれます（和集合では、要素の数は減らない）。

この時点で、選択肢の図1～3をチェックし、消去できるものがないか確認します。

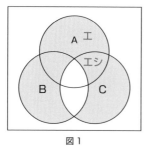
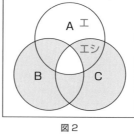
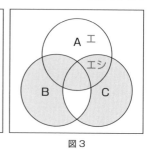

図1　　　　　　　　　図2　　　　　　　　　図3

図1以外はエの要素が含まれていないので消去できます。

この時点で答えは①とわかります。

解説

2進数の加算の際に気をつけるのは繰り上がりです。

1＋1＝10となり、桁が一つ繰り上がる（＝左の桁に1加える）ことを意識して計算しましょう。

筆算のように並べて書いて計算をしましょう。

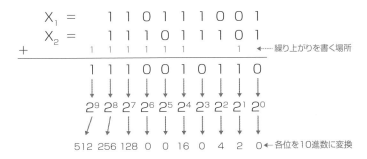

$$512+256+128+16+4+2=918 \leftarrow \text{全部を足す}$$

2進数を10進数に変換する際は、右の桁から順に1, 2, 4, 8, 16, 32, 64, 128, 256, 512, …と変換し、1が立っている位の数を足していきます。

本問においては、$512+256+128+16+4+2=918$

問3（3）　正解：②　　　　　　　　　　　　　▶ 解説動画

解説

図2に示されるタイムチャートを左から見ていき、各場合を満たすものを順に見ていき、消去法により答えを決定していきます（答えが一つに絞られた時点で解答を決定します）。

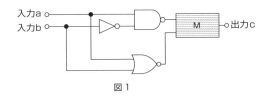

図1

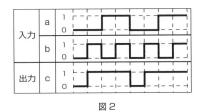

図2

（ⅰ）入力a＝0、入力b＝0のとき、出力c＝0

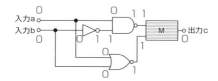

　　論理素子Mに1と1を入力すると0が出力されることから、選択肢②のNAND回路と選択肢④のNOR回路は適合しますが、選択肢①のAND回路と、選択肢③のOR回路は不適合であることがわかります。

　　そのため、この時点で選択肢①と③を消去します。

（ⅱ）入力a＝0、入力b＝1のとき、出力c＝1

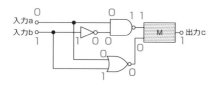

　　論理素子Mに1と0を入力すると1が出力されることから、選択肢②のNAND回路は適合しますが、選択肢④のNOR回路は適合しません。

　　ここで選択肢④が消去できますので、残った選択肢②のNAND回路が正解と判断できます。

問3（4）　正解：②　　　　　　　　　　　　　　　　　▶ 解説動画

解説

$X = (A+B) \cdot (A+\overline{C}) + (\overline{\overline{A} \cdot \overline{B}}) + (\overline{\overline{A} \cdot C})$

$X = (A+B) \cdot (A+\overline{C}) + (\overline{\overline{A}} + \overline{\overline{B}}) + (\overline{\overline{A}} + \overline{C})$　←ド・モルガンの定理

$X = (A+B) \cdot (A+\overline{C}) + (A+B) + (A+\overline{C})$　←二重否定

$X = A \cdot A + A \cdot \overline{C} + A \cdot B + B \cdot \overline{C} + A + B + A + \overline{C}$　←分配則

$X = A + A \cdot \overline{C} + A \cdot B + B \cdot \overline{C} + B + \overline{C}$　　←同一則、吸収則

$X = A \cdot (1 + \overline{C} + B) + B \cdot (1 + \overline{C}) + \overline{C}$　　←分配則

$\mathbf{X = A + B + \overline{C}}$　←吸収則

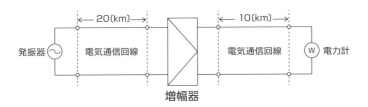

発振器　電気通信回線　←20〔km〕→　増幅器　←10〔km〕→　電気通信回線　Ｗ 電力計

解説

電気通信回線の入力電力が33mW、電力計の読みが3.3mWから、伝送量Ｔは

$$T=10\log_{10}\frac{P_o}{P_I}$$　より、

$$T=10\log_{10}\frac{3.3}{33}=10\log_{10}\frac{1}{10}=10\log_{10}10^{-1}=-10\log_{10}10=-10〔dB〕$$

伝送量が－10dBというのは、入力側から出力側までの間で、計10dBの減衰があることを意味しています。

回線の接続図を見ると、電気通信回線が20kmと10kmで計30km。

1km当たりの伝送損失がわからないため、Ｘ〔dB〕と置くと、

$$30×X＝30X〔dB〕$$

電気通信回線による減衰量のトータルを30Ｘ〔dB〕と置くことができます。

また、増幅器の利得が8〔dB〕であることから、回線全体の伝送量をＴ〔dB〕、伝送損失をＬ〔dB〕、利得をＧ〔dB〕とすると、伝送量Ｔ＝－Ｌ＋Ｇより、

$$-10=-30X+8$$

$$-30X=-18$$

$$∴X=0.6〔dB/km〕$$

解説

　同軸ケーブルの漏話は、導電結合により生じます。高周波では表皮効果の影響で漏話が小さくなりますが、伝送される信号の**周波数が低く**なると表皮効果が薄れるため、**漏話が大きく**なります。

解説

　電力線からの誘導作用によって通信線（平衡対ケーブル）に誘起される**静電誘導電圧**は、電力線の電圧に比例して変化します。

　ここで、

　電磁誘導電圧＝電力線の電流に比例して変化

　静電誘導電圧＝電力線の電圧に比例して変化

と知識を整理しておきましょう。

解説

　1ミリワットを基準電力として、これとの対数比を表したものを絶対レベルといいます。

$$絶対レベル＝10\log_{10}\frac{P（mW）}{1（mW）} より、$$

$$10\log_{10}\frac{P（mW）}{1（mW）}＝30$$

$$\log_{10}P＝3$$

$$P＝10^3$$

$$\therefore P＝1000（mW）$$

問5（1）　正解：②

解説

　デジタル信号の変調において、デジタルパルス信号の1と0のビットパターンに対応して正弦搬送波の位相を変化させる方式は、**PSK**といわれます。

問5（2）　正解：①

解説

　一つの波長の光信号をN本の光ファイバに分配したり、N本の光ファイバからの光信号を1本の光ファイバに収束したりする機能を持つ光デバイスは、**光分岐・結合器**といわれます。特にNが大きい場合は、光分岐・結合器は光スターカプラともいわれます。

問5（3）　正解：③

解説

　標本化定理によれば、サンプリング周波数を、アナログ信号に含まれている**最高周波数**の2倍以上にすると、元のアナログ信号の波形が復元できるとされています。

問5（4）　正解：③

解説

　デジタル伝送に用いられる伝送路符号には、伝送路の帯域を変えずに情報の伝送速度を上げることを目的とした**多値**符号があります。

　多値符号は、3値符号、5値符号など3値以上の符号を総称したものとして用いられています。

問5（5）　正解：③

解説

　光ファイバ中における光の伝搬速度は伝搬モードや光の波長によって異なることから、受信端での信号の到達時間に差が生ずる現象は**分散**と言われます。

　分散には、モード分散、材料分散、構造分散などがあります。

Answer

答え合わせ

■模擬問題解説（技術-第1回）

合格基準		合格への足あと					
		模擬問題に取り組んだ結果を記録して、合格への足あとを残していこう。					
合格点	制限時間	1回目		2回目		3回目	
60点	40分	実施日	／	実施日	／	実施日	／
		かかった時間	分	かかった時間	分	かかった時間	分
		得点	点	得点	点	得点	点

問1（1）	問1（2）	問1（3）	問1（4）	問1（5）
③	③	②	②	②
問2（1）	問2（2）	問2（3）	問2（4）	問2（5）
①	②	①	②	④
問3（1）	問3（2）	問3（3）	問3（4）	問3（5）
①	②	②	①	③
問4（1）	問4（2）	問4（3）	問4（4）	問4（5）
①	③	③	②	②

※配点：各5点　合計100点満点

問1（1）　正解：③

解説

各選択肢の正しい記述は次のとおりです。

①GE-PONでは、光ファイバ回線を光スプリッタで分岐し、OLT〜ONU相互間を上り／下りともに最大の伝送速度として**毎秒1ギガビット**で双方向通信を行うことが可能である。

②OLTは、ONUがネットワークに接続されるとそのONUを自動的に発見し、通信リンクを自動で確立する機能を有しており、この機能は**P2MPディスカバリ**といわれる。

③OLTからの下り方向の通信では、OLTは、どのONUに送信するフレームかを判別し、送信するフレームの**プリアンブル**に送信相手のONU用の識別子を埋め込んだ信号をネットワークに送出する。

問1（2）　正解：③

解説

アナログ電話サービスの音声信号などとADSLサービスのDMT信号を**分離・合成**する機器である**ADSLスプリッタ**は、受動回路素子で構成されています。

なお、受動回路素子とは、抵抗やコイル、コンデンサなどのように、動作に電源を必要としない回路素子のことをいいます。

問1（3）　正解：②

解説

IP電話には、固定電話と同じように0AB〜J番号が付与されるものと、**050**で始まる番号が付与されるものがあります。

問1 (4)　正解：②

解説

　IEEE 802.3at Type1として標準化された**PoE**機能を利用すると、**100BASE-TX**のイーサネットで使用しているLAN配線の信号対または予備対 (空き対) の**2対**を使って、PoE機能を持つIP電話機に給電することができます。

問1 (5)　正解：②

解説

　IEEE 802.11において標準化された無線LAN方式において、アクセスポイントにデータフレームを送信した無線LAN端末が、アクセスポイントからのACKフレームを受信した場合、一定時間待ち、他の無線端末から電波が出ていないことを確認してから次のデータフレームを送信する方式は、**CSMA/CA**方式といわれます。

問2 (1)　正解：①

解説

　HDLC手順では、フレーム同期をとりながら**データの透過性を確保**するために、受信側において、開始フラグシーケンスである**01111110**を受信後に、**5個**連続したビットが1のとき、その直後のビットの0は無条件に除去されます。

問2 (2)　正解：②

解説

　アナログ電話用の平衡対メタリックケーブルを使用して、数百キロビット／秒から数十メガビット／秒のデータ信号を伝送するブロードバンドサービスであるADSLは、電気通信事業者側に設置されたDSLAM (Digital Subscriber Line Access Multiplexer) 装置などとユーザ側に設置された**ADSLモデム**を用いてサービスを提供しています。

問2 (3)　正解：①

解説

　OSI参照モデル（7階層モデル）において、伝送媒体上でビットの転送を行うための物理コネクションを確立し、維持し、解放する**機械的**、**電気的**、**機能的**及び手続き的な手段を提供するのは、**第1層**です。

問2 (4)　正解：②

解説

　IPv6アドレスの表記は、128ビットを**16ビットずつ8ブロック**に分け、各ブロックを16進数で表示し、各ブロックをコロン（：）で区切ります。

問2 (5)　正解：④

解説

　TCP/IPのプロトコル階層モデルは、4階層モデルで表され、OSI参照モデル（7階層モデル）の物理層とデータリンク層に相当するのは**ネットワークインタフェース層**といわれます。

問3 (1)　正解：①

解説

　情報セキュリティの3要素のうちの一つである**可用性**は、許可された利用者が、必要なときに、情報及び関連する情報資産に対して確実にアクセスできることです。

問3 (2)　正解：②

解説

　ネットワークを通じてサーバに連続してアクセスし、セキュリティホールを探す場合などに利用される手法は、**ポートスキャン**といわれます。

解説

　スイッチングハブのフレーム転送方式におけるストアアンドフォワード方式は、有効フレームの先頭から**FCS**までを受信した後、異常がなければ受信したフレームを転送する方式です。

解説

　コネクタ付きUTPケーブルを現場で作製する際には、**近端漏話**による伝送性能への影響を最小にするため、コネクタ箇所での心線の撚り戻し長はできるだけ短くする必要があります。

　UTPケーブルの心線の撚り戻し長が長いと、心線相互間の電磁誘導による影響を受けて近端漏話が増加するおそれがあります。

解説

　ネットワークインタフェースカード（NIC）に固有に割り当てられた物理アドレスは、**MACアドレス**といわれ、6バイトで構成されています。

解説

　光ファイバや光パッチコードの接続などに用いられる**FC**コネクタは、接合部がねじ込み式で振動に強い構造になっています。

解説

　光ファイバ心線の融着接続部は、被覆が完全に除去されるため機械的強度が低下するので、融着接続部の補強方法として、**光ファイバ保護スリーブ**により補強する方法が採用されています。

解説

　配線規格T568Bで決められたモジュラアウトレットの配列でペア1からペア4を結線するとき、ピン番号の組合せは次のようになります。

ペア1：4番・5番
ペア2：1番・2番
ペア3：3番・6番
ペア4：7番・8番

問4（4）　正解：②

解説

　UTPケーブルは、**心線全体をシールドしていません。**
　心線全体をシールドしたケーブルは、STPケーブルといわれます。

問4（5）　正解：②

解説

　UTPケーブルの配線試験において行われる**ワイヤマップ試験**では、**断線**やスプリットペアなどの**配線誤り**を検出することができますが、漏話は検出できません。

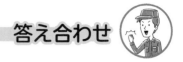

答え合わせ

■模擬問題解説（法規-第1回）

合格基準		合格への足あと					
		模擬問題に取り組んだ結果を記録して、 合格への足あとを残していこう。					
合格点	制限時間	1回目		2回目		3回目	
60点	40分	実施日	／	実施日	／	実施日	／
		かかった 時間	分	かかった 時間	分	かかった 時間	分
		得点	点	得点	点	得点	点

問1（1）	問1（2）	問1（3）	問1（4）	問1（5）
③	①	①	③	③
問2（1）	問2（2）	問2（3）	問2（4）	問2（5）
①	③	①	①	①
問3（1）	問3（2）	問3（3）	問3（4）	問3（5）
③	③	①	②	①
問4（1）	問4（2）	問4（3）	問4（4）	問4（5）
②	④	①	②	①

※配点：各5点　合計100点満点

解説

①正しい。[電気通信事業法第52条第1項]

②正しい。[電気通信事業法第2条第四号]

③誤り。正しくは、「データ伝送役務とは、**専ら符号又は影像**を伝送交換するための電気通信設備を他人の通信の用に供する電気通信役務をいう。」[電気通信事業法施行規則第2条第2項第二号]

問1(2)　正解：①

解説

Ａ：正しい。[電気通信事業法第71条第2項]

Ｂ：誤り。正しくは、「工事担任者資格者証の種類及び工事担任者が行い、又は監督することができる端末設備若しくは自営電気通信設備の接続に係る工事の範囲は、**総務省令**で定める。」[電気通信事業法第72条第1項]

問1(3)　正解：①

解説

　電気通信事業法は、電気通信事業の公共性にかんがみ、その運営を適正かつ合理的なものとするとともに、その公正な競争を促進することにより、電気通信役務の円滑な提供を確保するとともにその利用者の**利益**を保護し、もって電気通信の健全な発達及び国民の利便の確保を図り、公共の福祉を増進することを目的とする。[電気通信事業法第1条]

Q

模擬問題（第1回）

解説

　総務大臣は、次の（ⅰ）～（ⅲ）のいずれかに該当する者に対し、工事担任者資格者証を交付する。

（ⅰ）工事担任者試験に合格した者
（ⅱ）工事担任者資格者証の交付を受けようとする者の**養成課程**で、総務大臣が総務省令で定める基準に適合するものであることの認定をしたものを修了した者
（ⅲ）前記（ⅰ）及び（ⅱ）に掲げる者と同等以上の知識及び技能を有すると総務大臣が認定した者
［電気通信事業法第72条第2項］

解説

　総務大臣は、電気通信事業者が特定の者に対し不当な差別的取扱いを行っていると認めるときは、当該電気通信事業者に対し、利用者の利益又は**公共の利益**を確保するために必要な限度において、業務の方法の改善その他の措置をとるべきことを命ずることができる。［電気通信事業法第29条第1項第二号］

解説

A：正しい。第二級デジタル通信は「毎秒1ギガビット以下」を覚えておきましょう。
B：誤りが含まれています。

　　（誤）毎秒64キロビット換算で1→（正）**基本インタフェースで1**

　　このひっかけは頻出事項ですので、十分にご注意ください。
［工事担任者規則第4条］

問2（2） 正解：③

解説

端末機器の技術基準適合認定等に関する規則において、**インターネットプロトコル電話用設備**に接続される端末機器に表示される技術基準適合認定番号の最初の文字は、Eと規定されています。[技術基準適合認定規則様式第七号]

問2（3） 正解：①

解説

A：正しい。[有線電気通信法第5条第2項第一号]

B：誤り。正しくは、「有線電気通信設備（政令で定めるものを除く。）の技術基準により確保されるべき事項の一つとして、有線電気通信設備は、**人体に危害を及ぼし、又は物件に損傷を与えない**ようにすること。」[有線電気通信法第5条第2項第二号]

問2（4） 正解：①

解説

①正しい。[有線電気通信設備令第1条第四号]

②誤り。正しくは、「ケーブルとは、**光ファイバ並びに光ファイバ以外の絶縁物及び保護物**で被覆されている電線をいう。」[有線電気通信設備令第1条第三号]

③誤り。正しくは、「絶縁電線とは、**絶縁物のみ**で被覆されている電線をいう。」[有線電気通信設備令第1条第二号]

問2（5） 正解：①

解説

不正アクセス行為の禁止等に関する法律は、不正アクセス行為を禁止するとともに、これについての罰則及びその再発防止のための都道府県公安委員会による援助措置等を定めることにより、電気通信回線を通じて行われる**電子計算機**に係る犯罪の防止及びアクセス制御機能により実現される電気通信に関する秩序の維持を図り、もって高度情報通信社会の健全な発展に寄与することを目的とする。[不正アクセス禁止法第1条]

問3（1）　正解：③

解説

①正しい。［端末設備等規則第2条第2項第四号］

②正しい。［端末設備等規則第2条第2項第十二号］

③誤り。正しくは、「選択信号とは、**主として相手の端末設備を指定**するために使用する信号をいう。」［端末設備等規則第2条第2項第十九号］

問3（2）　正解：③

解説

　通話チャネルとは、移動電話用設備と移動電話端末又はインターネットプロトコル移動電話端末の間に設定され、主として**音声の伝送**に使用する通信路をいう。［端末設備等規則第2条第2項第二十二号］

問3（3）　正解：①

解説

A：正しい。［端末設備等規則第9条第一号］

B：誤り。正しくは、「使用される無線設備は、一の筐体に収められており、かつ、容易に**開ける**ことができないこと。ただし、総務大臣が別に告示するものについては、この限りでない。」［端末設備等規則第9条第三号］

問3（4）　正解：②

解説

A：誤り。正しくは、「利用者の接続する端末設備は、事業用電気通信設備との**責任の分界**を明確にするため、事業用電気通信設備との間に分界点を有しなければならない。」［端末設備等規則第3条第1項］

B：正しい。［端末設備等規則第3条第2項］

解説

　端末設備を構成する一の部分と他の部分相互間において電波を使用する端末設備は、使用する電波の周波数が空き状態であるかどうかについて、総務大臣が別に告示するところにより判定を行い、空き状態である場合にのみ**通信路を設定**するものでなければならない。ただし、総務大臣が別に告示するものについては、この限りでない。[端末設備等規則第9条第二号]

問4（1）　正解：②

解説

A：誤り。正しくは、「高群周波数は、1,200ヘルツから1,700ヘルツまでの範囲内における特定の四つの周波数で規定されている。」[端末設備等規則第12条別表第二号注1]
B：正しい。[端末設備等規則第12条別表第二号注3]

問4（2）　正解：④

解説

A：誤り。正しくは、「端末設備は、**事業用**電気通信設備から漏えいする通信の内容を意図的に識別する機能を有してはならない。」[端末設備等規則第4条]
B：誤り。正しくは、「通話機能を有する端末設備は、通話中に受話器から過大な**音響衝撃**が発生することを防止する機能を備えなければならない。」[端末設備等規則第7条]

問4（3）　正解：①

解説

　端末設備は、事業用電気通信設備との間で**鳴音**（電気的又は音響的結合により生ずる発振状態をいう。）を発生することを防止するために総務大臣が別に告示する条件を満たすものでなければならない。[端末設備等規則第5条]

解説

Ａ：誤り。正しくは、「端末設備の機器の金属製の台及び筐体は、接地抵抗が**100オーム**以下となるように接地しなければならない。ただし、安全な場所に危険のないように設置する場合にあっては、この限りでない。」[端末設備等規則第6条第2項]

Ｂ：正しい。[端末設備等規則第6条第1項第一号]

解説

　専用通信回線設備等端末は、**電気通信回線**に対して直流の電圧を加えるものであってはならない。ただし、総務大臣が別に告示する条件において直流重畳が認められる場合にあっては、この限りでない。[端末設備等規則第34条の8第2項]

模擬問題（第2回）

（制限時間 120 分）

試験科目数別制限時間			
科目数	1科目	2科目	3科目
制限時間	40分	80分	120分

合格点及び問題に対する配点
(1) 各科目の満点は100点で、合格は60点以上
　　です。
(2) 各問題の配点は設問文の末尾に記載してあり
　　ます。

問題を解いてみよう

■ **模擬問題（基礎 - 第2回）**

問1

　次の各文章の（　　）内に、それぞれの解答群の中から最も適したものを選び、その番号を記せ。(小計20点)

（1）図に示す回路において、抵抗R_4が（　　）オームであるとき、端子a-b間の合成抵抗は、1オームである。(5点)

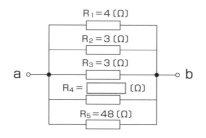

① 12 　② 16 　③ 20

（2）図に示す回路において、回路に流れる交流電流が6アンペアであるとき、端子a-b間の交流電圧は、（　　）ボルトである。(5点)

$$X_L = 7 \ [\Omega] \qquad X_C = 3 \ [\Omega]$$

a ○―――∿∿∿―――――||――――○ b

① 20 　② 24 　③ 60

（3）平行板コンデンサにおいて、両極板間にVボルトの直流電圧を加えたところ、一方の極板に＋Qクーロン、他方の極板に－Qクーロンの電荷が現れた。このコンデンサの静電容量をCファラドとすると、これらの間には、Q＝（　　）の関係がある。(5点)

① $\frac{1}{2}CV^2$　　②CV　　③2CV

（4）抵抗とコイルの直列回路の両端に交流電圧を加えたとき、流れる（　　）。（5点）

　①電流の位相は、電圧の位相に対して遅れる
　②電圧の位相は、電流の位相に対して遅れる
　③電流の位相と電圧の位相は同相である

問2

　次の各文章の（　　）内に、それぞれの解答群の中から最も適したものを選び、その番号を記せ。（小計20点）

（1）電子デバイスに使われている半導体には、接合の形態によりp形とn形の種別がある。このうち、通電時に電荷を運ぶ主役が（　　）であるものは、p形半導体といわれる。（4点）

　①電子　　②正孔　　③ファンデルワールス力

（2）図に示すトランジスタ増幅回路において、正弦波の入力信号電圧V_Iに対する出力電圧V_{CE}は、この回路の動作点を中心に変化し、コレクタ電流I_Cが（　　）のとき、V_{CE}は最小となる。（4点）

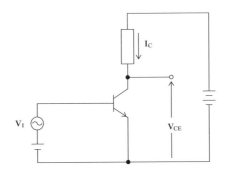

　①同位相　　②最小　　③最大

（3）pn接合ダイオードに光を照射すると光の強さに応じた電流が流れる現象である光電効果を利用して、光信号を電気信号に変換する機能を持つ半導体素子は、（　　）といわれる。（4点）

　　①LED　　②バラクタダイオード　　③ホトダイオード

（4）トランジスタによる増幅回路を構成する場合のバイアス回路は、トランジスタの動作点の設定を行うために必要な（　　）を供給するために用いられる。（4点）

　　①交流電圧　　②直流電圧　　③交流電流　　④直流電流

（5）トランジスタ回路において、ベース電流が30マイクロアンペア、エミッタ電流が2.62ミリアンペアのとき、コレクタ電流は（　　）ミリアンペアである。（4点）

　　①2.32　　②2.59　　③2.65

問3

　次の各文章の（　　）内に、それぞれの解答群の中から最も適したものを選び、その番号を記せ。（小計20点）

（1）図1、図2および図3に示すベン図において、A、BおよびCが、それぞれの円の内部を表すとき、斜線部分を示す論理式が $\overline{A} \cdot C + B \cdot \overline{C} + \overline{B} \cdot C$ と表すことができるベン図は、（　　）である。（5点）

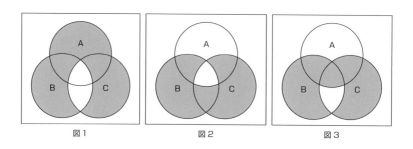

図1　　　　　　　　　図2　　　　　　　　　図3

　①図1　　②図2　　③図3

（2）表に示す2進数X₁、X₂について、各桁それぞれに論理積を求め2進数で表記した後、10進数に変換すると、（　　）になる。（5点）

2進数
X₁＝１１０１０１０１１
X₂＝１０１１１１１１１

①299　　②433　　③554

（3）図1に示す論理回路において、Mの論理素子が（　　）であるとき、入力aおよびbと出力cとの関係は、図2で示される。（5点）

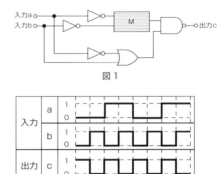

図1

図2

①　　　②　　　③　　　④

（4）次の論理関数Xは、ブール代数の公式等を利用して変形し、簡単にすると、（　　）になる。（5点）

$$X=(A+B)\cdot((A+\overline{C})+(\overline{A}+B))\cdot(\overline{A}+\overline{C})$$

①$\overline{A}\cdot\overline{C}＋\overline{A}\cdot B＋B\cdot\overline{C}$
②$A\cdot C＋A\cdot B＋\overline{B}\cdot\overline{C}$
③$A\cdot\overline{C}＋\overline{A}\cdot B＋B\cdot\overline{C}$

問4

次の各文章の（　　）内に、それぞれの解答群の中から最も適したものを選び、その番号を記せ。(小計20点)

(1) 図において、電気通信回線への入力電力が68ミリワット、その伝送損失が1キロメートル当たり1.5デシベル、増幅器の利得が50デシベルのとき、電力計の読みは（　　）ミリワットである。ただし、入出力各部のインピーダンスは整合しているものとする。(5点)

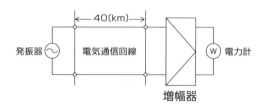

① 6.8　　② 68　　③ 680

(2) 無限長の一様線路における入力インピーダンスは、その線路の特性インピーダンス（　　）。(5点)

① と等しい　　② の2倍である　　③ の4倍である

(3) 線路の接続点に向かって進行する信号波の接続点での電圧をV_Fとし、接続点で反射される信号波の電圧をV_Rとしたとき、接続点における電圧反射係数は（　　）で表される。(5点)

① $\dfrac{V_R}{V_F+V_R}$　　② $\dfrac{V_F}{V_R}$　　③ $\dfrac{V_R}{V_F}$

(4) 特性インピーダンスがZ_0の通信線路に負荷インピーダンスZ_1を接続する場合、（　　）のとき、接続点での入射電圧波は、逆位相で全反射される。(5点)

① $Z_1=0$　　② $Z_1=\infty$　　③ $Z_1=Z_0$

問5

次の各文章の(　　)内に、それぞれの解答群の中から最も適したものを選び、その番号を記せ。(小計20点)

(1) デジタル信号の変調において、デジタルパルス信号の1と0のビットパターンに対応して正弦搬送波の周波数を変化させる方式は、(　　)といわれる。(4点)

　　① ASK　　② PSK　　③ FSK

(2) 4キロヘルツ帯域幅の音声信号を8キロヘルツで標本化し、(　　)キロビット／秒で伝送するためには、1標本当たり、7ビットで符号化すればよい。(4点)

　　① 56　　② 64　　③ 72

(3) 光ファイバ通信における光変調に用いられる外部変調方式では、光を透過する媒体の屈折率や吸収係数などを変化させることにより、光の属性である位相、周波数、(　　)などを変化させている。(4点)

　　① 利得　　② 変調率　　③ 強度

(4) デジタル伝送路などにおける伝送品質の評価尺度の一つであり、測定時間中に伝送された符号(ビット)の総数に対する、その間に誤って受信された符号(ビット)の個数の割合を表したものは(　　)といわれる。(4点)

　　① S/N　　② BER　　③ %SES

(5) 伝送するパルス列の遅延時間の揺らぎは、(　　)といわれ、光中継システムなどに用いられる再生中継器においては、タイミングパルスの間隔のふらつきや共振回路の同調周波数のずれが一定でないことなどに起因している。(4点)

　　① ジッタ　　② 漏話　　③ 相互変調

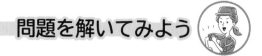
■模擬問題（技術‐第2回）

問1

次の各文章の（　）内に、それぞれの解答群の中から最も適したものを選び、その番号を記せ。（小計25点）

(1) GE-PONは、OLTとONUの間において、光信号を光信号のまま分岐する受動素子である（　）を用いて、光ファイバの1心を複数のユーザで共用するシステムである。（5点）

　　①VR　　　②アイソレータ　　　③光スプリッタ

(2) GE-PONにおいて、OLTからの下り方向の通信では、OLTは、どのONUに送信するフレームかを判別し、送信するフレームの（　）に送信先のONU用の識別子を埋め込んだものをネットワークに送出する。（5点）

　　①プリアンブル（PA）　　　②FCS　　　③MACアドレス

(3) IP電話などについて述べた次の二つの記述は、（　）。（5点）

A　IP電話には、0AB～J番号が付与されるものと、070で始まる番号が付与されるものがある。

B　有線IP電話機はLANケーブルを用いてIPネットワークに直接接続でき、一般に、背面又は底面にLANポートを備えている。

　　①Aのみ正しい　　　②Bのみ正しい
　　③AもBも正しい　　　④AもBも正しくない

（4）IEEE 802.3at Type1として標準化された（　　）機能を利用すると、100BASE-TXなどのイーサネットで使用しているLAN配線の信号対または予備対（空き対）の2対を使って、（　　）機能を持つIP電話機に給電することができる。（5点）

　①PPAP　　②PoE　　③PPPoE

（5）IEEE 802.11nとして標準化された無線LANは、IEEE 802.11b/a/gとの後方互換性を確保しており、（　　）の周波数帯を用いている。（5点）

　①2.4GHz帯のみ　　　　　②5GHz帯のみ
　③2.4GHz帯および5GHz帯

問2

　次の各文章の（　　）内に、それぞれの解答群の中から最も適したものを選び、その番号を記せ。（小計25点）

（1）HDLC手順におけるフレーム同期などについて述べた次の二つの記述は、（　　）。（5点）

A　信号の受信側においてフレームの開始位置を判断するための開始フラグシーケンスは、01111100のビットパターンである。
B　受信側では、開始フラグシーケンスを受信後に6個連続したビットが1のとき、その直後のビットの0は無条件に除去される。

　①Aのみ正しい　　　②Bのみ正しい
　③AもBも正しい　　　④AもBも正しくない

（2）100BASE-FXでは、送信するデータに対して4B/5Bといわれるデータ符号化を行った後、（　　）といわれる方式で信号を符号化する。（　　）は、図に示すように2値符号でビット値1が発生するごとに信号レベルが低レベルから高レベルへ、または高レベルから低レベルへと遷移する符号化方式である。（5点）

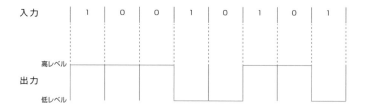

①マンチェスタ　②NRZI　③NRZ

(3) 光アクセスネットワークの設備構成のうち、電気通信事業者のビルから配線された光ファイバの1心を光スプリッタを用いて分岐し、個々のユーザにドロップ光ファイバケーブルで配線する構成をとる方式は、(　　)方式といわれる。(5点)

　①PDS (Passive Double Star)
　②ADS (Active Double Star)
　③SS (Single Star)

(4) 光アクセスネットワークのシングルスター方式では、電気通信事業者側の(　　)とユーザ側の光加入者線網装置の間で1心の光ファイバをユーザが専有する接続によりサービスが提供されている。(5点)

　①SIPサーバ　②通信制御処理装置　③光加入者線端局装置

(5) データリンク層において、一つのフレームで送信可能なデータの最大長は(　　)といわれ、一般に、イーサネットでは1,500バイトである。(5点)

　①TCP　②MSS　③MTU

問3

次の各文章の（　　）内に、それぞれの解答群の中から最も適したものを選び、その番号を記せ。（小計25点）

(1) 攻撃者が、Webサーバとクライアントとの間の通信に割り込んで、正規のユーザになりすますことにより、その間でやり取りしている情報を盗んだり改ざんしたりする行為は、（　　）といわれる。（5点）

　①ブルートフォース攻撃　　②ポートスキャン　　③セッションハイジャック

(2) 無線LANのセキュリティについて述べた次の記述のうち、誤っているものは、（　　）である。（5点）

　①アクセスポイントのSSIDを知らない第三者の無線LAN端末から接続される危険性を低減するために、無線LANアクセスポイントの設定において、ANY接続を拒否する設定にする方法がある。
　②登録されていないMACアドレスを持つ無線LAN端末から接続される危険性を低減するために、無線LANアクセスポイントのMACアドレスフィルタリング機能を有効に設定する方法がある。
　③無線LANアクセスポイントにおいて、SSIDを通知しない設定とし、かつMACアドレスフィルタリング機能を有効に設定することにより、無線LAN区間での傍受による情報漏洩は生じない。

(3) スイッチングハブのフレーム転送方式におけるカットアンドスルー方式について述べた次の記述のうち、正しいものは、（　　）である。（5点）

　①有効フレームの先頭から64バイトまでを受信した後、異常がなければフレームの転送を開始する。速度やフレーム形式の異なるLAN間の接続ができない。
　②有効フレームの先頭から6バイト（送信先アドレス）までを受信した後、異常がなければフレームの転送を開始する。速度やフレーム形式の異なるLAN間の接続ができない。
　③有効フレームの先頭からFCSまでを受信した後、異常がなければフレームを転送する。速度やフレーム形式の異なるLAN間の接続ができる。

（4）ネットワークインタフェースカード（NIC）に固有に割り当てられた（　　）は、MACアドレスといわれ、6バイト長で構成される。（5点）

①物理アドレス　　②通信アドレス　　③電磁アドレス

（5）IPv4ネットワークにおいて、IPv4パケットなどの転送データが特定のホストコンピュータへ到達するまでに、どのような経路を通るのかを調べるために用いられるWindowsのtracertコマンドは、（　　）メッセージを用いる基本的なコマンドの一つである。（5点）

①SSL　　②ICMP　　③VPN

問4

　次の各文章の（　　）内に、それぞれの解答群の中から最も適したものを選び、その番号を記せ。（小計25点）

（1）ホームネットワークなどにおける配線に用いられるプラスチック光ファイバは、曲げに強く折れにくいなどの特徴があり、送信モジュールには、一般に、光波長が650ナノメートルの（　　）が用いられる。（5点）

①光スプリッタ　　②LED　　③ホトダイオード

（2）光ファイバの接続について述べた次の二つの記述は、（　　）。（5点）

A　メカニカルスプライス接続は、V溝により光ファイバどうしを軸合わせして接続する方法を用いており、接続工具には電源を必要とする。
B　コネクタ接続は、光コネクタにより光ファイバを機械的に接続する接続部に接合剤を使用するため、再接続できない。

①Aのみ正しい　　②Bのみ正しい
③AもBも正しい　　④AもBも正しくない

（3）UTPケーブルを図に示す8極8心のモジュラコネクタに、配線規格T568Bで決められたモジュラアウトレットの配列でペア1からペア4を結線するとき、ペア2のピン番号の組合せは、（　　）である。（5点）

コネクタ前面図

①1番と2番　②3番と6番　③4番と5番　④7番と8番

（4）Windowsのコマンドプロンプトから入力されるpingコマンドは、IPアドレスを指定することにより、ICMPメッセージを用いて初期設定値の（　　）バイトのデータを送信し、接続の正常性を確認することができる。（5点）

①32　②56　③64

（5）フロアダクト配線工事において、フロアダクトが交差するところには、一般に、（　　）が設置される。（5点）

①スイッチボックス　②ジャンクションボックス　③硬質ビニル管

問題を解いてみよう

問1

次の各文章の（　　）内に、それぞれの解答群の中から最も適したものを選び、その番号を記せ。(小計25点)

(1)電気通信事業法または電気通信事業法施行規則に規定する用語について述べた次の文章のうち、正しいものは、（　　）である。(5点)

①電気通信回線設備とは、送信の場所と受信の場所との間を接続する伝送路設備及びこれと一体として設置される交換設備並びにこれらの附属設備をいう。

②音声伝送役務とは、おおむね5キロヘルツ帯域の音声その他の音響を伝送交換する機能を有する電気通信設備を他人の通信の用に供する電気通信役務であってデータ伝送役務を含むものをいう。

③データ伝送役務とは、音声その他の識別符号を伝送交換するための電気通信設備を他人の通信の用に供する電気通信役務をいう。

(2)電気通信事業法に規定する「秘密の保護」および「検閲の禁止」について述べた次の二つの文章は、（　　）。(5点)

A　電気通信事業者の取扱中に係る通信の秘密は、犯罪捜査に必要であると総務大臣が認めた場合を除き、侵してはならない。電気通信事業に従事する者は、在職中電気通信事業者の取扱中に係る通信に関して知り得た他人の秘密を守らなければならない。その職を退いた後においては、その限りではない。

B　電気通信事業者は、電気通信役務の提供について、不当な差別的取扱いをしてはならない。

①Aのみ正しい　　　②Bのみ正しい
③AもBも正しい　　　④AもBも正しくない

（3）利用者は、端末設備又は自営電気通信設備を（　　　）するときは、工事担任者資格者証の交付を受けている者に、当該工事担任者資格者証の種類に応じ、これに係る工事を行わせ、又は実地に監督させなければならない。ただし、総務省令で定める場合は、この限りでない。（5点）

　　①廃止　　②接続　　③設置

（4）電気通信事業者は、（　　　）を設置する電気通信事業者以外の者からその電気通信設備（端末設備以外のものに限る。以下「自営電気通信設備」という。）をその（　　　）に接続すべき旨の請求を受けたとき、その自営電気通信設備の接続が、総務省令で定める技術基準に適合しないときは、その請求を拒むことができる。（5点）

　　①電気通信回線設備　　②事業用電気通信設備　　③端末機器

（5）電気通信事業者は、天災、事変その他の非常事態が発生し、又は発生するおそれがあるときは、災害の予防若しくは救援、交通、通信若しくは電力の供給の確保又は（　　　）のために必要な事項を内容とする通信を優先的に取り扱わなければならない。公共の利益のため緊急に行うことを要するその他の通信であって総務省令で定めるものについても、同様とする。（5点）

　　①秩序の維持　　②報道の自由　　③生命の安全

Q
模擬問題（第2回）

問2

　次の各文章の（　　　）内に、それぞれの解答群の中から最も適したものを選び、その番号を記せ。（小計25点）

（1）工事担任者資格者証の交付を受けようとする者は、別に定める様式の申請書に次に掲げる（ⅰ）〜（ⅲ）の書類を添えて、（　　　）に提出しなければならない。（5点）

（ⅰ）氏名及び生年月日を証明する書類
（ⅱ）写真1枚
（ⅲ）養成課程の修了証明書（養成課程の修了に伴い資格者証の交付を受けようとする者の場合に限る。）

①総務大臣　　②指定試験機関　　③都道府県知事

（2）端末機器の技術基準適合認定等に関する規則において、（　　）に接続される端末機器に表示される技術基準適合認定番号の最初の文字は、Cと規定されている。（5点）

①総合デジタル通信用設備
②専用通信回線設備
③インターネットプロトコル電話用設備

（3）有線電気通信法の「有線電気通信設備の届出」において、有線電気通信設備（その設置について総務大臣に届け出る必要のないものを除く。）を設置しようとする者は、有線電気通信の方式の別、設備の設置の場所及び設備の概要を記載した書類を添えて、設置の工事の開始の日の（　　）前まで（工事を要しないときは、設置の日から（　　）以内）に、その旨を総務大臣に届け出なければならないと規定されている。（5点）

①1週間　　②2週間　　③30日

（4）有線電気通信設備令に規定する用語について述べた次の文章のうち、誤っているものは、（　　）である。（5点）

①平衡度とは、通信回線の中性点と大地との間に起電力を加えた場合におけるこれらの間に生ずる電圧と通信回線の端子間に生ずる電圧との比をデシベルで表したものをいう。
②高周波とは、周波数が3,000ヘルツを超える電磁波をいう。
③絶縁電線とは、絶縁物のみで被覆されている電線をいう。

（5）不正アクセス行為の禁止等に関する法律において、アクセス管理者とは、電気通信回線に接続している電子計算機（以下「特定電子計算機」という。）の利用（当該電気通信回線を通じて行うものに限る。）につき当該特定電子計算機の（　　）する者をいう。（5点）

①権限を付与　　②動作を管理　　③監理監督

問3

　次の各文章の（　　）内に、それぞれの解答群の中から最も適したものを選び、その番号を記せ。（小計25点）

（1）用語について述べた次の文章のうち、誤っているものは、（　　）である。（5点）

①通話チャネルとは、移動電話用設備と移動電話端末又はインターネットプロトコル移動電話端末の間に設定され、主として音声の伝送に使用する通信路をいう。

②総合デジタル通信用設備とは、電気通信事業の用に供する電気通信回線設備であって、主として64キロビット毎秒を単位とするデジタル信号の伝送速度により、符号、音声その他の音響又は影像を統合して伝送交換することを目的とする電気通信役務の用に供するものをいう。

③制御チャネルとは、移動電話用設備と移動電話端末又はインターネットプロトコル移動電話端末の間に設定され、主として識別符号の伝送に使用する通信路をいう。

（2）端末設備と事業用電気通信設備との間に有しなければならないとされている分界点における接続の方式は、端末設備を（　　）ごとに事業用電気通信設備から容易に切り離せるものでなければならない。（5点）

①自営電気通信設備　②電気通信回線　③結節点

（3）端末設備を構成する一の部分と他の部分相互間において電波を使用する端末設備にあっては、総務大臣が別に告示するものを除き、使用される無線設備は、一の筐体に収められており、かつ、容易に（　　）ことができないものでなければならない。（5点）

①開錠する　②開ける　③移動する

（4）「絶縁抵抗等」について述べた次の二つの文章は、（　　　）。(5点)

A　端末設備の機器は、その電源回路と筐体及びその電源回路と事業用電気通信設備との間において、使用電圧が300ボルト以下の場合にあっては、0.2メガオーム以上の絶縁抵抗を有しなければならない。

B　端末設備の機器の金属製の台及び筐体は、接地抵抗が50オーム以下となるように接地しなければならない。ただし、安全な場所に危険のないように設置する場合にあっては、この限りでない。

　　①Aのみ正しい　　　②Bのみ正しい
　　③AもBも正しい　　　④AもBも正しくない

（5）評価雑音電力とは、通信回線が受ける妨害であって人間の聴覚率を考慮して定められる（　　　）をいい、誘導によるものを含む。(5点)

　　①漏話雑音電力　②信号電力対雑音電力比　③実効的雑音電力

問4
　次の各文章の（　　　）内に、それぞれの解答群の中から最も適したものを選び、その番号を記せ。(小計25点)

（1）アナログ電話端末の「選択信号の条件」において、押しボタンダイヤル信号の低群周波数は、（　　　）までの範囲内における特定の四つの周波数で規定されている。(5点)

　　①400ヘルツから600ヘルツ　②600ヘルツから1,000ヘルツ
　　③700ヘルツから1,200ヘルツ

（2）「配線設備等」について述べた次の文章のうち、誤っているものは、（　　　）である。(5点)

　　①配線設備等の電線相互間及び電線と大地間の絶縁抵抗は、直流200ボルト以上の一の電圧で測定した値で1メガオーム以上でなければならない。

②配線設備等の評価雑音電力（通信回線が受ける妨害であって人間の聴覚率を考慮して定められる実効的雑音電力をいい、誘導によるものを含む。）は、絶対レベルで表した値で定常時においてマイナス64デシベル以下であり、かつ、最大時においてマイナス58デシベル以下でなければならない。

③事業用電気通信設備を損傷し、又はその機能に障害を与えないようにするため、電気通信事業者が別に公示するところにより配線設備等の設置の方法を定める場合にあっては、その方法によるものでなければならない。

（3）通話機能を有する端末設備は、通話中に受話器から過大な（　　　）が発生することを防止する機能を備えなければならない。（5点）

①鳴音　　②漏話　　③音響衝撃

（4）移動電話端末の「基本的機能」または「発信の機能」について述べた次の文章のうち、正しいものは、（　　　）である。（5点）

①応答を行う場合にあっては、応答を要求する信号を送出するものであること。

②通信を終了する場合にあっては、チャネル（通話チャネル及び制御チャネルをいう。）を切断する信号を送出するものであること。

③発信に際して相手の端末設備からの応答を自動的に確認する場合にあっては、電気通信回線からの応答が確認できない場合選択信号送出終了後2分以内にチャネルを切断する信号を送出し、送信を停止するものであること。

（5）アナログ電話用設備とは、電話用設備であって、端末設備又は（　　　）を接続する点においてアナログ信号を入出力とするものをいう。（5点）

①自営電気通信設備　　②事業用電気通信設備　　③電気通信回線設備

答え合わせ

■ 模擬問題解説（基礎 - 第2回）

合格基準		合格への足あと					
		模擬問題に取り組んだ結果を記録して、 合格への足あとを残していこう。					
合格点	制限時間	1回目		2回目		3回目	
60点	40分	実施日	／	実施日	／	実施日	／
		かかった 時間	分	かかった 時間	分	かかった 時間	分
		得点	点	得点	点	得点	点

問1（1）	問1（2）	問1（3）	問1（4）	
②	②	②	①	
問2（1）	問2（2）	問2（3）	問2（4）	問2（5）
②	③	③	④	②
問3（1）	問3（2）	問3（3）	問3（4）	
②	①	②	③	
問4（1）	問4（2）	問4（3）	問4（4）	
①	①	③	①	
問5（1）	問5（2）	問5（3）	問5（4）	問5（5）
③	①	③	②	①

※配点：問1、問3、問4　小問一つにつき各5点
　問2、問5　小問一つにつき各4点
　合計100点満点

解説

図の回路の合成抵抗をRとすると、

$$\frac{1}{R}=\frac{1}{R_1}+\frac{1}{R_2}+\frac{1}{R_3}+\frac{1}{R_4}+\frac{1}{R_5}$$

設問の条件より、

$$\frac{1}{1}=\frac{1}{4}+\frac{1}{3}+\frac{1}{3}+\frac{1}{R_4}+\frac{1}{48}$$

$$\frac{1}{1}=\frac{12}{48}+\frac{16}{48}+\frac{16}{48}+\frac{1}{R_4}+\frac{1}{48}$$

$$\frac{1}{1}=\frac{45}{48}+\frac{1}{R_4}\qquad\therefore R_4=16\,[\Omega]$$

解説

$X_L=7\,[\Omega]$　　　　$X_C=3\,[\Omega]$

a ———⌇⌇⌇———||———○ b

図のようなL-C直列回路において、合成インピーダンスZは、

$$\underline{Z=|X_L-X_C|}\quad より$$

$$Z=|X_L-X_C|=|7-3|=4\,[\Omega]$$

$$V=I\times Z\quad より$$

$$V=6\times4=24\,[V]$$

問1 (3)　正解：②

解説

　平行板コンデンサにおいて、両極板間にVボルトの直流電圧を加えたところ、一方の極板に＋Qクーロン、他方の極板に－Qクーロンの電荷が現れました。このコンデンサの静電容量をCファラドとすると、これらの間には、**Q＝CV**の関係があります。

問1 (4)　正解：①

解説

　抵抗とコイルの直列回路の両端に交流電圧を加えたとき、流れる**電流の位相は、電圧の位相に対して遅れる**。

問2 (1)　正解：②

解説

　電子デバイスに使われている半導体には、接合の形態によりp形とn形の種別があります。このうち、通電時に電荷を運ぶ主役が**正孔**であるものは、p形半導体といわれます。

　なお、n形半導体では、正孔ではなく電子となります。

問2 (2)　正解：③

解説

　トランジスタ増幅回路において、正弦波の入力信号電圧V_iに対する出力電圧V_{CE}は、この回路の動作点を中心に変化し、**コレクタ電流I_Cが最大**のとき、**V_{CE}は最小**となります。

解説

pn接合ダイオードに光を照射すると光の強さに応じた電流が流れる現象である光電効果を利用して、光信号を電気信号に変換する機能を持つ半導体素子は、**ホトダイオード**といわれます。

問2（4）　正解：④

解説

トランジスタによる増幅回路を構成する場合のバイアス回路は、トランジスタの動作点の設定を行うために必要な**直流電流**を供給するために用いられます。

問2（5）　正解：②　　　　　　　　　　　　　　　▶解説動画

解説

ベース電流のマイクロアンペア表記を、ミリアンペア単位に換算すると、

$$I_B = 30 \div 1000 = 0.03 \text{[mA]}$$

エミッタ電流をI_E、ベース電流をI_B、コレクタ電流をI_Cとすると、

$I_E = I_B + I_C$　　より

$$2.62 = 0.03 + I_C$$

$$\therefore I_C = \mathbf{2.59} \text{[mA]}$$

解説

論理式 $\overline{A} \cdot C + B \cdot \overline{C} + \overline{B} \cdot C$ を「＋」のところで分解して考えます。

（ⅰ）$\overline{A} \cdot C$ について

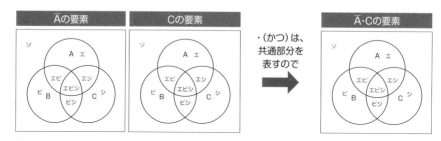

$\overline{A} \cdot C$ の要素はシ、ビシとわかる。

また、論理式全体（$\overline{A} \cdot C + B \cdot \overline{C} + \overline{B} \cdot C$）は、「＋」（和集合）で表されるので、シ、ビシは全体の要素に必ず含まれます（和集合では、要素の数は減らない）。

この時点で、選択肢の図1～3をチェックし、消去できるものがないか確認します。

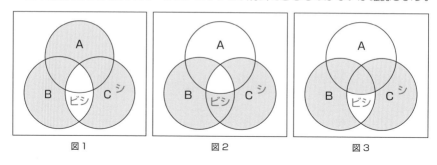

図1　　　　　　　　　　　　図2　　　　　　　　　　　　図3

図2以外はビシの要素が含まれていないので消去できます。

この時点で答えは②とわかります。

解説

　2進数の各桁それぞれの論理積を求める際は、「どちらかに0があれば0となり、どちらも1と1の場合のみ1とする」演算を行います。

　加算のように桁上がりはありませんので、注意しましょう。

　筆算のように並べて書くことにより、演算ミスを防ぐことができます。

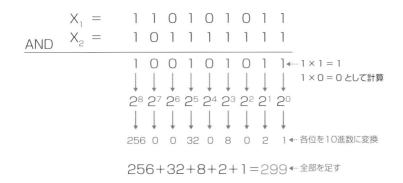

　2進数を10進数に変換する際は、右の桁から順に1, 2, 4, 8, 16, 32, 64, 128, 256, …と変換し、1が立っている位の数を足していきます。

　本問においては、256 + 32 + 8 + 2 + 1 = 299

解説

　図2に示されるタイムチャートを左から見ていき、各場合を満たすものを順に見ていき、消去法により答えを決定していきます（答えが一つに絞られた時点で解答を決定します）。

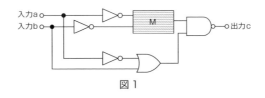

図1

模擬問題（第2回）

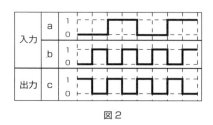

図2

（ⅰ）入力a＝0、入力b＝0のとき、出力c＝1

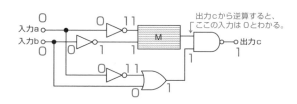

　出力cからの逆算により、論理素子Mの出力は0とわかります。

　論理素子Mに1と1を入力すると0が出力されることから、選択肢②のNAND回路と選択肢④のNOR回路は適合しますが、選択肢①のAND回路と、選択肢③のOR回路は不適合であることがわかります。

　そのため、この時点で選択肢①と③を消去します。

（ⅱ）入力a＝0、入力b＝1のとき、出力c＝0

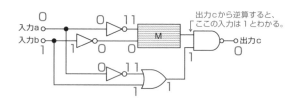

　出力cからの逆算により、論理素子Mの出力は1とわかります。

　論理素子Mに1と0を入力すると1が出力されることから、選択肢②のNAND回路は適合しますが、選択肢④のNOR回路は適合しません。

　ここで選択肢④が消去できますので、残った選択肢②のNAND回路が正解と判断できます。

解説

$X = (A+B) \cdot ((A+\overline{C}) + (\overline{A}+B)) \cdot (\overline{A}+\overline{C})$ ← 分配則

$X = (A \cdot A + A \cdot \overline{C} + A \cdot B + B \cdot \overline{C} + A \cdot \overline{A} + A \cdot B + \overline{A} \cdot B + B \cdot B) \cdot (\overline{A}+\overline{C})$ ←

$X = (A + A \cdot \overline{C} + A \cdot B + B \cdot \overline{C} + 0 + A \cdot B + \overline{A} \cdot B + B) \cdot (\overline{A}+\overline{C})$ ← 同一則、吸収則、相補性

$X = (A(1+\overline{C}+B+B) + B(\overline{C}+\overline{A}+1)) \cdot (\overline{A}+\overline{C})$ ← 分配則

$X = ((A \cdot 1) + (B \cdot 1)) \cdot (\overline{A}+\overline{C})$ ← 吸収則

$X = (A+B) \cdot (\overline{A}+\overline{C})$ ← 吸収則

$X = A \cdot \overline{A} + A \cdot \overline{C} + \overline{A} \cdot B + B \cdot \overline{C}$ ← 分配則

$X = 0 + A \cdot \overline{C} + \overline{A} \cdot B + B \cdot \overline{C}$ ← 相補性

$X = A \cdot \overline{C} + \overline{A} \cdot B + B \cdot \overline{C}$

解説

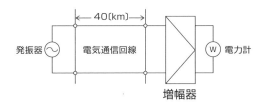

電気通信回線の接続図を見ると、電気通信回線の長さは40km。

1km当たりの伝送損失が1.5dBであることから、

$40 \times 1.5 = 60$〔dB〕

電気通信回線による減衰量を60〔dB〕と置くことができます。

また、増幅器の利得が50〔dB〕であることから、回線全体の伝送量をT〔dB〕、伝送損失をL〔dB〕、利得をG〔dB〕とすると、伝送量 **T＝−L＋G** より、

$T = -60 + 50$

$T = -10$

伝送量が−10dBというのは、入力側から出力側までの間で、計10dBの減衰があることを意味しています。

電力値における10dBの減衰は、電力値が1/10倍になることを意味します。

電気通信回線の入力電力が68mWであることから、電力計の読みは1/10倍の6.8mWとなります。

問4（2）　正解：①

解説

無限長の一様線路における入力インピーダンスは、その線路の特性インピーダンスと**等しく**なります。

問4（3）　正解：③

解説

線路の接続点に向かって進行する信号波の接続点での電圧をV_Fとし、接続点で反射される信号波の電圧をV_Rとしたとき、接続点における電圧反射係数は

$$\frac{V_R}{V_F}$$

で表されます。

問4（4）　正解：①

解説

特性インピーダンスがZ_0の通信線路に負荷インピーダンスZ_1を接続する場合、**$Z_1＝0$**のとき、接続点での入射電圧波は、逆位相で全反射されます。

なお、$Z_1＝\infty$のときは同位相で全反射され、$Z_1＝Z_0$のときは反射は生じません。

問5（1）　正解：③

解説

デジタル信号の変調において、デジタルパルス信号の1と0のビットパターンに対応して正弦搬送波の周波数を変化させる方式は、**FSK**といわれます。

位相を変化させるPSKと混同しがちですので、注意しましょう。

問5(2)　正解：①

解説

「8キロヘルツで標本化」というのは、1秒間に8000回標本化していることを意味します。1標本当たり7ビットで符号化するということから、

8000×7＝56000〔b/s〕

∴56〔kb/s〕

問5(3)　正解：③

解説

光ファイバ通信における光変調に用いられる外部変調方式では、光を透過する媒体の屈折率や吸収係数などを変化させることにより、光の属性である位相、周波数、**強度**などを変化させています。

問5(4)　正解：②

解説

デジタル伝送路などにおける伝送品質の評価尺度の一つであり、測定時間中に伝送された符号（ビット）の総数に対する、その間に誤って受信された符号（ビット）の個数の割合を表したものは**BER**といわれます。

ほかに、測定時間中のある時間帯にビットエラーが集中的に発生しているか否かを判断するための指標となるものに、%ESや%SESなどがあります。

問5(5)　正解：①

解説

伝送するパルス列の遅延時間の揺らぎは、**ジッタ**といわれます。光中継システムなどに用いられる再生中継器においては、タイミングパルスの間隔のふらつきや共振回路の同調周波数のずれが一定でないことなどに起因しています。

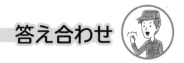

答え合わせ

■模擬問題解説（技術‐第2回）

合格基準		合格への足あと					
		模擬問題に取り組んだ結果を記録して、合格への足あとを残していこう。					
合格点	制限時間	1回目		2回目		3回目	
60点	40分	実施日	／	実施日	／	実施日	／
		かかった時間	分	かかった時間	分	かかった時間	分
		得点	点	得点	点	得点	点

問1（1）	問1（2）	問1（3）	問1（4）	問1（5）
③	①	②	②	③
問2（1）	問2（2）	問2（3）	問2（4）	問2（5）
④	②	①	③	③
問3（1）	問3（2）	問3（3）	問3（4）	問3（5）
③	③	②	①	②
問4（1）	問4（2）	問4（3）	問4（4）	問4（5）
②	④	①	①	②

※配点：各5点　合計100点満点

問1(1)　正解：③

解説

　GE-PONは、OLTとONUの間において、光信号を光信号のまま分岐する受動素子である**光スプリッタ**を用いて、光ファイバの1心を複数のユーザで共用するシステムです。

問1(2)　正解：①

解説

　GE-PONにおいて、OLTからの下り方向の通信では、OLTは、どのONUに送信するフレームかを判別し、送信するフレームの**プリアンブル (PA)** に送信先のONU用の識別子 (LLID) を埋め込んだものをネットワークに送出します。

問1(3)　正解：②

解説

A：誤り。正しくは、「IP電話には、固定電話と同じように0AB～J番号が付与されるものと、**050**で始まる番号が付与されるものがあります。」

B：正しい。

問1(4)　正解：②

解説

　IEEE 802.3 at Type1として標準化された**PoE**機能を利用すると、**100BASE-TX**のイーサネットで使用しているLAN配線の信号対または予備対 (空き対) の**2対**を使って、**PoE**機能を持つIP電話機に給電することができます。

問1(5)　正解：③

解説

　IEEE 802.11nとして標準化された無線LANは、IEEE 802.11b/a/gとの後方互換性を確保しており、**2.4GHz帯および5GHz帯**の周波数帯を用いています。

解説

A：誤り。正しくは、「信号の受信側においてフレームの開始位置を判断するための開始フラグシーケンスは、**01111110**のビットパターンである。」

B：誤り。正しくは、「受信側では、開始フラグシーケンスを受信後に**5個**連続したビットが1のとき、その直後のビットの0は無条件に除去される。」

解説

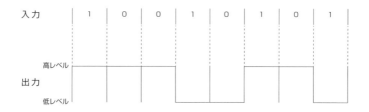

ビットの中央で波形が変化していない→選択肢からマンチェスタを消去します。

　選択肢のうち残ったNRZとNRZIは、入力値が1のときに出力が反転するか否かで見分けることができます。

　入力値が1のとき、出力が反転していることから、**NRZI**とわかります。

解説

　光アクセスネットワークの設備構成のうち、電気通信事業者のビルから配線された光ファイバの1心を光スプリッタを用いて分岐し、個々のユーザにドロップ光ファイバケーブルで配線する構成をとる方式は、**PDS方式**といわれます。

問2（4）　正解：③

解説

　光アクセスネットワークのシングルスター方式では、電気通信事業者側の**光加入者線端局装置**とユーザ側の光加入者線網装置の間で1心の光ファイバをユーザが専有する接続によりサービスが提供されています。

問2（5）　正解：③

解説

　データリンク層において、一つのフレームで送信可能なデータの最大長は**MTU**といわれます。標準のイーサネットでは1,500バイトとなっています。

問3（1）　正解：③

解説

　攻撃者が、Webサーバとクライアントとの間の通信に割り込んで、正規のユーザになりすますことにより、その間でやり取りしている情報を盗んだり改ざんしたりする行為は、**セッションハイジャック**といわれます。

問3（2）　正解：③

解説

　SSIDを通知しない設定とし、かつMACアドレスフィルタリング機能を有効に設定したとしても、無線LAN区間での傍受による情報漏洩が生ずるおそれはあります（傍受されても内容を解読されないように、情報を暗号化して送信しています）。いずれにせよ、「情報漏洩は生じない」と断定することはできません。断定的な表現には気をつけましょう。

問3（3） 正解：②

解説

スイッチングハブのフレーム転送方式におけるカットアンドスルー方式は、有効フレームの先頭から**6バイト（送信先アドレス）**までを受信した後、異常がなければフレームの転送を開始する方式です。

また、カットアンドスルー方式では、速度やフレーム形式の異なるLAN間の接続ができません。

問3（4） 正解：①

解説

ネットワークインタフェースカード（NIC）に固有に割り当てられた**物理アドレス**は、MACアドレスといわれ、6バイト長で構成されています。

問3（5） 正解：②

解説

IPv4ネットワークにおいて、IPv4パケットなどの転送データが特定のホストコンピュータへ到達するまでに、どのような経路を通るのかを調べるために用いられるWindowsのtracertコマンドは、**ICMPメッセージ**を用いる基本的なコマンドの一つです。

問4（1） 正解：②

解説

ホームネットワークなどにおける配線に用いられるプラスチック光ファイバは、曲げに強く折れにくいなどの特徴があり、送信モジュールには、一般に、光波長が650ナノメートルの**LED**が用いられます。

問4（2） 正解：④

解説

A：誤り。正しくは、「メカニカルスプライス接続は、V溝により光ファイバどうし
　　を軸合わせして接続する方法を用いており、接続工具には**電源を必要としない。**」

B：誤り。正しくは、「コネクタ接続は、光コネクタにより光ファイバを機械的に接
　　続する接続部に**接合剤を使用しない**ため、**再接続できる。**」

問4（3） 正解：①

解説

　配線規格T568Bで決められたモジュラアウトレットの配列でペア1からペア4を
結線するとき、ピン番号の組合せは次のようになります。

ペア1：4番・5番
ペア2：1番・2番
ペア3：3番・6番
ペア4：7番・8番

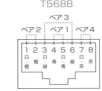

問4（4） 正解：①

解説

　Windowsのコマンドプロンプトから入力されるpingコマンドは、IPアドレスを指
定することにより、ICMPメッセージを用いて初期設定値の**32**バイトのデータを送
信し、接続の正常性を確認することができます。

問4（5） 正解：②

解説

　フロアダクト配線工事において、フロアダクトが交差するところには、一般に、**ジャ
ンクションボックス**が設置されます。

■模擬問題解説（法規-第2回）

合格基準		合格への足あと					
		模擬問題に取り組んだ結果を記録して、合格への足あとを残していこう。					
合格点	制限時間	1回目		2回目		3回目	
60点	40分	実施日	／	実施日	／	実施日	／
		かかった時間	分	かかった時間	分	かかった時間	分
		得点	点	得点	点	得点	点

問1（1）	問1（2）	問1（3）	問1（4）	問1（5）
①	②	②	①	①
問2（1）	問2（2）	問2（3）	問2（4）	問2（5）
①	①	②	②	②
問3（1）	問3（2）	問3（3）	問3（4）	問3（5）
③	②	②	①	③
問4（1）	問4（2）	問4（3）	問4（4）	問4（5）
②	③	③	②	①

※配点：各5点　合計100点満点

解説

①正しい。[電気通信事業法第9条第一号]

②誤り。正しくは、「音声伝送役務とは、おおむね**4キロヘルツ**帯域の音声その他の音響を伝送交換する機能を有する電気通信設備を他人の通信の用に供する電気通信役務であってデータ伝送役務**以外の**ものをいう。」[電気通信事業法施行規則第2条第2項第一号]

③誤り。正しくは、「データ伝送役務とは、**専ら符号又は影像**を伝送交換するための電気通信設備を他人の通信の用に供する電気通信役務をいう。」[電気通信事業法施行規則第2条第2項第二号]

問1(2)	正解：②

解説

Ａ：誤り。正しくは、「電気通信事業者の取扱中に係る**通信の秘密は、侵してはならない。**電気通信事業に従事する者は、在職中電気通信事業者の取扱中に係る通信に関して知り得た他人の秘密を守らなければならない。**その職を退いた後においても、同様とする。**」[電気通信事業法第4条第1項・第2項]

Ｂ：正しい。[電気通信事業法第6条]

問1(3)	正解：②

解説

　利用者は、端末設備又は自営電気通信設備を**接続**するときは、工事担任者資格者証の交付を受けている者に、当該工事担任者資格者証の種類に応じ、これに係る工事を行わせ、又は実地に監督させなければならない。ただし、総務省令で定める場合は、この限りでない。[電気通信事業法第71条第1項]

問1（4）　正解：①

解説

　電気通信事業者は、**電気通信回線設備**を設置する電気通信事業者以外の者からその**電気通信設備**（端末設備以外のものに限る。以下「自営電気通信設備」という♪）をその電気通信回線設備に接続すべき旨の請求を受けたとき、その自営電気通信設備の接続が、総務省令で定める技術基準に適合しないときは、その請求を拒むことができる。[電気通信事業法第70条第1項第一号]

問1（5）　正解：①

解説

　電気通信事業者は、天災、事変その他の非常事態が発生し、又は発生するおそれがあるときは、災害の予防若しくは救援、交通、通信若しくは電力の供給の確保又は**秩序の維持**のために必要な事項を内容とする通信を優先的に取り扱わなければならない。公共の利益のため緊急に行うことを要するその他の通信であって総務省令で定めるものについても、同様とする。[電気通信事業法第8条第1項]

問2（1）　正解：①

解説

　工事担任者資格者証の交付を受けるための、申請書と添付書類の提出先は総務大臣です。都道府県知事と間違えやすいのでご注意ください。

　なお、添付書類は次の3種類があります。

（ⅰ）氏名及び生年月日を証明する書類
（ⅱ）写真1枚
（ⅲ）養成課程の修了証明書（養成課程の修了に伴い資格者証の交付を受けようとする者の場合に限る。）
[工事担任者規則第37条]

問2（2）　正解：①

解説

　端末機器の技術基準適合認定等に関する規則において、**総合デジタル通信用設備**に接続される端末機器に表示される技術基準適合認定番号の最初の文字は、Cと規定されています。表示に関する問題は高頻度で出ていますので、次表の内容は完璧に覚えておきましょう。

接続される端末機器の種類	記号
アナログ電話用設備又は**移動電話**用設備	A
無線呼出用設備	B
総合デジタル通信用設備	C
専用通信回線設備又は**デジタルデータ伝送**用設備	D
インターネットプロトコル電話用設備	E
インターネットプロトコル移動電話用設備	F

［技術基準適合認定規則様式第七号］

問2（3）　正解：②

解説

　有線電気通信法の「有線電気通信設備の届出」において、有線電気通信設備（その設置について総務大臣に届け出る必要のないものを除く。）を設置しようとする者は、有線電気通信の方式の別、設備の設置の場所及び設備の概要を記載した書類を添えて、設置の工事の開始の日の**2週間**前まで（工事を要しないときは、設置の日から**2週間**以内）に、その旨を総務大臣に届け出なければならないと規定されている。［有線電気通信法第3条第1項］

問2（4）　正解：②

解説

①正しい。［有線電気通信設備令第1条第十一号］

②誤り。正しくは、「高周波とは、周波数が**3,500ヘルツ**を超える電磁波をいう。」［有線電気通信設備令第1条第九号］

③正しい。［有線電気通信設備令第1条第二号］

問2 (5)　正解：②

解説

　不正アクセス行為の禁止等に関する法律において、アクセス管理者とは、電気通信回線に接続している電子計算機 (以下「特定電子計算機」という。) の利用 (当該電気通信回線を通じて行うものに限る。) につき当該特定電子計算機の**動作を管理**する者をいう。[不正アクセス禁止法第2条第1項]

問3 (1)　正解：③

解説

①正しい。[端末設備等規則第2条第2項第二十二号]

②正しい。[端末設備等規則第2条第2項第十二号]

③誤り。正しくは、「制御チャネルとは、移動電話用設備と移動電話端末又はインターネットプロトコル移動電話端末の間に設定され、主として**制御信号**の伝送に使用する通信路をいう。」[端末設備等規則第2条第2項第二十三号]

問3 (2)　正解：②

解説

　端末設備と事業用電気通信設備との間に有しなければならないとされている分界点における接続の方式は、端末設備を**電気通信回線**ごとに事業用電気通信設備から容易に切り離せるものでなければならない。[端末設備等規則第3条第2項]

問3 (3)　正解：②

解説

　端末設備を構成する一の部分と他の部分相互間において電波を使用する端末設備にあっては、総務大臣が別に告示するものを除き、使用される無線設備は、一の筐体に収められており、かつ、容易に**開ける**ことができないものでなければならない。[端末設備等規則第9条第三号]

問3（4）　正解：①

解説

A：正しい。［端末設備等規則第6条第1項第一号］

B：誤り。正しくは、「端末設備の機器の金属製の台及び筐体は、接地抵抗が**100オーム**以下となるように接地しなければならない。ただし、安全な場所に危険のないように設置する場合にあっては、この限りでない。」［端末設備等規則第6条第2項］

問3（5）　正解：③

解説

　評価雑音電力とは、通信回線が受ける妨害であって人間の聴覚率を考慮して定められる**実効的雑音電力**をいい、誘導によるものを含む。［端末設備等規則第8条第一号］

問4（1）　正解：②

解説

　アナログ電話端末の「選択信号の条件」において、押しボタンダイヤル信号の低群周波数は、**600ヘルツから1,000ヘルツ**までの範囲内における特定の四つの周波数で規定されている。［端末設備等規則第12条別表第二号注1］

問4（2）　正解：③

解説

①正しい。［端末設備等規則第8条第二号］

②正しい。［端末設備等規則第8条第一号］

③誤り。正しくは、「事業用電気通信設備を損傷し、又はその機能に障害を与えないようにするため、**総務大臣が別に告示**するところにより配線設備等の設置の方法を定める場合にあっては、その方法によるものでなければならない。」［端末設備等規則第8条第四号］

問4 (3)　正解：③

解説

　通話機能を有する端末設備は、通話中に受話器から過大な**音響衝撃**が発生することを防止する機能を備えなければならない。[端末設備等規則第7条]

問4 (4)　正解：②

解説

①誤り。正しくは、「応答を行う場合にあっては、応答を**確認**する信号を送出するものであること。」[端末設備等規則第17条第二号]
　　発信の場合は発信を「要求」する信号、応答の場合は応答を「確認」する信号を送出するとなっていますので、注意しましょう。

②正しい。[端末設備等規則第17条第三号]

③誤り。正しくは、「発信に際して相手の端末設備からの応答を自動的に確認する場合にあっては、電気通信回線からの応答が確認できない場合選択信号送出終了後**1分**以内にチャネルを切断する信号を送出し、送信を停止するものであること。」[端末設備等規則第18条第一号]

問4 (5)　正解：①

解説

　アナログ電話用設備とは、電話用設備であって、端末設備又は**自営電気通信設備**を接続する点においてアナログ信号を入出力とするものをいう。[端末設備等規則第2条第2項第二号]

索引

あ行

アクセス管理者 ···························· 262
アクセス制御機能 ·············· 262，263
アクセス制御方式 ························ 153
アクセプタ ································· 52
アドホックモード ························ 152
アドレステーブル ························ 156
アナログ伝送方式 ························ 122
アナログ電話端末 ·············· 261，294
アナログ電話用設備 ···················· 259
アナログ変調方式 ························ 123
アバランシホトダイオード ·············· 53
アプリケーション層 ··········· 145，184
アンペア・秒 ······························ 24
アンペールの右ねじの法則 ············· 37
位相 ··· 27
移動電話端末 ··········· 261，296，310
移動電話用設備 ·························· 259
インストラクチャモード ··············· 152
インターネット層 ························ 184
インターネットプロトコル移動電話端末
··················· 297，310
インターネットプロトコル移動電話用設備
··································· 258
インターネットプロトコル電話端末
··································· 296
インターネットプロトコル電話用設備
··································· 258
インピーダンス変換回路 ················· 58
エコー ····································· 122
エミッタ接地 ······························ 57
エミッタ接地方式 ························ 58
遠端漏話 ·································· 104
遠端漏話減衰量 ·························· 220
応答 ······································· 262
オートネゴシエーション ··············· 157
オートラン機能 ·························· 204
オームの法則 ······························ 16
オルタナティブＡ方式 ··················· 151

か行

外部導体 ·································· 109
外部変調方式 ···························· 128
拡散 ··· 52
隠れ端末問題 ···························· 153
カットアンドスルー ···················· 157
価電子 ······································ 50
価電子帯 ···································· 51
可変容量ダイオード ······················ 54
可用性 ···································· 207
完全性 ···································· 207
機械的条件 ······························ 171
帰還増幅回路 ······························ 60
技術基準適合認定番号 ················· 258
機密性 ···································· 207
逆位相反射 ······························ 106
逆方向電圧 ································· 53
キャッシュポイズニング ··············· 203
キャリア ···································· 51
吸収損失 ·································· 223
吸収則 ······································ 86
給電構成 ·································· 150
給電方式 ·································· 151
共振 ··· 33
共振回路 ···································· 33
強電流電線 ······························ 261
業務の改善命令 ·························· 242
近端漏話 ·························· 104，217
近端漏話減衰量 ·························· 220
空乏層 ······································ 52
クーロン ···································· 24
クラッド ·································· 220
クリッパ回路 ······························ 54
グレーデッドインデックス型 ·········· 222
クロスケーブル ·························· 218

オルタナティブＢ方式 ··············· 151
音声周波 ·································· 261
音声伝送役務 ···························· 240

クロスペア ……………………… 218
経路選択 ………………………… 171
ケーブル ………………… 108，261
ケーブルテレビ ………………… 178
ケーブルモデム ………………… 178
結合則 ……………………………… 85
検閲の禁止 ……………………… 241
減衰度 …………………………… 102
コア ……………………………… 220
交換則 ……………………………… 85
工事担任者規則 ………………… 256
工事担任者資格者証 …………… 244
硬質ビニル管 …………………… 226
高周波 …………………………… 261
高周波増幅回路 ………………… 58
合成インピーダンス …………… 29
合成抵抗 …………………………… 17
構造不均一による損失 ………… 223
光電効果 …………………………… 53
恒等則 ……………………………… 86
降伏現象 …………………………… 54
交流回路 …………………………… 27
交流波形 …………………………… 26
呼制御プロトコル ……………… 145
呼切断用メッセージ …………… 276
呼設定用メッセージ …………… 276
コネクタ接続 …………………… 224
コレクタ接地方式 ……………… 58
コンデンサ ………………………… 23
コンピュータウイルス ………… 202

さ行

サーミスタ ………………………… 54
再発防止 ………………………… 262
雑音信号 ………………………… 175
自営電気通信設備 …… 243，244，292
磁界 ………………………………… 34
磁気回路 …………………… 34，35
識別符号 ………………………… 262

事業用電気通信設備 …………… 292
支持物 …………………………… 261
ジッタ …………………………… 130
ジャンクションボックス ……… 225
自由電子 …………………………… 50
周波数 ……………………………… 28
重要通信 ………………………… 242
ジュールの法則 ………………… 36
受動回路素子 …………………… 144
受動素子 ………………………… 177
順方向電圧 ………………………… 52
情報セキュリティ ……………… 202
情報セキュリティ対策 ………… 205
情報セキュリティマネジメント …… 207
初期化 …………………………… 143
シンクライアント ……………… 206
シングルモード ………………… 128
シングルモードファイバ ……… 221
信号対雑音比 …………………… 105
真性半導体 ………………………… 51
真理値表 …………………………… 78
スイッチングハブ ……………… 156
ステップインデックス型 ……… 221
ストアアンドフォワード ……… 157
ストレートケーブル …………… 218
スプリットペア ………………… 218
制御チャネル …………………… 276
正弦波 ……………………………… 26
正弦波交流 ………………………… 26
正孔 ………………………………… 52
静電エネルギー …………………… 24
静電誘導 …………………………… 25
静電誘導電圧 …………………… 109
静電容量 …………………………… 23
責任の分界 ……………………… 276
絶縁耐力 ………………………… 263
絶縁抵抗 ………………………… 277
絶縁電線 ………………………… 261
セッションハイジャック ……… 204

絶対レベル …………… 101, 261, 262
セルラフロア ……………………… 225
選択信号 …………………………… 295
専用役務 …………………………… 241
専用通信回線設備 ………………… 276
専用通信回線設備等端末 ……… 276, 298
線路 ………………………………… 261
総合通信 …………………………… 257
総合デジタル通信端末 ……… 275, 298
総合デジタル通信用設備 ………… 275
送信元MACアドレス ……………… 156
相対レベル ………………………… 101
挿入損失 …………………………… 220
増幅回路 …………………………… 58
増幅作用 …………………………… 59
増幅度 ……………………………… 102
相補性 ……………………………… 86

た行

第一級アナログ通信 ……………… 257
第一級デジタル通信 ……………… 257
ダイオード ………………… 50, 52, 53
第二級アナログ通信 ……………… 257
第二級デジタル通信 ……………… 257
多元接続方式 ……………………… 126
多重伝送方式 ……………………… 125
多数キャリア ……………………… 61
多値符号 …………………………… 123
端末系伝送路設備 ………………… 241
端末設備 ……………………… 240, 242
力 …………………………………… 34
秩序の維持 ………………………… 262
直接変調方式 ……………………… 128
直流回路 ……………………… 16, 276
直流電流 …………………………… 17
直列交流回路 ……………………… 29
直列接続 …………………………… 17
ツイストペアケーブル …………… 216
通信形態 …………………………… 152

通信の秘密 ………………………… 241
通話チャネル ……………………… 276
ツェナーダイオード ……………… 54
定電圧ダイオード ………………… 54
データ信号速度 …………………… 107
データ伝送役務 …………………… 241
データリンク層 …………… 155, 171
デジタル伝送方式 ………………… 123
デジタル変調方式 ………………… 123
デシベル …………………… 100, 102
電圧遅れ …………………………… 27
電圧計 ……………………………… 22
電圧進み …………………………… 27
電圧反射係数 ……………………… 106
電界効果トランジスタ …………… 61
電荷量 ……………………………… 23
電気通信 …………………………… 239
電気通信役務 ……………………… 240
電気通信回線設備 ………… 240, 243
電気通信業務 ……………………… 240
電気通信事業 ……………………… 240
電気通信事業者 …………………… 240
電気通信事業法 …………………… 239
電気通信設備 ……………………… 239
電気抵抗 …………………………… 35
電気的条件 ………………………… 171
電気量 ……………………………… 23
電子メール対策 …………………… 205
電磁誘導電圧 ……………………… 109
電線 ………………………………… 261
伝送技術 …………………………… 170
伝送制御手順 ……………………… 174
伝送品質評価 ……………………… 130
伝送方式 …………………………… 170
伝送量 ……………………………… 100
伝送理論 …………………………… 100
伝送路符号形式 …………………… 172
伝搬遅延時間 ……………………… 220
電流 ………………………………… 34

電流反射係数 …………………… 106
電流進み ………………………… 27
電流遅れ ………………………… 27
電話用設備 ……………………… 275
同位相反射 ……………………… 106
同一則 …………………………… 85
同軸ケーブル …………………… 108
特性インピーダンス …………… 105
ドナー …………………………… 52
ド・モルガンの定理 …………… 86
トランジスタ …………………… 56
トランジスタスイッチング回路 … 60
トランスポート層 ……………… 184
ドリフト ………………………… 53
トロイの木馬 …………………… 202

な行

内部抵抗 ………………………… 22
二重否定 ………………………… 86
ネットワークインターフェース層 … 184
ネットワーク構成機器 ………… 156
ネットワーク層 ……… 155, 156, 171

は行

バール …………………………… 29
バイアス回路 …………………… 59
配線工事 ………………………… 216
配線工法 ………………………… 216
パケット ………………………… 155
パケットフィルタリング ……… 205
パターンマッチング …………… 206
波長分散 ………………………… 129
発光ダイオード ………………… 53
発信 ……………………………… 262
バナーチェック ………………… 204
ハニーポット …………………… 204
バリスタ ………………………… 54
パルス符号変調方式 …………… 124
パルス変調方式 ………………… 124

犯罪の防止 ……………………… 262
半導体 ………………………… 50, 51
半導体集積回路 ………………… 61
半導体メモリ …………………… 62
ピーククリッパ ………………… 54
光アクセス技術 ………………… 175
光アクセス方式 ………………… 129
光回線終端装置 ………………… 176
光スプリッタ …………………… 176
光ファイバ ……………………… 220
光ファイバ伝送 ………………… 127
光ファイバ保護スリーブ ……… 223
光分岐・結合器 ………………… 129
引き合う力 ……………………… 25
ひずみ波 ………………………… 26
ひずみ波交流 …………………… 27
皮相電力 ………………………… 261
標本化 …………………………… 124
ファイアウォール ……………… 205
ブール代数 ……………………… 85
符号化 …………………………… 124
不純物半導体 …………………… 51
不正アクセス行為の禁止等に関する法律
 …………………………………… 262
プッシュプル方式 ……………… 225
物理アドレス …………………… 155
物理層 ………………………… 155, 171
ブラウザクラッシャー ………… 203
フラグシーケンス ……………… 174
フラグメントフリー …………… 157
プリアンブル …………………… 177
フリーアクセスフロア ………… 226
ブリッジタップ ………………… 175
ブルートフォース攻撃 ………… 204
フレーム ……………………… 155, 174
フレネル反射 …………………… 225
フレミングの左手の法則 ……… 34
フレミングの法則 ……………… 34
フロアダクト …………………… 225

ブロードキャスト ························· 189
ブロードバンドアクセス技術 ········· 175
分散 ····································· 129
分配則 ·································· 85
分流器 ·································· 21
平衡対ケーブル ······················ 109
平衡度 ·································· 261
平行導体 ······························ 36
並列交流回路 ·························· 31
並列接続 ······························ 18
ベースクリッパ ······················· 54
ベース接地 ···························· 57
ベース接地方式 ······················ 58
ベン図 ·································· 82
変調方式 ······························ 123
ポートスキャン ······················· 203
ホームゲートウェイ ··················· 178
ホトダイオード ························· 53
ボルト ·································· 24
ボルトアンペア ························· 29

ま行

マイクロベンディングロス ············· 223
マルウェア ···························· 202
マルチキャスト ························· 189
マルチキャストアドレス ··············· 188
マルチモード ·························· 128
マルチモードファイバ ·················· 221
マンチェスタ符号 ······················ 173
無線呼出端末 ························· 261
無線呼出用設備 ······················ 261
無線LAN ····························· 152
無線PAN ····························· 179
鳴音 ···································· 263
メカニカルスプライス接続 ············· 224
メタリックアクセス技術 ··············· 175
メディアコンバータ ···················· 176

や行

有効電力 ······························ 28
有線電気通信 ························· 260
有線電気通信設備 ·············· 260, 261
有線電気通信法 ······················ 260
融着接続 ······························ 223
誘電分極 ······························ 25
誘導性リアクタンス ··················· 28
ユニキャスト ·························· 189
容量性リアクタンス ··················· 28

ら行

離隔距離 ······························ 261
リバースペア ·························· 218
量子化 ·································· 124
量子化雑音 ······················ 123, 124
利用の公平 ···························· 241
ルータ ·································· 156
ルーティング機能 ····················· 156
レイヤ1 ····················· 155, 156, 171
レイヤ2 ····················· 155, 156, 171
レイヤ3 ························· 155, 171
レイリー散乱損失 ····················· 223
漏話 ···································· 104
漏話減衰量 ···························· 105
論理演算 ······························ 78
論理回路 ······························ 78

わ行

ワーム ·································· 202
ワイヤマップ試験 ······················ 220
ワット ·································· 29

アルファベット

ACK信号 ····························· 153
ADSLスプリッタ ······················ 144
ADSLモデム ····················· 142, 175
ANY接続 ····························· 154
ASK ···································· 123

BER ································· 130
CATV ································ 178
CDMA ································ 126
CR結合増幅回路 ················ 60
CRC ································· 174
CSMA/CA方式 ·················· 153
dB ································· 100
DDoS ································ 204
DHCP ································ 188
DMT変調 ························· 143
DMZ ································· 205
DOS ································· 204
DRAM ································ 62
DS ································· 176
DSLAM ······························ 175
FCコネクタ ························ 224
FDMA ································ 126
FSK ································· 123
FTTH ································ 175
GE−PON ···························· 177
HDLC ································ 174
HFC ································· 178
IC ································· 61
ICMPメッセージ ·················· 190
ICMPv6 ······························ 188
IEEE802.3af ······················ 150
IEEE802.3at ······················ 150
IEEE802.3bt ······················ 150
INITスイッチ ······················ 143
IoT ································· 179
IP ································· 155
IP電話機 ························· 145
IPネットワーク技術 ················ 184
IPマスカレード ·············· 188, 205
IPv4 ································ 189
IPv6 ································ 187
ISMバインド ······················ 152
IV ································· 226
LAN ································· 155

LANケーブル ······················ 216
LANポート ························· 143
LED ································· 53
MACアドレス ·················· 155, 156
MACアドレスフィルタリング ········ 154
Manchester符号 ·················· 173
MLT−3 ······························ 174
MOS型 ································ 61
MTU ································· 171
n形半導体 ······················ 51, 52
n進数 ································ 72
NAPT ·························· 188, 205
NAT ·························· 188, 205
NAV期間 ························· 154
NRZI ································ 173
NRZ方式 ························· 173
OLT ································· 176
ONU ································· 176
OSI参照モデル ·················· 170
OSU ································· 176
p形半導体 ······················ 51, 52
PA ································· 177
PAM ································· 124
PCM ································· 124
PD ································· 150
PDS ·························· 129, 176
PINホトダイオード ················ 53
ping ································ 190
pn接合 ························· 52
PoE ·························· 149, 150
PoE＋ ································ 150
PoE＋＋ ······························ 150
PON ·························· 129, 176
PPM ································· 124
PROM ································ 62
PSE ································· 150
PSK ································· 124
PWM ································· 124
RJ−45 ······························ 145

ROM ·· 62
RZ方式 ·· 172
SCコネクタ ·································· 225
show route ································· 189
SIP ·· 145
SN比 ·· 105
SQLインジェクイション ·············· 204
SS ·· 129
SSB伝送 ······································ 123
SSID ·· 152
STPケーブル ································ 217
TCP/IP ·· 184
TDMA ·· 126
tracert ··· 190
UTPケーブル ································ 217
VA ·· 29

var ··· 29
VDSL ··· 177
VoIPゲートウェイ ························· 145
W ··· 29
WDM ··· 128

記号・数字

%ES ··· 130
%SES ··· 130
2進数 ·· 72
3R機能 ··· 129
4PPoE ··· 150
10進数 ·· 72
16進数 ·· 73
100BASE－TX ················ 145,150
1000BASE－T ················ 151,217

● **注意**

(1) 本書は著者が独自に調査した結果を出版したものです。

(2) 本書は内容について万全を期して作成いたしましたが、万一、ご不審な点や誤り、記載漏れなどお気付きの点がありましたら、出版元まで書面にてご連絡ください。

(3) 本書の内容に関して運用した結果の影響については、上記 (2) 項にかかわらず責任を負いかねます。あらかじめご了承ください。

(4) 本書の全部または一部について、出版元から文書による承諾を得ずに複製することは禁じられています。

(5) 本書に記載されているホームページのアドレスなどは、予告なく変更されることがあります。

(6) 本書に記載されている会社名、商品名などは一般に各社の商標または登録商標です。

(7) 本書に記載されている法律、法令等は、著者により省略など再構成されたものです。

●藤本　勇作（ふじもと　ゆうさく）

総合学習塾まなびや塾長

【略歴】

法学部卒業後、独学で第一級陸上無線技術士、電気通信主任技術者、電気工事士など国家資格を複数取得。自身の経験を活かし、インターネットを通じて社会人向けの資格試験受験指導を展開し、数多くの合格者を輩出している。特に工事担任者試験の受験指導に焦点を当てている。

大阪を拠点に個別指導塾「総合学習塾まなびや」を創立し、小・中・高の全学年、全教科指導を担当しているほか、パズル教室などの講師も務めている。生徒の自主学習力を育成することを目的に、実務経験を基に独自の学習方法を開発し、指導に取り組んでいる。

趣味はルービックキューブを用いたキューブアートの製作。

【校閲】

・日高有香

【イラスト】

・キタ大介／田中ヒデノリ

これ1冊で最短合格
工事担任者 第2級デジタル通信
要点解説テキスト&問題集

発行日	2023年 7月10日	第1版第1刷
	2024年 7月 1日	第1版第2刷

著　者　藤本　勇作

発行者　斉藤　和邦

発行所　株式会社 秀和システム

〒135-0016

東京都江東区東陽2-4-2　新宮ビル2F

Tel 03-6264-3105（販売）Fax 03-6264-3094

印刷所　三松堂印刷株式会社　　　　Printed in Japan

ISBN978-4-7980-6927-2 C3050